莊紹容　楊精松　著

數學 ②

東華書局

國家圖書館出版品預行編目資料

數學 / 莊紹容, 楊精松著. -- 初版. -- 臺北市 : 臺灣東華, 2010.07-2012.01

第 2 冊 ; 19x26 公分

ISBN 978-957-483-610-9 (第 1 冊 : 平裝). --
ISBN 978-957-483-611-6 (第 2 冊 : 平裝). --
ISBN 978-957-483-657-4 (第 3 冊 : 平裝). --
ISBN 978-957-483-694-9 (第 4 冊 : 平裝)

1. 數學

310　　　　　　　　　　　　　99014466

數學（二）

著　　者	莊紹容・楊精松
發 行 人	陳錦煌
出 版 者	臺灣東華書局股份有限公司
地　　址	臺北市重慶南路一段一四七號三樓
電　　話	(02) 2311-4027
傳　　眞	(02) 2311-6615
劃撥帳號	00064813
網　　址	www.tunghua.com.tw
讀者服務	service@tunghua.com.tw
門　　市	臺北市重慶南路一段一四七號一樓
電　　話	(02) 2371-9320

2025 24 23 22 21　TS　8 7 6 5 4

ISBN　978-957-483-611-6

版權所有 ・ 翻印必究

編輯大意

一、本書是依據教育部頒佈之五年制專科學校數學課程標準，予以重新整合並合併前後相同的教材，編輯而成．

二、本書分為四冊，可供五年制工業類專科學校一、二年級使用．

三、本書旨在提供學生基本的數學知識，使學生具有運用數學的能力．一、二冊每冊均附有隨堂練習，以增加學生的學習成效．

四、本書編寫著重從實例出發，使學生先有具體的概念，再做理論的推演，互相印證，以便達到由淺入深、循序漸進的功效．

五、本書雖經編者精心編著，惟謬誤之處在所難免，尚祈學者先進大力斧正，以匡不逮．

目　次

第 1 章　三角函數　　1

- 1-1　銳角的三角函數　　2
- 1-2　廣義角的三角函數　　7
- 1-3　弧　度　　18
- 1-4　三角函數的圖形　　24
- 1-5　正弦定理與餘弦定理　　32
- 1-6　和角公式　　38
- 1-7　倍角與半角公式，和與積互化公式　　46

第 2 章　反三角函數　　55

- 2-1　反三角函數的定義域與值域　　56
- 2-2　反正切函數與反餘切函數　　62
- 2-3　反正割函數與反餘割函數　　66

第 3 章　圓　　71

- 3-1　圓的方程式　　72
- 3-2　圓與直線　　79

第 4 章　圓錐曲線　　　　　　　　　　　　　　**85**

- 4-1　圓錐截痕　　　　　　　86
- 4-2　拋物線方程式　　　　　88
- 4-3　橢圓方程式　　　　　　94
- 4-4　雙曲線方程式　　　　　104

第 5 章　數列與級數　　　　　　　　　　　　　**117**

- 5-1　有限數列　　　　　　　118
- 5-2　有限級數　　　　　　　128
- 5-3　特殊有限級數求和法　　133
- 5-4　無窮數列　　　　　　　137
- 5-5　無窮級數　　　　　　　143

第 6 章　排列與組合　　　　　　　　　　　　　**149**

- 6-1　樹形圖　　　　　　　　150
- 6-2　乘法原理與加法原理　　152
- 6-3　排　列　　　　　　　　156
- 6-4　組　合　　　　　　　　166
- 6-5　二項式定理　　　　　　174

第 7 章　機　率　　　　　　　　　　　　　　　**179**

- 7-1　隨機實驗、樣本空間與事件　　180
- 7-2　機率的定義與基本定理　　186
- 7-3　條件機率與獨立事件　　192
- 7-4　重複實驗　　　　　　　206
- 7-5　數學期望值　　　　　　209

第 8 章　向量、直線與平面　　213

8-1　直角坐標系　　214
8-2　向量的定義與性質　　217
8-3　向量的內積　　226
8-4　直線方程式　　235
8-5　平面方程式　　242

習題答案　　251

1 三角函數

本章學習目標

- 銳角的三角函數
- 廣義角的三角函數
- 弧　度
- 三角函數的圖形
- 正弦定理與餘弦定理
- 和角公式
- 倍角與半角公式，和與積互化公式

▶▶ 1-1 銳角的三角函數

初等函數含有正弦、餘弦、正切、餘切、正割及餘割等的三角函數，並得到一些基本關係式．現在，我們先將這些函數的定義敘述一下．設 $\triangle ABC$ 為一個直角三角形，如圖 1-1 所示，其中 $\angle C$ 是直角，$\overline{AB}$ 是斜邊，兩股 $\overline{BC}$ 與 $\overline{AC}$ 分別是 $\angle B$ 的鄰邊與對邊，我們定義：

$$\angle B \text{ 的正弦} = \sin B = \frac{\text{對邊}}{\text{斜邊}} = \frac{\overline{AC}}{\overline{AB}}$$

$$\angle B \text{ 的餘弦} = \cos B = \frac{\text{鄰邊}}{\text{斜邊}} = \frac{\overline{BC}}{\overline{AB}}$$

$$\angle B \text{ 的正切} = \tan B = \frac{\text{對邊}}{\text{鄰邊}} = \frac{\overline{AC}}{\overline{BC}}$$

$$\angle B \text{ 的餘切} = \cot B = \frac{\text{鄰邊}}{\text{對邊}} = \frac{\overline{BC}}{\overline{AC}}$$

$$\angle B \text{ 的正割} = \sec B = \frac{\text{斜邊}}{\text{鄰邊}} = \frac{\overline{AB}}{\overline{BC}}$$

$$\angle B \text{ 的餘割} = \csc B = \frac{\text{斜邊}}{\text{對邊}} = \frac{\overline{AB}}{\overline{AC}}$$

如果已知一個角的三角函數值，即使我們不知道此角的度數，也可以求出其它的三角函數值．

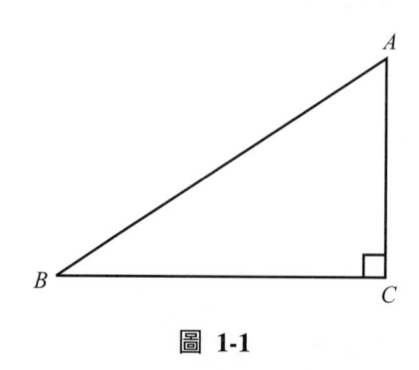

圖 1-1

例題 1 設 $\angle A$ 為銳角，且 ...

解 作一直角三角形，使斜邊長為 $\overline{AB} = 2...$

$$\overline{AC} = \sqrt{\overline{AB}^2 - \overline{BC}^2} = \sqrt{(25)...}$$

滿足
$$\sin A = \frac{\overline{BC}}{\overline{AB}} = \frac{24}{25}$$

其它三角函數值為

$$\cos A = \frac{\overline{AC}}{\overline{AB}} = \frac{7}{25}$$

$$\tan A = \frac{\overline{BC}}{\overline{AC}} = \frac{24}{7}$$

$$\cot A = \frac{\overline{AC}}{\overline{BC}} = \frac{7}{24}$$

$$\sec A = \frac{\overline{AB}}{\overline{AC}} = \frac{25}{7}$$

$$\csc A = \frac{\overline{AB}}{\overline{BC}} = \frac{25}{24} \,.$$

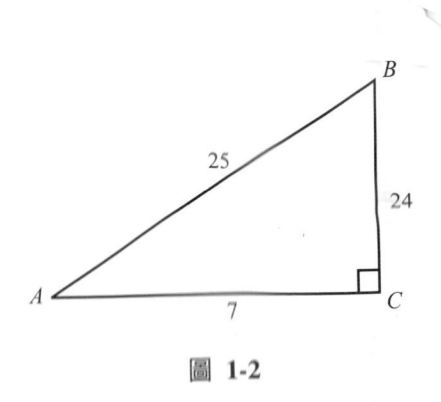

如圖 1-2 所示.

圖 1-2

隨堂練習 1 設 $\sin\theta = \dfrac{3}{5}$，試求 θ 的其它三角函數值.

答案：$\cos\theta = \dfrac{4}{5}$, $\tan\theta = \dfrac{3}{4}$, $\cot\theta = \dfrac{4}{3}$, $\sec\theta = \dfrac{5}{4}$, $\csc\theta = \dfrac{5}{3}$.

其次，我們列出三角函數之間的一些關係式：

1. 倒數關係式

$$\frac{1}{\sin\theta} = \csc\theta \qquad\qquad \frac{1}{\cos\theta} = \sec\theta$$

$$\frac{1}{\cot \theta} = \tan \theta$$

$$\frac{1}{\sec \theta} = \cos \theta \qquad \frac{1}{\csc \theta} = \sin \theta$$

2.
$$\tan \theta = \frac{\sin \theta}{\cos \theta} \qquad \cot \theta = \frac{\cos \theta}{\sin \theta}$$

3. 餘角關係式

$$\sin(90°-\theta) = \cos \theta$$
$$\cos(90°-\theta) = \sin \theta$$
$$\tan(90°-\theta) = \cot \theta$$
$$\cot(90°-\theta) = \tan \theta$$
$$\sec(90°-\theta) = \csc \theta$$
$$\csc(90°-\theta) = \sec \theta$$

4. 平方關係式

$$\sin^2 \theta + \cos^2 \theta = 1$$
$$1 + \tan^2 \theta = \sec^2 \theta$$
$$1 + \cot^2 \theta = \csc^2 \theta$$

例題 2 設 θ 為銳角，試用 $\sin \theta$ 表出 $\cos \theta$ 與 $\tan \theta$.

解 因 $\sin^2 \theta + \cos^2 \theta = 1$，即，$\cos^2 \theta = 1 - \sin^2 \theta$，又 $\cos \theta > 0$，故

$$\cos \theta = \sqrt{1 - \sin^2 \theta}$$

$$\tan \theta = \frac{\sin \theta}{\cos \theta} = \frac{\sin \theta}{\sqrt{1 - \sin^2 \theta}}.$$

例題 3 設 $\sin \theta + \sin^2 \theta = 1$，試求 $\cos^2 \theta + \cos^4 \theta$ 之值.

解 $\sin\theta+\sin^2\theta=1 \Rightarrow \sin\theta=1-\sin^2\theta=\cos^2\theta$

故
$$\cos^2\theta+\cos^4\theta = \cos^2\theta+(\cos^2\theta)^2 = \cos^2\theta+(\sin\theta)^2$$
$$= \cos^2\theta+\sin^2\theta=1.$$

現在，我們利用上述的基本關係式來證明一些**三角恆等式**.

例題 4 試證：$\tan\theta+\cot\theta=\sec\theta\csc\theta$.

解 $\tan\theta+\cot\theta = \dfrac{\sin\theta}{\cos\theta}+\dfrac{\cos\theta}{\sin\theta} = \dfrac{\sin^2\theta+\cos^2\theta}{\sin\theta\cos\theta}$

$$= \dfrac{1}{\sin\theta\cos\theta} = \dfrac{1}{\cos\theta}\cdot\dfrac{1}{\sin\theta}$$

$$= \sec\theta\,\csc\theta.$$

例題 5 試證：$\sec^4\theta-\sec^2\theta=\tan^4\theta+\tan^2\theta$.

解 $\sec^4\theta-\sec^2\theta = (1+\tan^2\theta)^2-(1+\tan^2\theta)$

$$= 1+2\tan^2\theta+\tan^4\theta-1-\tan^2\theta$$

$$= \tan^4\theta+\tan^2\theta.$$

隨堂練習 2 設 θ 為銳角，且 $\tan\theta=\dfrac{3}{4}$，試求 $\dfrac{\sin\theta}{1-\cot\theta}+\dfrac{\cos\theta}{1-\tan\theta}$ 之值.

答案：$\dfrac{7}{5}$.

隨堂練習 3 試求 $(1-\tan^4\theta)\cos^2\theta+\tan^2\theta$ 之值.

答案：1.

習題 1-1

1. 已知 $\cos\theta = \dfrac{1}{2}$，且 θ 為銳角，求 θ 的其它三角函數值.

2. 設 θ 為銳角，$\tan\theta = 2\sqrt{2}$，試求 θ 的其餘五個三角函數值.

3. 試證 $\dfrac{\cos\theta\tan\theta + \sin\theta}{\tan\theta} = 2\cos\theta$.

4. 設 $\sin\theta - \cos\theta = \dfrac{1}{2}$，且 θ 為銳角，求下列各值.

    (1) $\sin\theta\cos\theta$ (2) $\sin\theta + \cos\theta$ (3) $\tan\theta + \cot\theta$

5. 設 $\tan\theta + \cot\theta = 3$，且 θ 為銳角，求下列各值.

    (1) $\sin\theta\cos\theta$ (2) $\sin\theta + \cos\theta$

6. 設 θ 為銳角，試用 $\tan\theta$ 表示 $\sin\theta$ 及 $\cos\theta$.

7. 試化簡下列各式.

    (1) $(\sin\theta + \cos\theta)^2 + (\sin\theta - \cos\theta)^2$

    (2) $(\tan\theta + \cot\theta)^2 - (\tan\theta - \cot\theta)^2$

    (3) $(1 - \tan^4\theta)\cos^2\theta + \tan^2\theta$

試證下列各恆等式.

8. $(\sec\theta - \tan\theta)^2 = \dfrac{1 - \sin\theta}{1 + \sin\theta}$

9. $\tan\theta + \cot\theta = \sec\theta\csc\theta$

10. $\dfrac{\sin\theta}{1 + \cos\theta} + \dfrac{1 + \cos\theta}{\sin\theta} = 2\csc\theta$

11. $\sin^4\theta - \cos^4\theta = 1 - 2\cos^2\theta$

12. $(\sin\theta + \cos\theta)^2 = 1 + 2\sin\theta\cos\theta$

13. $\tan^2\theta - \sin^2\theta = \tan^2\theta\sin^2\theta$

14. $2+\cot^2\theta = \csc^2\theta + \sec^2\theta - \tan^2\theta$

15. 設 θ 為銳角，且 $\tan\theta = \dfrac{5}{12}$，求 $\dfrac{\sin\theta}{1-\tan\theta} + \dfrac{\cos\theta}{1-\cot\theta}$ 的值．

16. 設 θ 為銳角，且一元二次方程式 $x^2-(\tan\theta+\cot\theta)x+1=0$ 有一根為 $2+\sqrt{3}$，求 $\sin\theta\cos\theta$ 的值．

▶▶ 1-2　廣義角的三角函數

　　已知 $\angle AOB$ 為一個角，其兩邊為 $\overline{OA}$ 與 $\overline{OB}$，如圖 1-3 所示，若該角是從 $\overline{OA}$ 轉到 $\overline{OB}$，則 $\overline{OA}$ 是**始邊**，而 $\overline{OB}$ 是**終邊**．從始邊轉到終邊就是旋轉方向，所以我們可以將角看作是由始邊沿著旋轉方向到終邊的**旋轉量**．為了方便起見，通常規定逆時鐘的旋轉方向是正的，順時鐘的旋轉方向是負的．旋轉方向是正的角稱為**正向角**，簡稱為**正角**；旋轉方向是負的角稱為**負向角**，簡稱為**負角**．正向角與負向角均稱為**有向角**．例如，就圖 1-4(1) 所示，從 $\overline{OA}$ 轉到 $\overline{OB}$ 的有向角是 $60°$；就圖 1-4(2) 所示，從 $\overline{OA}$ 轉到 $\overline{OB}$ 的有向角是 $-60°$．

　　大家也許還記得在國中學習過的角都一律被限制在 $180°$ 以內．但是，現在既然將角看作是由始邊沿著旋轉方向的旋轉量，我們就要打破這個限制，而將角度的範圍擴充

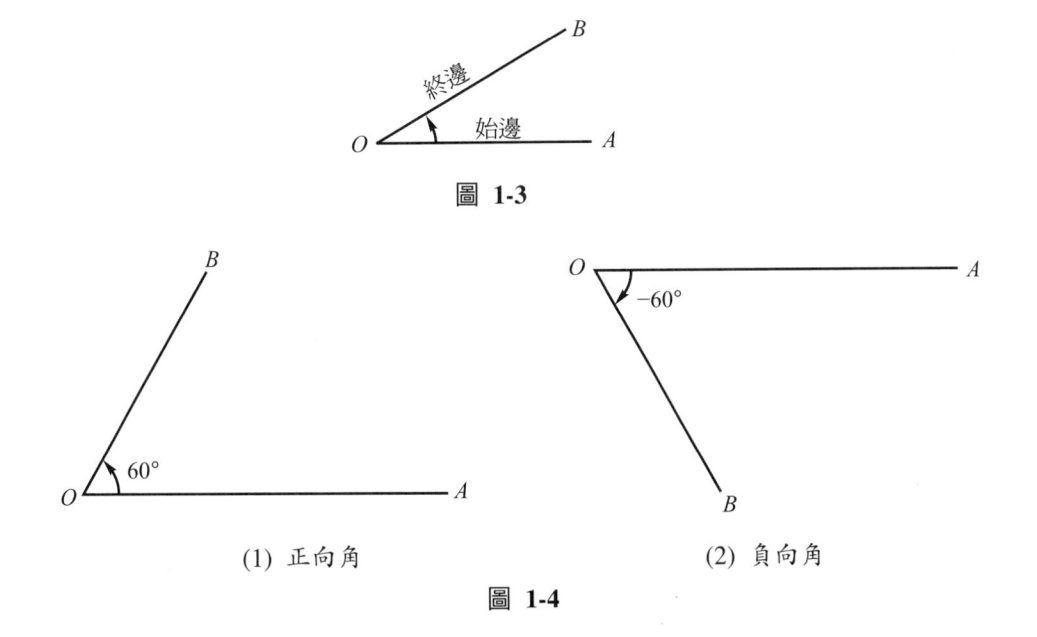

圖 1-3

(1) 正向角　　　　　　　(2) 負向角

圖 1-4

圖 1-5

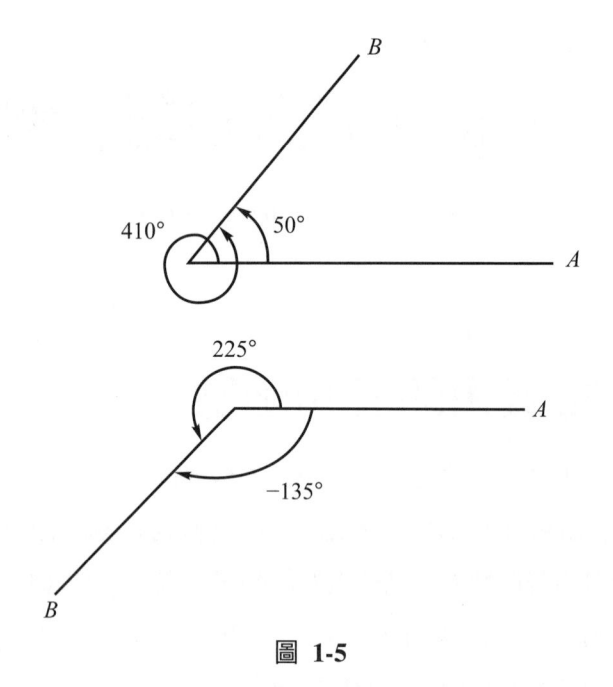

到 180° 以上，像這樣打破了 180° 限制的有向角被稱為**廣義角**．若在同一平面上之兩個角有共同的始邊與共同的終邊，則稱它們是**同界角**．角 θ 的同界角可用 $n \times 360° + \theta$ (n 為整數) 表示，換言之，同界角就是角度差為 360° 的整數倍的角．圖 1-5 中的 410° 角與 50° 角為同界角，225° 角與 −135° 角為同界角。

例題 1 找出下列各有向角的同界角 θ，使 $0° \leq \theta < 360°$．

(1) 1234°　(2) 1440°　(3) −123°　(4) −2000°．

解 (1) $1234° = 360° \times 3 + 154°$，故 $\theta = 154°$．

(2) $1440° = 360° \times 4$，故 $\theta = 0°$．

(3) $-123° = 360° \times (-1) + 237°$，故 $\theta = 237°$．

(4) $-2000° = 360° \times (-6) + 160°$，故 $\theta = 160°$．

在坐標平面上，若角的頂點位於原點且始邊放在 x-軸的正方向上，則稱該角位於**標準位置**，而該角為**標準位置角**．若標準位置角的終邊落在第 I (I=1, 2, 3, 4) 象限內，則稱該角為**第 I 象限角**．

現在，我們將銳角的三角函數加以推廣．假設 θ 為標準位置角，則 θ 的終邊可能

圖 1-6

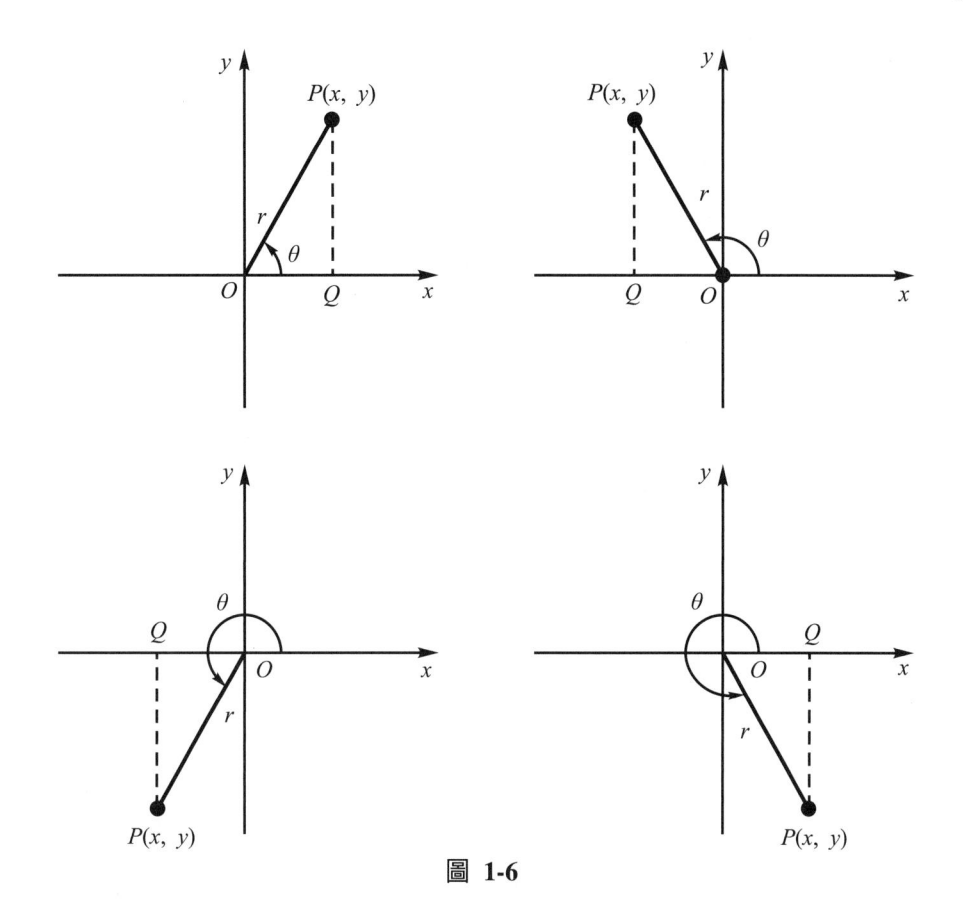

落在第一象限，也可能落在第二象限、第三象限或第四象限，如圖 1-6 所示，其中 $0 < \theta < 360°$.

當然，終邊有可能落在 x-軸或 y-軸上．我們在終邊上任取異於原點 O 的一點 P，設其坐標為 (x, y)，且令 $\overline{OP}=r$，則定義廣義角的三角函數如下：

定義 1-1 ↩

$$\sin \theta = \frac{y}{r}, \quad \cos \theta = \frac{x}{r}, \quad \tan \theta = \frac{y}{x},$$

$$\cot \theta = \frac{x}{y}, \quad \sec \theta = \frac{r}{x}, \quad \csc \theta = \frac{r}{y}.$$

此定義中的 θ 適合所有角——正角、負角、銳角或鈍角．特別注意的是，我們必須在它的比值有意義的情況下，才能定義廣義角的三角函數．例如，若 θ 的終邊在 y-軸（即，$x=0$）上，則 $\tan\theta$ 與 $\sec\theta$ 均無意義；若 θ 的終邊在 x-軸（即，$y=0$）上，則 $\cot\theta$ 與 $\csc\theta$ 均無意義．

由於 r 恆為正，故 θ 角之三角函數的正、負號隨 P 點所在的象限而定，今列表如下：

函數＼象限	I	II	III	IV
$\sin\theta$ $\csc\theta$	+	+	−	−
$\cos\theta$ $\sec\theta$	+	−	−	+
$\tan\theta$ $\cot\theta$	+	−	+	−

例題 2 計算六個三角函數在 $\theta=150°$ 的值．

解 以原點作為圓心且半徑是 1 的圓，並將角 $\theta=150°$ 置於標準位置，如圖 1-7 所示．因 $\angle AOP=30°$，且 $\triangle OAP$ 為一個 30°-60°-90° 的三角形，故

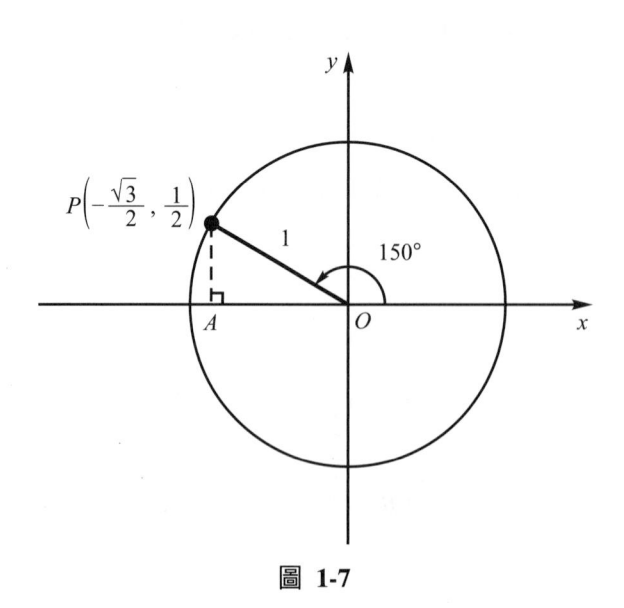

$P\left(-\dfrac{\sqrt{3}}{2},\dfrac{1}{2}\right)$

圖 1-7

$\overline{AP} = \dfrac{1}{2}$，可得 $\overline{AO} = \dfrac{\sqrt{3}}{2}$. 於是，$P$ 的坐標為 $\left(-\dfrac{\sqrt{3}}{2},\ \dfrac{1}{2}\right)$.

$$\sin 150° = \dfrac{1}{2} \qquad \cos 150° = -\dfrac{\sqrt{3}}{2}$$

$$\tan 150° = \dfrac{\dfrac{1}{2}}{-\dfrac{\sqrt{3}}{2}} = -\dfrac{1}{\sqrt{3}} = -\dfrac{\sqrt{3}}{3}$$

$$\cot 150° = \dfrac{1}{\tan 150°} = -\sqrt{3}$$

$$\sec 150° = \dfrac{1}{\cos 150°} = -\dfrac{2}{\sqrt{3}} = -\dfrac{2\sqrt{3}}{3}$$

$$\csc 150° = \dfrac{1}{\sin 150°} = 2.$$

例題 3 若 $\cos\theta = -\dfrac{4}{5}$，且 $\sin\theta > 0$，求 θ 的其餘三角函數值.

解 因 $\cos\theta < 0$ 且 $\sin\theta > 0$，故 θ 為第二象限角. 如圖 1-8 所示.

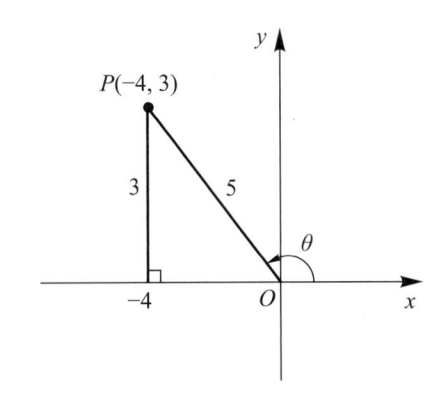

又 $\cos\theta = \dfrac{x}{r} = \dfrac{-4}{5}$，取 $x = -4$，$r = 5$，

圖 1-8

故
$$y=\sqrt{r^2-x^2}=\sqrt{(5)^2-(-4)^2}=3$$

$$\sin\theta=\frac{3}{5},\ \tan\theta=\frac{3}{-4}=-\frac{3}{4},\ \cot\theta=\frac{-4}{3}=-\frac{4}{3},$$

$$\sec\theta=\frac{5}{-4}=-\frac{5}{4},\ \csc\theta=\frac{5}{3}.$$

隨堂練習 4 設點 $P(-5\sqrt{3},\ y)$ 在角 θ 的終邊上，若 $\tan\theta=\dfrac{1}{\sqrt{3}}$，求 $\csc\theta$ 與 $\sin\theta$ 之值．

答案：$\csc\theta=-2,\ \sin\theta=-\dfrac{1}{2}$．

從廣義角之三角函數的定義可知，凡是同界角均有相同的三角函數值．因此，若 n 為整數，則有下列的結果：

$$\begin{aligned}\sin(n\times360°+\theta)&=\sin\theta\\ \cos(n\times360°+\theta)&=\cos\theta\\ \tan(n\times360°+\theta)&=\tan\theta\\ \cot(n\times360°+\theta)&=\cot\theta\\ \sec(n\times360°+\theta)&=\sec\theta\\ \csc(n\times360°+\theta)&=\csc\theta\end{aligned}$$
(1-2-1)

我們利用這些性質可將任意角的三角函數值化成 0° 到 360° 之間的三角函數值．例如，

$$\sin730°=\sin(2\times360°+10°)=\sin10°$$
$$\tan(-330°)=\tan[(-1)\times360°+30°]=\tan30°$$

設兩個角 θ 與 $-\theta$ 的終邊與**單位圓** (即，圓心在原點且半徑是 1 的圓) 的交點分別為 $P(x,\ y)$ 與 $P'(x',\ y')$，如圖 1-9 所示．

因為 $\overline{OP}$ 與 $\overline{OP'}$ 對於 x-軸成對稱，所以

$$x'=x,\ y'=-y$$

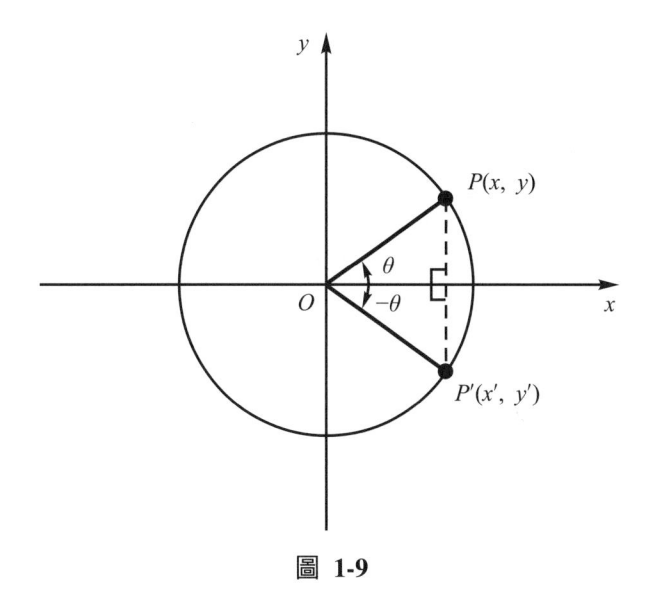

圖 1-9

可得

$$\sin(-\theta) = y' = -y = -\sin\theta$$

$$\cos(-\theta) = x' = x = \cos\theta$$

$$\tan(-\theta) = \frac{y'}{x'} = \frac{-y}{x} = -\tan\theta$$

$$\cot(-\theta) = \frac{x'}{y'} = \frac{x}{-y} = -\cot\theta \tag{1-2-2}$$

$$\sec(-\theta) = \frac{1}{x'} = \frac{1}{-x} = \sec\theta$$

$$\csc(-\theta) = \frac{1}{y'} = \frac{1}{-y} = -\csc\theta$$

例如，

$$\sin(-58°) = -\sin 58°$$

$$\cos(-25°) = \cos 25°$$

$$\cot(-66°) = -\cot 66°.$$

設兩個角 θ 與 $180°-\theta$ 的終邊與單位圓的交點分別為 $P(x, y)$ 與 $P'(x', y')$，如圖 1-10 所示.

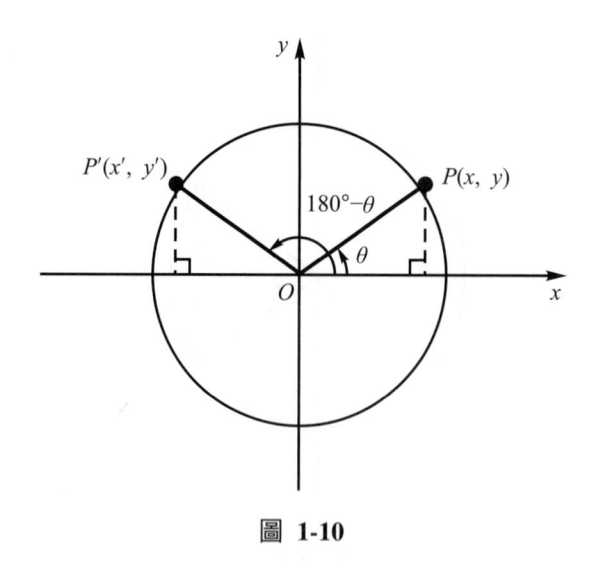

圖 1-10

因為 $\overline{OP}$ 與 $\overline{OP'}$ 對於 y-軸成對稱，所以

$$x' = -x, \quad y' = y$$

可得

$$\sin(180°-\theta) = y' = y = \sin\theta$$

$$\cos(180°-\theta) = x' = -x = -\cos\theta$$

$$\tan(180°-\theta) = \frac{y'}{x'} = \frac{y}{-x} = -\tan\theta$$

$$\cot(180°-\theta) = \frac{x'}{y'} = \frac{-x}{y} = -\cot\theta \qquad (1\text{-}2\text{-}3)$$

$$\sec(180°-\theta) = \frac{1}{x'} = \frac{1}{-x} = -\sec\theta$$

$$\csc(180°-\theta) = \frac{1}{y'} = \frac{1}{y} = \csc\theta$$

例如，

$$\sin 120° = \sin(180°-60°) = \sin 60°$$

$$\cos 150° = \cos(180°-30°) = -\cos 30°.$$

設兩個角 θ 與 $180°+\theta$ 的終邊與單位圓的交點分別為 $P(x, y)$ 與 $P'(x', y')$，

图 1-11

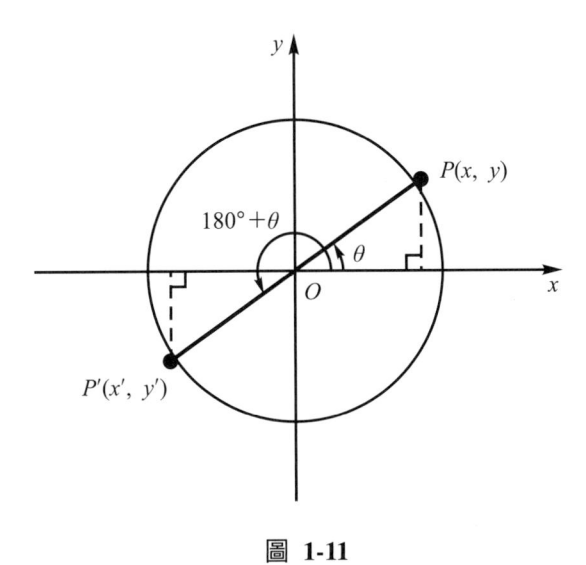

如圖 1-11 所示.

因為 $\overline{OP}$ 與 $\overline{OP'}$ 對於原點 O 成對稱，所以

$$x' = -x, \ y' = -y$$

可得

$$\sin(180°+\theta) = y' = -y = -\sin\theta$$

$$\cos(180°+\theta) = x' = -x = -\cos\theta$$

$$\tan(180°+\theta) = \frac{y'}{x'} = \frac{-y}{-x} = \frac{y}{x} = \tan\theta$$

$$\cot(180°+\theta) = \frac{x'}{y'} = \frac{-x}{-y} = \frac{x}{y} = \cot\theta \tag{1-2-4}$$

$$\sec(180°+\theta) = \frac{1}{x'} = \frac{1}{-x} = -\sec\theta$$

$$\csc(180°+\theta) = \frac{1}{y'} = \frac{1}{-y} = -\csc\theta$$

例如,

$$\cos 215° = \cos(180°+35°) = -\cos 35°$$

$$\tan 250° = \tan(180°+70°) = \tan 70°.$$

綜上討論，我們列表如下：

	sin	cos	tan	cot	sec	csc
$-\theta$	$-\sin\theta$	$\cos\theta$	$-\tan\theta$	$-\cot\theta$	$\sec\theta$	$-\csc\theta$
$90°-\theta$	$\cos\theta$	$\sin\theta$	$\cot\theta$	$\tan\theta$	$\csc\theta$	$\sec\theta$
$90°+\theta$	$\cos\theta$	$-\sin\theta$	$-\cot\theta$	$-\tan\theta$	$-\csc\theta$	$\sec\theta$
$180°-\theta$	$\sin\theta$	$-\cos\theta$	$-\tan\theta$	$-\cot\theta$	$-\sec\theta$	$\csc\theta$
$180°+\theta$	$-\sin\theta$	$-\cos\theta$	$\tan\theta$	$\cot\theta$	$-\sec\theta$	$-\csc\theta$
$270°-\theta$	$-\cos\theta$	$-\sin\theta$	$\cot\theta$	$\tan\theta$	$-\csc\theta$	$-\sec\theta$
$270°+\theta$	$-\cos\theta$	$\sin\theta$	$-\cot\theta$	$-\tan\theta$	$\csc\theta$	$-\sec\theta$
$360°-\theta$	$-\sin\theta$	$\cos\theta$	$-\tan\theta$	$-\cot\theta$	$\sec\theta$	$-\csc\theta$
$360°+\theta$	$\sin\theta$	$\cos\theta$	$\tan\theta$	$\cot\theta$	$\sec\theta$	$\csc\theta$

註：上表的記法為

(1) 當角度為 $180°\pm\theta$，$360°\pm\theta$ 時，sin → sin, cos → cos, tan → tan, …，函數不變. 當角度為 $90°\pm\theta$, $270°\pm\theta$ 時，sin <u>互換</u> cos, tan <u>互換</u> cot, sec <u>互換</u> csc.

(2) 將 θ 視為銳角，再求角度在哪一象限，而決定正負符號.

例題 4 求下列各三角函數值.

(1) $\sin(-690°)$ (2) $\sin(-7350°)$

(3) $\cot(1200°)$ (4) $\tan(-2730°)$

解 (1) $\sin(-690°) = -\sin 690° = -\sin(720°-30°)$

$$= -(-\sin 30°) = \sin 30° = \frac{1}{2}.$$

(2) $\sin(-7350°) = -\sin 7350° = -\sin(360°\times 20 + 150°) = -\sin 150°$

$$= -\sin(180°-30°) = -\sin 30° = -\frac{1}{2}.$$

(3) $\cot(1200°) = \cot(360°\times 3 + 120°) = \cot 120°$

$= \cot(90°+30°) = -\tan 30°$

$$= -\frac{1}{\sqrt{3}} = -\frac{\sqrt{3}}{3}.$$

(4) $\tan(-2730°) = -\tan 2730° = -\tan(360° \times 7 + 210°)$
$= -\tan 210° = -\tan(180° + 30°)$
$= -\tan 30° = -\frac{1}{\sqrt{3}} = -\frac{\sqrt{3}}{3}.$

隨堂練習 5 試求 $\sin 120° \tan 210° - \cos 135° \sec(-45°)$ 的值.

答案：$\frac{3}{2}$.

隨堂練習 6 試求 $\sin^2 240° + \cos^2 300° - 2\tan(-585°)$ 的值.

答案：3.

習題 1-2

1. 下列各角是何象限內的角？

(1) 460° (2) 1305°

2. 求 $-1384°$ 角的同界角中的最大負角，並問其為第幾象限角？

3. 設 $\theta = 35°$，ϕ 與 θ 為同界角，若 $-1080° \leq \phi \leq -720°$，求 ϕ.

4. 求下列諸角的最小正同界角及最大負同界角.

(1) 675° (2) $-1520°$ (3) $-1473°$ (4) $-21508°$

5. 設標準位置角 θ 的終邊通過下列的點，求 θ 的各三角函數值.

(1) (3, 4) (2) $(-4, -1)$ (3) $(-1, 2)$

6. 若已知 $\tan \theta = \frac{1}{3}$，$\sin \theta < 0$，求 θ 的各三角函數值.

7. 若 $\cos \theta = \frac{12}{13}$，且 $\cot \theta < 0$，求 θ 的其餘三角函數值.

8. 若 $\tan\theta=\dfrac{7}{24}$，求 $\sin\theta$ 及 $\cos\theta$ 的值．

9. 已知 $\tan\theta=-\dfrac{1}{\sqrt{3}}$，求 θ 的其餘三角函數值．

10. 已知 θ 為第三象限內的角，且 $\tan\theta=\dfrac{3}{2}$，求 $\dfrac{\sin\theta+\cos\theta}{1+\sec\theta}$ 的值．

11. 已知 $\cos\theta=-\dfrac{3}{7}$，$\tan\theta>0$，求 $\dfrac{\tan\theta}{1-\tan^2\theta}$ 的值．

12. 求下列各三角函數值．

    (1) $\sin 120°$ (2) $\cos 120°$ (3) $\tan 150°$

    (4) $\sin 210°$ (5) $\tan 225°$ (6) $\sin 300°$

    (7) $\tan 300°$ (8) $\cos 315°$ (9) $\cos(-6270°)$

    (10) $\tan(-240°)$

13. 試化簡 $\sin(-1590°)\cos 1860°+\tan 960°\cot 1395°$．

14. 試證 $a\sin(\theta-90°)+b\cos(\theta-180°)=-(a+b)\cos\theta$．

15. 試證 $4\sin^2(-840°)-3\cos^2(1800°)=0$．

16. 已知 $\sin 598°=t$，試以 t 表示 $\tan 212°$．

17. 化簡 $\dfrac{\sin(180°-\theta)\cdot\cot(90°-\theta)\cdot\cos(360°-\theta)}{\tan(180°+\theta)\cdot\tan(90°+\theta)\cdot\sin(-\theta)}$．

▶▶ 1-3 弧 度

　　一般常用的角度量有兩種，一種稱為**度度量**，是將一圓分成 360 等分，每一等分稱為 1 度 (記為 1°)，而 1 度分成 60 分 (記為 1°=60′)，1 分分成 60 秒 (記為 1′=60″)，故 1°=60′=3600″．另一種稱為**弧度度量**，是將與半徑等長的圓弧所對的圓心角當成 1 弧度．就半徑為 r 的圓而言，其周長等於 $2\pi r$，所以整個圓周所對的角等於 2π 弧度；半圓弧長為 πr，所以平角等於 π 弧度；四分之一圓弧長為 $\dfrac{1}{2}\pi r$，所以直角等於 $\dfrac{\pi}{2}$ 弧度．

註:弧度的大小僅與角度有關,與圓的半徑無關.

一般而言,度與弧度之間有下列的互換關係,因為

$$360° = 2\pi \text{ 弧度}$$

所以
$$1° = \frac{2\pi}{360} \text{ 弧度} = \frac{\pi}{180} \text{ 弧度} \approx 0.01745 \text{ 弧度}$$

$$1 \text{ 弧度} = \left(\frac{360}{2\pi}\right)° = \left(\frac{180}{\pi}\right)° \approx 57° \ 17' \ 45''.$$

往後,我們常將弧度省略不寫,例如,一個角是 $\frac{\pi}{6}$ 的意思就是它是 $\frac{\pi}{6}$ 弧度的角. 當所用的單位是度時,我們必須將度標出來,例如,不可以將 30° 記為 30.

一些常用角的單位度與弧度的換算如下表:

度	30°	45°	60°	90°	120°	135°	150°	180°	270°
弧度	$\frac{\pi}{6}$	$\frac{\pi}{4}$	$\frac{\pi}{3}$	$\frac{\pi}{2}$	$\frac{2\pi}{3}$	$\frac{3\pi}{4}$	$\frac{5\pi}{6}$	π	$\frac{3\pi}{2}$

例題 1 化 210°, 225°, 240°, 300°, 315°, 330° 為弧度.

解
$$210° = \frac{\pi}{180} \times 210 = \frac{7\pi}{6}, \quad 225° = \frac{\pi}{180} \times 225 = \frac{5\pi}{4}$$

$$240° = \frac{\pi}{180} \times 240 = \frac{4\pi}{3}, \quad 300° = \frac{\pi}{180} \times 300 = \frac{5\pi}{3}$$

$$315° = \frac{\pi}{180} \times 315 = \frac{7\pi}{4}, \quad 330° = \frac{\pi}{180} \times 330 = \frac{11\pi}{6}.$$

例題 2 化 23° 15′ 30″ 為弧度.

解 23° 15′ 30″ = 23° 15.5′ ≈ 23.2583°
≈ 0.01745 × 23.2583 弧度 ≈ 0.406 弧度.

例題 3 化 $\dfrac{5\pi}{3}$, $\dfrac{5\pi}{8}$ 為度.

解 $\dfrac{5\pi}{3} = \left(\dfrac{180}{\pi}\right)^\circ \times \dfrac{5\pi}{3} = 108°$, $\dfrac{5\pi}{8} = \left(\dfrac{180}{\pi}\right)^\circ \times \dfrac{5\pi}{8} = 112.5°$.

例題 4 試求與 $-\dfrac{11\pi}{4}$ 為同界角的最小正角與最大負角.

解 因角 θ 的同界角可表為 $2n\pi + \theta$ (n 為整數),故

$$-\dfrac{11\pi}{4} = (-2) \times 2\pi + \dfrac{5\pi}{4}$$

$$-\dfrac{11\pi}{4} = -2\pi + \left(-\dfrac{3\pi}{4}\right)$$

所以,$\dfrac{5\pi}{4}$ 是 $-\dfrac{11\pi}{4}$ 的最小正同界角,$-\dfrac{3\pi}{4}$ 是 $-\dfrac{11\pi}{4}$ 的最大負同界角.

隨堂練習 7 求 $1178°$ 之最小正同界角與最大負同界角.

答案:最小正同界角為 $98°$,而最大負同界角為 $-262°$.

例題 5 求下列各三角函數值.

(1) $\cos\left(\dfrac{4\pi}{3}\right)$ (2) $\sec\left(-\dfrac{23\pi}{4}\right)$

解 (1) $\cos\left(\dfrac{4\pi}{3}\right) = \cos\left(\pi + \dfrac{\pi}{3}\right) = -\cos\dfrac{\pi}{3} = -\dfrac{1}{2}$.

(2) $\sec\left(-\dfrac{23\pi}{4}\right) = \sec\dfrac{23\pi}{4} = \sec\left(2\times 2\pi + \dfrac{7\pi}{4}\right) = \sec\dfrac{7\pi}{4}$

$= \sec\left(2\pi - \dfrac{\pi}{4}\right) = \sec\dfrac{\pi}{4} = \sqrt{2}$.

隨堂練習 8 求 $\dfrac{\tan\dfrac{\pi}{4}+\tan\dfrac{\pi}{6}}{1-\tan\dfrac{\pi}{4}\tan\dfrac{\pi}{6}}$ 的值.

答案：$2+\sqrt{3}$.

弧是圓周的一部分，所以欲求弧長時，只要求出該段圓弧是佔整個圓周的幾分之幾，就可求出弧長. 同樣地，扇形面積也是從該扇形佔整個圓區域的幾分之幾去求得. 若圓的半徑為 r，則圓周長為 $2\pi r$，圓面積為 πr^2，故當圓心角為 θ (弧度) 時，其所對的弧長為 $s=\dfrac{\theta}{2\pi}\times 2\pi r = r\theta$，而扇形面積為

$$A=\dfrac{\theta}{2\pi}\times \pi r^2 = \dfrac{1}{2}r^2\theta = \dfrac{1}{2}rs.$$

如果圓心角為 $\alpha°$ 時，弧長為 $s=\dfrac{\alpha}{360}\times 2\pi r$，扇形面積為

$$A=\dfrac{\alpha}{360}\times \pi r^2$$

因此，我們有下面的定理.

定理 1-1

若圓的半徑為 r，則

(1) 圓心角 θ (弧度) 所對的弧長為 $s=r\theta$，而扇形面積為

$$A=\dfrac{1}{2}r^2\theta = \dfrac{1}{2}rs.$$

(2) 圓心角 $\alpha°$ 所對的弧長為 $s=\dfrac{\alpha}{360}\times 2\pi r$，而扇形面積為

$$A=\dfrac{\alpha}{360}\times \pi r^2.$$

例題 6 求半徑為 8 公分的圓上一弧長為 2 公分所對的圓心角.

解 圓心角 $=\dfrac{\text{弧長}}{\text{半徑}}=\dfrac{2}{8}=\dfrac{1}{4}$ (弧度).

例題 7 若一圓的半徑為 8 公分, 圓心角為 $\dfrac{\pi}{4}$, 求此扇形的面積.

解 面積 $=\dfrac{1}{2}r^2\theta=\dfrac{1}{2}\times 8^2\times\dfrac{\pi}{4}=8\pi$ (平方公分).

例題 8 已知一扇形的半徑為 25 公分, 弧長為 16 公分, 求其圓心角的度數及面積.

解 因 $\theta=\dfrac{s}{r}$, 故

$$\theta=\dfrac{s}{r}=\dfrac{16}{25}=0.64\ (\text{弧度})=\left(\dfrac{180}{\pi}\right)^{\circ}\times 0.64\approx 36.67^{\circ}$$

扇形面積為

$$A=\dfrac{1}{2}rs=\dfrac{1}{2}\times 25\times 16=200\ (\text{平方公分}).$$

隨堂練習 9 試求半徑為 6 公分, 中心角為 $135°$ 之扇形面積為何?

答案: $\dfrac{27}{2}\pi$ (平方公分).

習題 1-3

1. 求下列各角的弧度數.
   (1) $15°$ (2) $144°$ (3) $540°$ (4) $45°\ 20'\ 35''$

2. 化下列各角度量為度度量.

(1) $\dfrac{7\pi}{10}$ (2) $\dfrac{7\pi}{4}$ (3) $\dfrac{3\pi}{16}$ (4) $\dfrac{5\pi}{12}$ (5) 3

3. 試求與 $-\dfrac{10\pi}{3}$ 為同界角的最小正角與最大負角.

4. 求 $\sin\dfrac{\pi}{3}\tan\dfrac{\pi}{4}\cos\dfrac{\pi}{6}\sec\dfrac{\pi}{3}\cot\dfrac{\pi}{6}$ 的值.

5. 求 $\tan^2\dfrac{\pi}{4}\sin\dfrac{\pi}{3}\cos\dfrac{\pi}{3}\tan\dfrac{\pi}{6}\sec\dfrac{\pi}{4}$ 的值.

6. 設一圓的半徑為 6，求圓心角為 $\dfrac{2\pi}{3}$ 所對的弧長.

7. 若一圓的半徑為 16 公分，圓心角為 $\dfrac{\pi}{3}$，求此扇形的面積.

8. 已知一扇形的半徑為 25 公分，弧長為 16 公分，求其圓心角的度數及面積.

9. 某扇形的半徑為 15 公分，圓心角為 $\dfrac{\pi}{3}$，求其面積及弧長.

10. 有一腳踏車的車輪直徑為 60 公分，今旋轉 500 圈，問其所走的距離為何？

11. 試求 $\sec\left(-\dfrac{29\pi}{6}\right)$ 的值.

試求下列各式的值.

12. $\sec\left(\dfrac{3\pi}{2}-\theta\right)\tan(\pi-\theta)\cos(-\theta)$

13. $\cos^2\dfrac{5\pi}{4}\csc\dfrac{11\pi}{6}-\cos\left(-\dfrac{\pi}{3}\right)$

14. 試求 $\left(\cos^4\dfrac{\pi}{4}-\sin^4\dfrac{\pi}{4}\right)\left(\cos^4\dfrac{\pi}{4}+\sin^4\dfrac{\pi}{4}\right)$ 的值.

15. 試求 $\sin^2\left(\dfrac{19\pi}{2}\right)$ 的值.

1-4 三角函數的圖形

三角函數有一個非常重要的性質，稱為**週期性**．描繪六個三角函數的圖形必先瞭解三角函數的週期．

定義 1-2

設 f 為定義於 $A \subset \mathbb{R}$ 的函數，且 $f(A) \subset \mathbb{R}$，若存在一正數 T，使得

$$f(x+T)=f(x)$$

對於任一 $x \in A$ 均成立，則稱 f 為**週期函數**，而使得上式成立的最小正數 T 稱為函數 f 的**週期**．

定理 1-2

若 T 為 $f(x)$ 所定義函數的週期，則 $f(kx)$ 所定義之函數亦為週期函數，其週期為 $\dfrac{T}{k}$ $(k>0)$．

證：因為 $f(x)$ 的週期為 T，所以 $f(x+T)=f(x)$．

又
$$f\left(k\left(x+\frac{T}{k}\right)\right)=f(kx+T)=f(kx)$$

可知 $\dfrac{T}{k}$ 亦為 $f(kx)$ 的週期．因

$$\sin(x+2\pi)=\sin x, \quad \cos(x+2\pi)=\cos x$$
$$\tan(x+\pi)=\tan x, \quad \cot(x+\pi)=\cot x$$
$$\sec(x+2\pi)=\sec x, \quad \csc(x+2\pi)=\csc x$$

故三角函數為週期函數，$\sin x$、$\cos x$、$\sec x$、$\csc x$ 的週期均為 2π，而 $\tan x$、$\cot x$ 的週期均為 π．瞭解三角函數的週期，對於作三角函數之圖形有很大的幫助．因作

週期函數的圖形時，僅需作出一個週期長之區間中的部分圖形，然後不斷重複地往 x-軸的左右方向延伸，即可得到函數的全部圖形.

例題 1 求下列各函數的週期.

(1) $|\sin x|$ (2) $\cos^2 x$ (3) $\cos kx$

解 (1) 令 $f(x)=|\sin x|$，則

$$f(x+\pi)=|\sin(x+\pi)|=|-\sin x|=|\sin x|=f(x)$$

故週期為 π.

(2) 令 $f(x)=\cos^2 x$，則

$$f(x+\pi)=\cos^2(x+\pi)=[\cos(x+\pi)]^2$$
$$=(-\cos x)^2=\cos^2 x=f(x)$$

故週期為 π.

(3) 令 $f(x)=\cos kx$，則

$$f\left(x+\frac{2\pi}{k}\right)=\cos k\left(x+\frac{2\pi}{k}\right)=\cos(kx+2\pi)$$
$$=\cos kx=f(x)$$

故週期為 $\dfrac{2\pi}{k}$.

隨堂練習 10 試求函數 $|\sin kx|$ 之週期.

答案：$\dfrac{\pi}{k}$.

有關三角函數之圖形

1. 正弦函數 $y=\sin x$

因正弦函數的週期為 2π，又 $-1 \leq \sin x \leq 1$，故正弦函數的值域為 $[-1, 1]$. 今將 x 由 0 至 2π 之間，先對於某些特殊的 x 值，求出其對應的函數值 y，列表如下：

x	0	$\frac{\pi}{6}$	$\frac{\pi}{4}$	$\frac{\pi}{3}$	$\frac{\pi}{2}$	$\frac{2\pi}{3}$	$\frac{3\pi}{4}$	$\frac{5\pi}{6}$	π	$\frac{7\pi}{6}$	$\frac{5\pi}{4}$	$\frac{4\pi}{3}$	$\frac{3\pi}{2}$	$\frac{5\pi}{3}$	$\frac{7\pi}{4}$	$\frac{11\pi}{6}$	2π	...
y	0	$\frac{1}{2}$	$\frac{\sqrt{2}}{2}$	$\frac{\sqrt{3}}{2}$	1	$\frac{\sqrt{3}}{2}$	$\frac{\sqrt{2}}{2}$	$\frac{1}{2}$	0	$-\frac{1}{2}$	$-\frac{\sqrt{2}}{2}$	$-\frac{\sqrt{3}}{2}$	-1	$-\frac{\sqrt{3}}{2}$	$-\frac{\sqrt{2}}{2}$	$-\frac{1}{2}$	0	...

將各對應點描出，先作出 $[0, 2\pi]$ 中的圖形，然後向左右重複作出相同的圖形，即得 $y=\sin x$ 的圖形，如圖 1-12 所示.

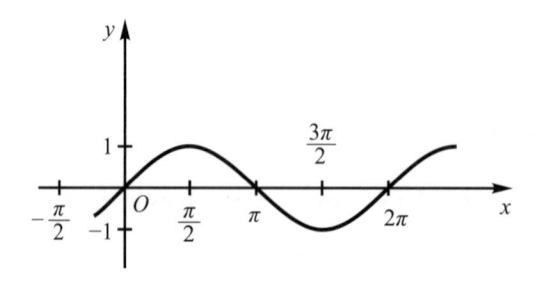

圖 1-12　$y=\sin x$ 的圖形

2. 餘弦函數 $y=\cos x$

　　因為 $\sin\left(\frac{\pi}{2}+x\right)=\cos x$，故作 $\cos x$ 的圖形時，可利用函數圖形的水平平移技巧，將 $\sin x$ 的圖形向左平行移動 $\frac{\pi}{2}$ 之距離而得，如圖 1-13 所示.

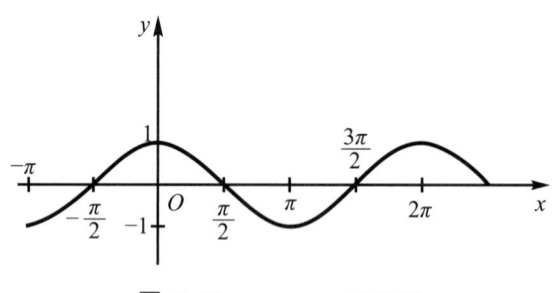

圖 1-13　$y=\cos x$ 的圖形

3. 正切函數 $y=\tan x$

　　因正切函數的週期為 π，故先對於 0 至 π 間某些特殊的 x 值，求出其對應的函數值 y，列表如下：

x	0	$\dfrac{\pi}{6}$	$\dfrac{\pi}{4}$	$\dfrac{\pi}{3}$	$\dfrac{\pi}{2}$	$\dfrac{2\pi}{3}$	$\dfrac{3\pi}{4}$	$\dfrac{5\pi}{6}$	π	$\cdots$
y	0	$\dfrac{\sqrt{3}}{3}$	1	$\sqrt{3}$	$\infty \vdots -\infty$	$-\sqrt{3}$	-1	$-\dfrac{\sqrt{3}}{3}$	0	$\cdots$

由於 $\tan x$ 在 $x=\dfrac{\pi}{2}$ 處沒有定義，尤須注意 $\tan x$ 在 $x=\dfrac{\pi}{2}$ 前後的變化情形，如圖 1-14 所示．

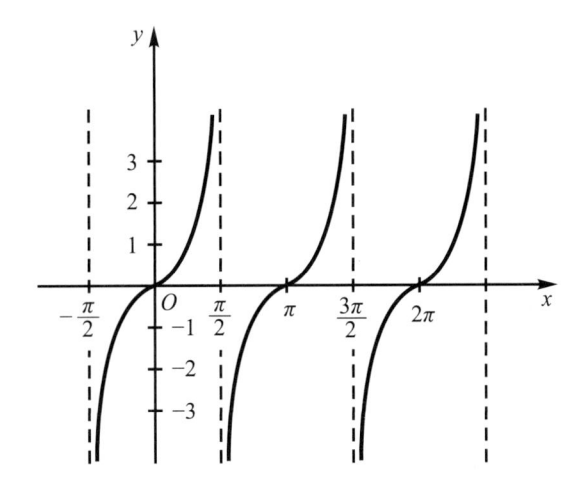

圖 **1-14** $y=\tan x$ 的圖形

4. 餘切函數 $y=\cot x$

因餘切函數的週期為 π，故只需作出 0 至 π 間的圖形，然後沿 x-軸的左右，每隔 π 長重複作出其圖形，如圖 1-15 所示．

x	0	$\dfrac{\pi}{6}$	$\dfrac{\pi}{4}$	$\dfrac{\pi}{3}$	$\dfrac{\pi}{2}$	$\dfrac{2\pi}{3}$	$\dfrac{3\pi}{4}$	$\dfrac{5\pi}{6}$	π
y	∞	$\sqrt{3}$	1	$\dfrac{\sqrt{3}}{3}$	0	$-\dfrac{\sqrt{3}}{3}$	-1	$-\sqrt{3}$	$-\infty$

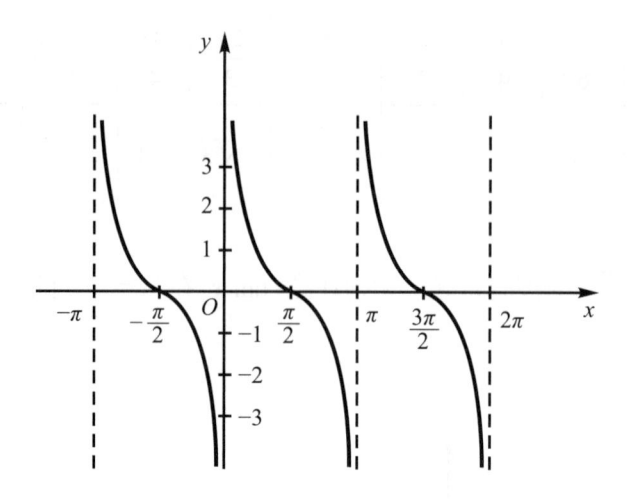

圖 1-15 $y=\cot x$ 的圖形

5. 正割函數 $y=\sec x$

因正割函數的週期為 2π，故先作出 $[0, 2\pi]$ 中的圖形，然後沿 x-軸的左右重複作出其圖形，如圖 1-16 所示．

x	0	$\frac{\pi}{6}$	$\frac{\pi}{4}$	$\frac{\pi}{3}$	$\frac{\pi}{2}$	$\frac{2\pi}{3}$	$\frac{3\pi}{4}$	$\frac{5\pi}{6}$	π	$\frac{7\pi}{6}$	$\frac{5\pi}{4}$	$\frac{4\pi}{3}$	$\frac{3\pi}{2}$	$\frac{5\pi}{3}$	$\frac{7\pi}{4}$	$\frac{11\pi}{6}$	2π	$\cdots$
y	0	$\frac{2}{\sqrt{3}}$	$\sqrt{2}$	2	$\infty \vdots -\infty$	-2	$-\sqrt{2}$	$-\frac{2}{\sqrt{3}}$	-1	$-\frac{2}{\sqrt{3}}$	$-\sqrt{2}$	-2	$-\infty \vdots \infty$	2	$\sqrt{2}$	$\frac{2}{\sqrt{3}}$	1	$\cdots$

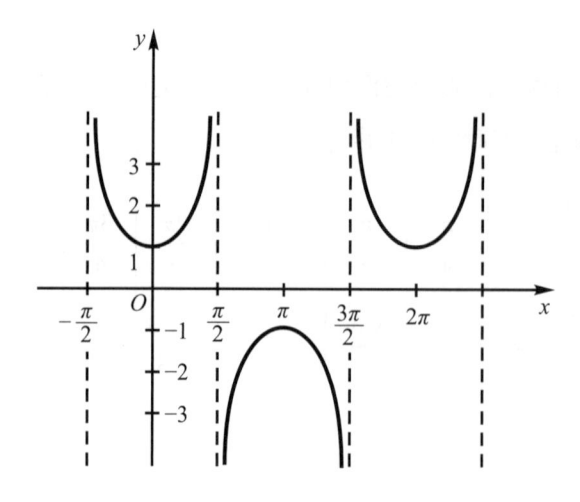

圖 1-16 $y=\sec x$ 的圖形

6. 餘割函數 $y = \csc x$

因為 $\csc\left(\dfrac{\pi}{2} + x\right) = \sec x$，故 $\sec x$ 的圖形可由 $\csc x$ 的圖形，向左平移 $\dfrac{\pi}{2}$ 而得．今已作出 $\sec x$ 的圖形，則可將 $\sec x$ 的圖形向右平移 $\dfrac{\pi}{2}$ 長而得，如圖 1-17 所示．

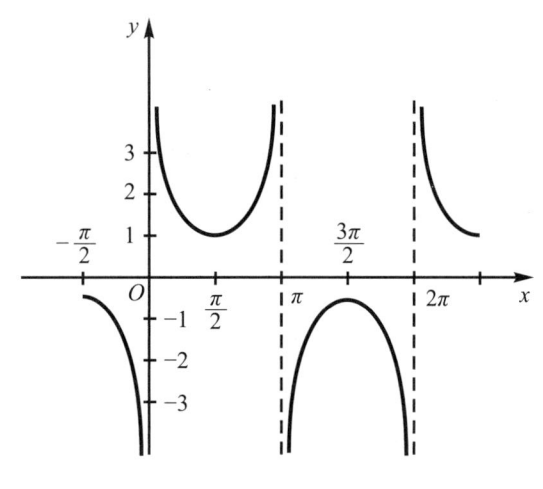

圖 1-17 $y = \csc x$ 的圖形

下面列出這六個三角函數的定義域與值域：

$y = \sin x$，$-\infty < x < \infty$，$-1 \le y \le 1$

$y = \cos x$，$-\infty < x < \infty$，$-1 \le y \le 1$

$y = \tan x$，$-\infty < x < \infty \left(x \ne (2n+1)\dfrac{\pi}{2}\right)$，$-\infty < y < \infty$

$y = \cot x$，$-\infty < x < \infty \ (x \ne n\pi)$，$-\infty < y < \infty$

$y = \sec x$，$-\infty < x < \infty \left(x \ne (2n+1)\dfrac{\pi}{2}\right)$，$y \ge 1$ 或 $y \le -1$

$y = \csc x$，$-\infty < x < \infty \ (x \ne n\pi)$，$y \ge 1$ 或 $y \le -1$

其中 n 為整數．

例題 2 作 $y = \sin 2x$ 的圖形.

解 此函數的週期為 $\dfrac{2\pi}{2} = \pi$，所以，當 x 以 π 改變時，$y = \sin 2x$ 的圖形重複一次，如圖 1-18 所示.

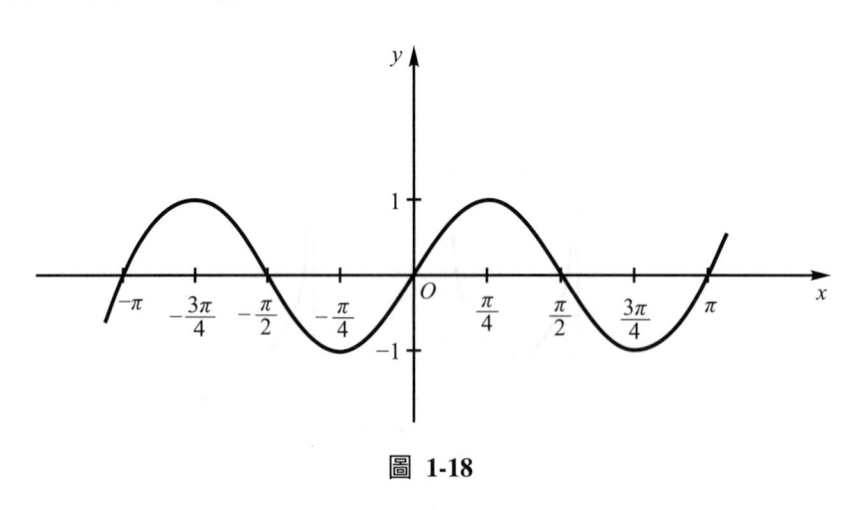

圖 1-18

例題 3 作函數 $y = |\sin x|$ 的圖形.

解 若 $\sin x \geq 0$，即 x 在第一、二象限內，則 $|\sin x| = \sin x$；若 $\sin x < 0$，即 x 在第三、四象限內，則 $|\sin x| = -\sin x$. 所以作圖時，只需將 x-軸下方的圖形代以其對 x-軸的對稱圖形，如圖 1-19 所示.

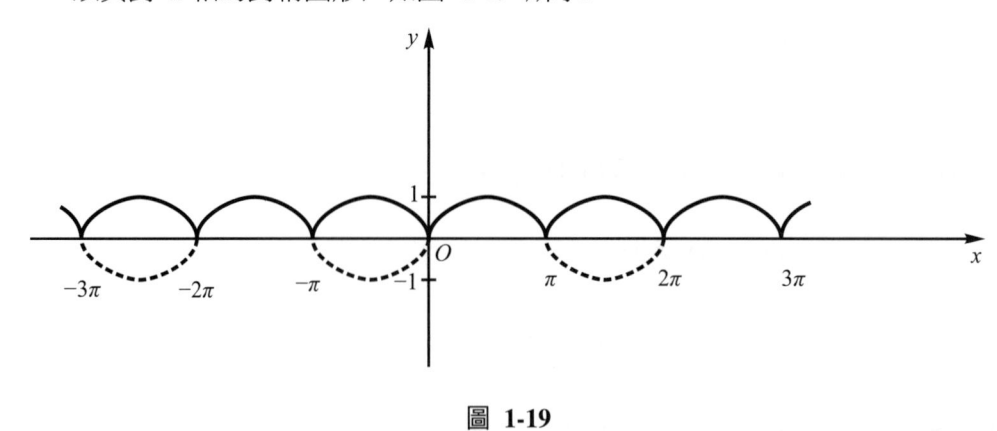

圖 1-19

隨堂練習 11 試繪出 $y = |\tan x|$ 之圖形.

答案：

[圖：$y=|\tan x|$ 的圖形]

習題 1-4

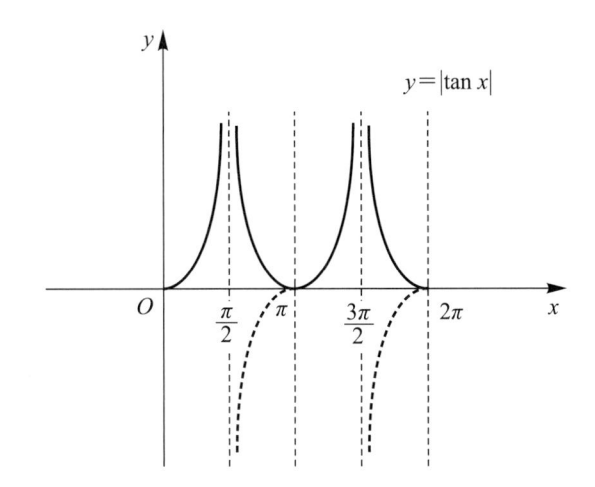

試求下列各函數的週期．

1. $y = \sin \dfrac{x}{2}$
2. $y = \tan 2x$
3. $y = |\cos x|$
4. $y = |\tan 3x|$
5. $y = |\csc 2x|$
6. $y = \sin^2 x$
7. $y = \cos\left(3x + \dfrac{\pi}{3}\right)$
8. $y = \dfrac{3}{2} \sin 2\left(x - \dfrac{\pi}{4}\right)$
9. $y = |\sin x| + |\cos x|$
10. $y = \tan\left(x + \dfrac{\pi}{4}\right)$
11. $f(x) = 3\cos 5x + 6$
12. $y = \left|\tan\left(4x - \dfrac{\pi}{4}\right)\right|$
13. $f(x) = \sin \dfrac{x}{3}$
14. $y = \sin 2x - 3\cos 6x + 5$

試作下列各函數的圖形．

15. $y = -\cos x$
16. $y = 2\cos 3x$
17. $y = \sin 4x$
18. $y = |\cos x|$

19. $y = \tan \dfrac{x}{2}$

20. $y = \sin x + 2$

1-5 正弦定理與餘弦定理

　　測量問題衍生出三角學．如何去測山高、河寬、飛機的高度、船的位置遠近等等，皆為測量問題．在解測量問題時，常常需要用到很多的三角形邊角關係，而利用已學過的三角函數性質，可求得一般三角形的邊角關係——正弦定理與餘弦定理，此二定理是三角形邊角關係中最實用的基本公式．

定理 1-3　面積公式

在 $\triangle ABC$ 中，若 a、b 與 c 分別表 $\angle A$、$\angle B$ 與 $\angle C$ 的對邊長，則 $\triangle ABC$ 面積 $= \dfrac{1}{2} ab \sin C = \dfrac{1}{2} bc \sin A = \dfrac{1}{2} ca \sin B$.

證：$\triangle ABC$ 依 $\angle A$ 是銳角、直角或鈍角，如圖 1-20 所示的情況．

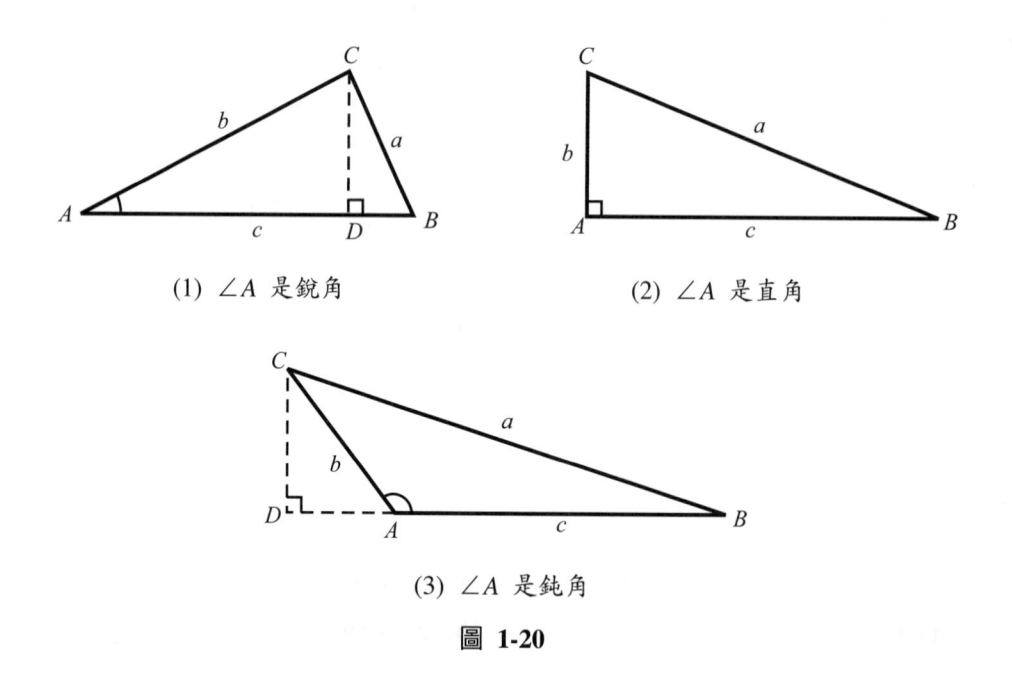

(1) $\angle A$ 是銳角

(2) $\angle A$ 是直角

(3) $\angle A$ 是鈍角

圖 1-20

在任何一種情況，均自 C 點作邊 $\overline{AB}$ 上的高 $\overline{CD}$（當 $\angle A$ 是直角時，$\overline{CD}=\overline{CA}$），可得 $\overline{CD}=b\sin A$，故

$$\triangle ABC \text{ 的面積}=\frac{1}{2}c \cdot (b\sin A)=\frac{1}{2}bc\sin A$$

同理可得，

$$\triangle ABC \text{ 的面積}=\frac{1}{2}ca\sin B=\frac{1}{2}ab\sin C.$$

定理 1-4　正弦定理

在 $\triangle ABC$ 中，若 a、b、c 分別表 $\angle A$、$\angle B$ 與 $\angle C$ 的對邊長，R 表 $\triangle ABC$ 的外接圓半徑，則

$$\frac{a}{\sin A}=\frac{b}{\sin B}=\frac{c}{\sin C}=2R.$$

證：如圖 1-21：

(1) 若 $\angle A$ 為銳角，則連接 B 及圓心 O，交圓於 D 點。作 $\overline{CD}$，則 $\angle A=\angle D$（對同弧），可知 $\sin A=\sin D$，又 $\overline{BD}$ 為直徑，$\angle BCD=90°$，故 $\sin D=\dfrac{\overline{BC}}{\overline{BD}}=\dfrac{a}{2R}$. 於是，$\sin A=\dfrac{a}{2R}$，即，$\dfrac{a}{\sin A}=2R.$

(2) 若 $\angle A$ 為直角，則 $\sin A=1$. 又 $a=\overline{BC}=2R$，故 $\dfrac{a}{\sin A}=\dfrac{2R}{1}=2R.$

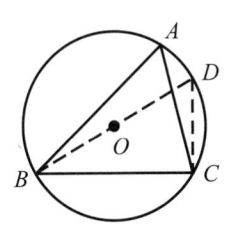

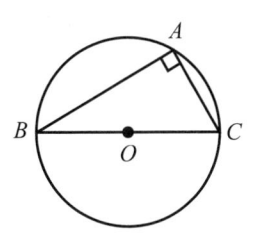

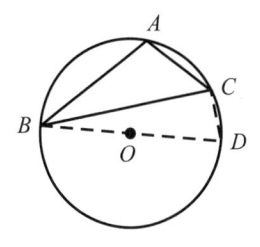

(1) $\angle A$ 是銳角　　(2) $\angle A$ 是直角　　(3) $\angle A$ 是鈍角

圖 1-21

(3) 若 $\angle A$ 為鈍角，則作直徑 $\overline{BD}$ 及 $\overline{CD}$，可知 $\angle A+\angle D=180°$（因 A、B、C、D 四點共圓），故 $\angle A=180°-\angle D$，$\sin A=\sin(180°-\angle D)=\sin D$. 又 $\angle BCD=90°$，因而 $\sin D=\dfrac{\overline{BC}}{\overline{BD}}=\dfrac{a}{2R}$. 於是，$\sin A=\dfrac{a}{2R}$，即，$\dfrac{a}{\sin A}=2R$.

由 (1)、(2)、(3) 知，$\dfrac{a}{\sin A}=2R.$ 同理可得

$$\dfrac{b}{\sin B}=2R, \quad \dfrac{c}{\sin C}=2R$$

故

$$\dfrac{a}{\sin A}=\dfrac{b}{\sin B}=\dfrac{c}{\sin C}=2R.$$

註：$\dfrac{a}{\sin A}=\dfrac{b}{\sin B}=\dfrac{c}{\sin C}$ 的另一證法如下：

我們由面積公式可得

$$\dfrac{1}{2}bc\sin A=\dfrac{1}{2}ca\sin B=\dfrac{1}{2}ab\sin C$$

上式同時除以 $\dfrac{1}{2}abc$，可得

$$\dfrac{\sin A}{a}=\dfrac{\sin B}{b}=\dfrac{\sin C}{c}$$

故

$$\dfrac{a}{\sin A}=\dfrac{b}{\sin B}=\dfrac{c}{\sin C}.$$

例題 1 在 $\triangle ABC$ 中，試證：$\sin A+\sin B>\sin C$.

解 因三角形的任意兩邊之和大於第三邊，故 $a+b>c$. 由正弦定理可知

$$a=2R\sin A, \quad b=2R\sin B, \quad c=2R\sin C$$

於是，$\qquad 2R\sin A+2R\sin B>2R\sin C$

兩邊同時除以 $2R$，可得

$$\sin A + \sin B > \sin C.$$

例題 2 在 $\triangle ABC$ 中，a、b 與 c 分別表 $\angle A$、$\angle B$ 與 $\angle C$ 的對邊長，若 $\angle A$：$\angle B$：$\angle C = 1:2:3$，求 $a:b:c$.

解 因三角形的內角和為 $180°$，故

$$\angle A = 180° \times \frac{1}{1+2+3} = 30°$$

$$\angle B = 180° \times \frac{2}{1+2+3} = 60°$$

$$\angle C = 180° \times \frac{3}{1+2+3} = 90°$$

由正弦定理可知

$$a:b:c = \sin A : \sin B : \sin C$$
$$= \sin 30° : \sin 60° : \sin 90°$$
$$= \frac{1}{2} : \frac{\sqrt{3}}{2} : 1$$
$$= 1 : \sqrt{3} : 2.$$

隨堂練習 12 $\triangle ABC$ 中，$\overline{AC} = 5$，$\overline{AB} = 12$，$\angle A = 60°$，試求 $\triangle ABC$ 的面積.

答案：$15\sqrt{3}$.

定理 1-5 餘弦定理

在 $\triangle ABC$ 中，若 a、b 與 c 分別表 $\angle A$、$\angle B$ 與 $\angle C$ 的對邊長，則

$$a^2 = b^2 + c^2 - 2bc \cos A$$
$$b^2 = c^2 + a^2 - 2ca \cos B$$
$$c^2 = a^2 + b^2 - 2ab \cos C.$$

證：$\triangle ABC$ 依 $\angle A$ 為銳角、直角或鈍角，如圖 1-22 所示的情況：

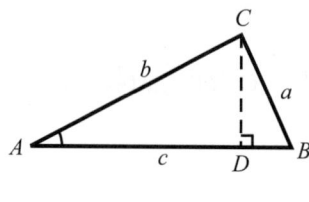

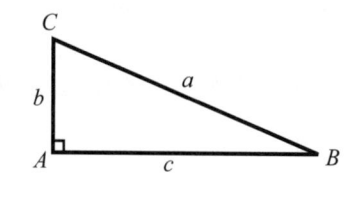

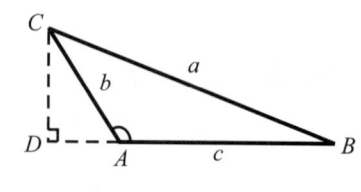

(1) ∠A 是銳角　　　(2) ∠A 是直角　　　(3) ∠A 是鈍角

圖 1-22

(1) 若 ∠A 為銳角，則作 $\overline{CD} \perp \overline{AB}$，可得

$$a^2 = \overline{CD}^2 + \overline{BD}^2 = (b \sin A)^2 + (c - \overline{AD})^2$$
$$= b^2 \sin^2 A + (c - b \cos A)^2$$
$$= b^2 (\sin^2 A + \cos^2 A) + c^2 - 2bc \cos A$$
$$= b^2 + c^2 - 2bc \cos A.$$

(2) 若 ∠A 為直角，則 $\cos A = 0$，故 $a^2 = b^2 + c^2 = b^2 + c^2 - 2bc \cos A$。

(3) 若 ∠A 為鈍角，則作 $\overline{CD} \perp \overline{AD}$，可得

$$a^2 = \overline{CD}^2 + \overline{BD}^2$$
$$= [b \sin (180° - \angle A)]^2 + [c + b \cos (180° - \angle A)]^2$$
$$= b^2 \sin^2 A + (c - b \cos A)^2$$
$$= b^2 + c^2 - 2bc \cos A.$$

由 (1)、(2)、(3) 知，

$$a^2 = b^2 + c^2 - 2bc \cos A$$

同理，

$$b^2 = c^2 + a^2 - 2ca \cos B$$
$$c^2 = a^2 + b^2 - 2ab \cos C.$$

註：當 ∠A＝90° 時，$\cos A = 0$，此時，餘弦定理 $a^2 = b^2 + c^2 - 2bc \cos A$ 變成畢氏定理

$$a^2 = b^2 + c^2$$

換句話說，畢氏定理是餘弦定理的特例，而餘弦定理是畢氏定理的推廣。

例題 3 設 a、b 與 c 分別為 $\triangle ABC$ 的三邊長，且 $a-2b+c=0$，$3a+4b-5c=0$，求 $\sin A：\sin B：\sin C$.

解 解聯立方程組

$$\begin{cases} a-2b+c=0 & \cdots\cdots① \\ 3a+4b-5c=0 & \cdots\cdots② \end{cases}$$

$①\times③-② \Rightarrow \begin{cases} 3a-6b+3c=0 & \cdots\cdots③ \\ 3a+4b-5c=0 & \cdots\cdots④ \end{cases}$

得 $-10b=-8c$，$b=\dfrac{4}{5}c$

$a=2b-c=\dfrac{8}{5}c-c=\dfrac{3}{5}c \Rightarrow \dfrac{3}{5}c：\dfrac{4}{5}c：c=3：4：5$

由正弦定理知：$\sin A：\sin B：\sin C=a：b：c=3：4：5$.

隨堂練習 13 設 $\triangle ABC$ 滿足下列條件，試判定其形狀

$$\cos B \sin C = \sin B \cos C.$$

答案：等腰三角形.

習題 1-5

1. 在 $\triangle ABC$ 中，a、b 與 c 分別表 $\angle A$、$\angle B$ 與 $\angle C$ 的對邊長，已知 $a-2b+c=0$，$3a+b-2c=0$，求 $\cos A：\cos B：\cos C$.

2. 於 $\triangle ABC$ 中，$\angle A=80°$，$\angle B=40°$，$c=3\sqrt{3}$，求 $\triangle ABC$ 外接圓的半徑.

3. 於 $\triangle ABC$ 中，a、b、c 分別表 $\angle A$、$\angle B$、$\angle C$ 之對邊長，且 $a \sin A = 2b \sin B = 3c \sin C$，求 $a：b：c$.

4. 已知一三角形 ABC 之二邊 $b=10\sqrt{3}$、$c=10$ 及其一對角 $\angle B=120°$，試求 $\triangle ABC$ 的面積.

5. 於 $\triangle ABC$ 中，a、b、c 分別表 $\angle A$、$\angle B$、$\angle C$ 之對邊長，若 $a=\sqrt{2}$，$b=1+$

$\sqrt{2}$，$\angle C = 45°$，試求 c 的邊長．

6. 於 $\triangle ABC$ 中，$\sin A : \sin B : \sin C = 4 : 5 : 6$，求 $\cos A : \cos B : \cos C$．

7. 於 $\triangle ABC$ 中，若 $\angle C = \dfrac{\pi}{3}$，求 $\dfrac{b}{a+c} + \dfrac{a}{b+c}$ 的值．

8. 於 $\triangle ABC$ 中，$(a+b) : (b+c) : (c+a) = 5 : 6 : 7$，試求 $\sin A : \sin B : \sin C$．

9. 設 $\triangle ABC$ 中，$\overline{AB} = 2$，$\overline{AC} = 1 + \sqrt{3}$，$\angle A = \dfrac{\pi}{6}$，試求 $\overline{BC}$ 的長及 $\angle C$ 的角度有多大？

10. $\triangle ABC$ 中，a、b、c 分別表 $\angle A$、$\angle B$、$\angle C$ 的對應邊．
    (1) 若 $\sin^2 A + \sin^2 B = \sin^2 C$，試問此三角形的形狀為何？
    (2) 若 $a \sin A = b \sin B = c \sin C$，試問此三角形的形狀為何？

▸▸ 1-6 和角公式

本節要導出如何利用 α、β 的三角函數值求出 $\alpha \pm \beta$ 的三角函數值的公式，稱為和角公式．

定理 1-6 和角公式

設 α、β 為任意實數，則
$$\cos(\alpha - \beta) = \cos\alpha \cos\beta + \sin\alpha \sin\beta.$$

證：若 $\alpha = \beta$，則 $\cos(\alpha - \beta) = 1$ 滿足以上的結果．

若 $\alpha \neq \beta$，則 $\cos(\alpha - \beta) = \cos(\beta - \alpha)$，因此我們可以假設 $\alpha > \beta$，而在不失其一般性下，就 $0 < \beta < \alpha < 2\pi$ 來討論．

於坐標平面上，以原點 O 為圓心，作一單位圓，分別將 α 與 β 畫於標準位置上．設角 α、β 之終邊與此圓的交點分別為 P 與 Q，如圖 1-23 所示，則 P 與 Q 的坐標分別為 $(\cos\alpha, \sin\alpha)$ 與 $(\cos\beta, \sin\beta)$，故由距離公式得知，

$$\overline{PQ}^2 = (\cos\alpha - \cos\beta)^2 + (\sin\alpha - \sin\beta)^2$$

(1) $0 < \alpha - \beta < \pi$　　　(2) $\alpha - \beta = \pi$　　　(3) $\pi < \alpha - \beta < 2\pi$

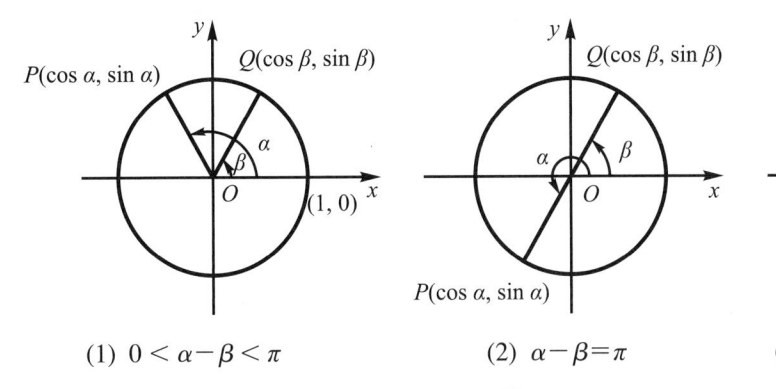

圖 1-23

$$= \cos^2 \alpha - 2\cos \alpha \cos \beta + \cos^2 \beta + \sin^2 \alpha - 2\sin \alpha \sin \beta + \sin^2 \beta$$
$$= (\sin^2 \alpha + \cos^2 \alpha) + (\sin^2 \beta + \cos^2 \beta) - 2(\cos \alpha \cos \beta + \sin \alpha \sin \beta)$$
$$= 2 - 2(\cos \alpha \cos \beta + \sin \alpha \sin \beta) \quad\cdots\cdots\cdots\cdots\cdots\cdots\cdots\cdots\cdots\cdots\cdots\cdots ①$$

現在討論 $0 < \alpha - \beta < \pi$ 的情況，$\angle POQ = \alpha - \beta$，根據餘弦定理可得

$$\overline{PQ}^2 = 1^2 + 1^2 - 2\cos(\alpha - \beta) = 2 - 2\cos(\alpha - \beta) \quad\cdots\cdots\cdots\cdots\cdots ②$$

由 ①、② 可得

$$2 - 2\cos(\alpha - \beta) = 2 - 2(\cos \alpha \cos \beta + \sin \alpha \sin \beta)$$

故

$$\cos(\alpha - \beta) = \cos \alpha \cos \beta + \sin \alpha \sin \beta$$

另外兩種情況留給讀者自證.

定理 1-7 ↶

對任意 $\alpha \in \mathbb{R}$ 而言，皆有

$$\sin\left(\frac{\pi}{2} - \alpha\right) = \cos \alpha, \qquad \cos\left(\frac{\pi}{2} - \alpha\right) = \sin \alpha$$

$$\sec\left(\frac{\pi}{2} - \alpha\right) = \csc \alpha, \qquad \csc\left(\frac{\pi}{2} - \alpha\right) = \sec \alpha$$

$$\tan\left(\frac{\pi}{2} - \alpha\right) = \cot \alpha, \qquad \cot\left(\frac{\pi}{2} - \alpha\right) = \tan \alpha.$$

證：由定理 1-6 知，

$$\sin\left(\frac{\pi}{2}-\alpha\right)=\cos\left[\frac{\pi}{2}-\left(\frac{\pi}{2}-\alpha\right)\right]=\cos\alpha$$

$$\cos\left(\frac{\pi}{2}-\alpha\right)=\cos\frac{\pi}{2}\cos\alpha+\sin\frac{\pi}{2}\sin\alpha=\sin\alpha$$

$$\tan\left(\frac{\pi}{2}-\alpha\right)=\frac{\sin\left(\frac{\pi}{2}-\alpha\right)}{\cos\left(\frac{\pi}{2}-\alpha\right)}=\frac{\cos\alpha}{\sin\alpha}=\cot\alpha$$

$$\cot\left(\frac{\pi}{2}-\alpha\right)=\frac{\cos\left(\frac{\pi}{2}-\alpha\right)}{\sin\left(\frac{\pi}{2}-\alpha\right)}=\frac{\sin\alpha}{\cos\alpha}=\tan\alpha$$

$$\sec\left(\frac{\pi}{2}-\alpha\right)=\frac{1}{\cos\left(\frac{\pi}{2}-\alpha\right)}=\frac{1}{\sin\alpha}=\csc\alpha$$

$$\csc\left(\frac{\pi}{2}-\alpha\right)=\frac{1}{\sin\left(\frac{\pi}{2}-\alpha\right)}=\frac{1}{\cos\alpha}=\sec\alpha.$$

定理 1-8 和角公式

設 α、β 為任意實數，則

$$\sin(\alpha-\beta)=\sin\alpha\cos\beta-\cos\alpha\sin\beta.$$

證：利用餘角公式及負角公式，可得

$$\sin(\alpha-\beta)=\cos\left[\frac{\pi}{2}-(\alpha-\beta)\right]=\cos\left[\left(\frac{\pi}{2}-\alpha\right)-(-\beta)\right]$$

$$= \cos\left(\frac{\pi}{2}-\alpha\right)\cos(-\beta)+\sin\left(\frac{\pi}{2}-\alpha\right)\sin(-\beta)$$
$$= \sin\alpha\cos\beta - \cos\alpha\sin\beta.$$

定理 1-9　和角公式

設 α、β 為任意實數，則有
$$\sin(\alpha+\beta) = \sin\alpha\cos\beta + \cos\alpha\sin\beta$$
$$\cos(\alpha+\beta) = \cos\alpha\cos\beta - \sin\alpha\sin\beta.$$

證：
$$\sin(\alpha+\beta) = \cos\left[\frac{\pi}{2}-(\alpha+\beta)\right] = \cos\left[\left(\frac{\pi}{2}-\alpha\right)-\beta\right]$$
$$= \cos\left(\frac{\pi}{2}-\alpha\right)\cos\beta + \sin\left(\frac{\pi}{2}-\alpha\right)\sin\beta$$
$$= \sin\alpha\cos\beta + \cos\alpha\sin\beta$$

$$\cos(\alpha+\beta) = \cos[\alpha-(-\beta)] = \cos\alpha\cos(-\beta) + \sin\alpha\sin(-\beta)$$
$$= \cos\alpha\cos\beta - \sin\alpha\sin\beta.$$

定理 1-10　正切的和角公式

設 α、β 為任意實數，則
$$\tan(\alpha+\beta) = \frac{\tan\alpha+\tan\beta}{1-\tan\alpha\tan\beta}$$
$$\tan(\alpha-\beta) = \frac{\tan\alpha-\tan\beta}{1+\tan\alpha\tan\beta}.$$

證：$\tan(\alpha+\beta) = \dfrac{\sin(\alpha+\beta)}{\cos(\alpha+\beta)} = \dfrac{\sin\alpha\cos\beta+\cos\alpha\sin\beta}{\cos\alpha\cos\beta-\sin\alpha\sin\beta}$

上式右端的分子與分母同除以 $\cos\alpha\cos\beta$，得

$$\tan(\alpha+\beta)=\dfrac{\dfrac{\sin\alpha}{\cos\alpha}+\dfrac{\sin\beta}{\cos\beta}}{1-\dfrac{\sin\alpha\sin\beta}{\cos\alpha\cos\beta}}=\dfrac{\tan\alpha+\tan\beta}{1-\tan\alpha\tan\beta}$$

依同樣的方法亦可證得第二個恆等式.

例題 1 試證：$\cos(\alpha+\beta)\cos(\alpha-\beta)=\cos^2\alpha-\sin^2\beta=\cos^2\beta-\sin^2\alpha$.

解　　$\cos(\alpha+\beta)\cos(\alpha-\beta)$
$$=(\cos\alpha\cos\beta-\sin\alpha\sin\beta)(\cos\alpha\cos\beta+\sin\alpha\sin\beta)$$
$$=\cos^2\alpha\cos^2\beta-\sin^2\alpha\sin^2\beta$$
$$=\cos^2\alpha(1-\sin^2\beta)-(1-\cos^2\alpha)\sin^2\beta$$
$$=\cos^2\alpha-\cos^2\alpha\sin^2\beta-\sin^2\beta+\cos^2\alpha\sin^2\beta$$
$$=\cos^2\alpha-\sin^2\beta$$
$$=(1-\sin^2\alpha)-(1-\cos^2\beta)$$
$$=\cos^2\beta-\sin^2\alpha.$$

例題 2 試求下列三角函數的值.

(1) $\cos 15°$　　　　(2) $\cos 75°$

解　(1) $\cos 15°=\cos(45°-30°)=\cos 45°\cos 30°+\sin 45°\sin 30°$
$$=\dfrac{\sqrt{2}}{2}\cdot\dfrac{\sqrt{3}}{2}+\dfrac{\sqrt{2}}{2}\cdot\dfrac{1}{2}=\dfrac{\sqrt{6}+\sqrt{2}}{4}.$$

(2) $\cos 75°=\cos(45°+30°)=\cos 45°\cos 30°-\sin 45°\sin 30°$
$$=\dfrac{\sqrt{2}}{2}\cdot\dfrac{\sqrt{3}}{2}-\dfrac{\sqrt{2}}{2}\cdot\dfrac{1}{2}=\dfrac{\sqrt{6}-\sqrt{2}}{4}.$$

隨堂練習 14 求 $\sin 105°$ 的值.

答案：$\dfrac{\sqrt{6}+\sqrt{2}}{4}$．

例題 3 設 $\sin\alpha=\dfrac{12}{13}$，$\alpha$ 為第一象限角，$\sec\beta=-\dfrac{3}{5}$，β 為第二象限角，求 $\tan(\alpha+\beta)$ 的值．

解 由圖 1-24 得知 $\tan\alpha=\dfrac{12}{5}$，$\tan\beta=-\dfrac{4}{3}$，故

$$\tan(\alpha+\beta)=\dfrac{\tan\alpha+\tan\beta}{1-\tan\alpha\tan\beta}=\dfrac{\dfrac{12}{5}+\left(-\dfrac{4}{3}\right)}{1-\dfrac{12}{5}\left(-\dfrac{4}{3}\right)}=\dfrac{\dfrac{16}{15}}{\dfrac{63}{15}}=\dfrac{16}{63}.$$

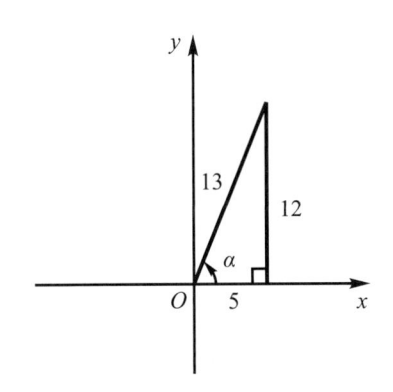

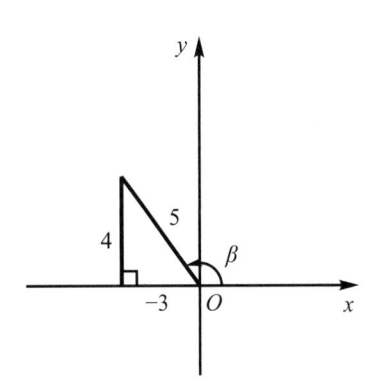

圖 1-24

例題 4 若 $x^2+2x-7=0$ 的二根為 $\tan\alpha$、$\tan\beta$，試求 $\dfrac{\cos(\alpha-\beta)}{\sin(\alpha+\beta)}$ 的值．

解 利用一元二次方程式根與係數的關係，得知

$$\begin{cases}\tan\alpha+\tan\beta=-2\\ \tan\alpha\tan\beta=-7\end{cases}$$

$$\dfrac{\cos(\alpha-\beta)}{\sin(\alpha+\beta)}=\dfrac{\cos\alpha\cos\beta+\sin\alpha\sin\beta}{\sin\alpha\cos\beta+\cos\alpha\sin\beta}=\dfrac{\dfrac{\cos\alpha\cos\beta+\sin\alpha\sin\beta}{\cos\alpha\cos\beta}}{\dfrac{\sin\alpha\cos\beta+\cos\alpha\sin\beta}{\cos\alpha\cos\beta}}$$

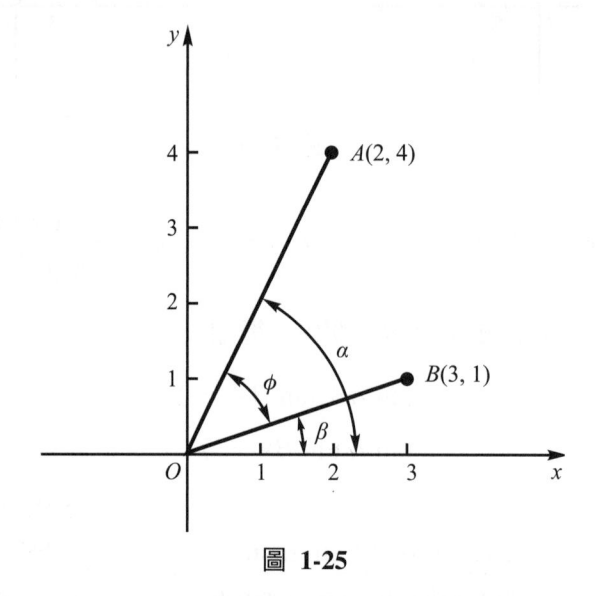

$$= \frac{1+\tan\alpha\tan\beta}{\tan\alpha+\tan\beta} = \frac{1+(-7)}{-2} = 3.$$

例題 5 試證：$\tan(\beta+45°)+\cot(\beta-45°)=0.$

解 左式 $= \dfrac{\tan\beta+\tan 45°}{1-\tan\beta\tan 45°} + \dfrac{1}{\tan(\beta-45°)}$

$= \dfrac{\tan\beta+1}{1-\tan\beta} + \dfrac{1}{\dfrac{\tan\beta-\tan 45°}{1+\tan\beta\tan 45°}}$

$= \dfrac{\tan\beta+1}{1-\tan\beta} + \dfrac{1+\tan\beta}{\tan\beta-1} = \dfrac{\tan\beta+1}{1-\tan\beta} - \dfrac{1+\tan\beta}{1-\tan\beta}$

$= 0.$

隨堂練習 15 於坐標平面上，O 表原點，$A(2, 4)$ 與 $B(3, 1)$ 表坐標平面上二點. 設 $\angle AOB = \phi$，如圖 1-25 所示，試求 $\tan\phi$ 之值及 ϕ.

答案：1，$\phi = 45°.$

圖 1-25

例題 6 試證：$\tan 3\alpha - \tan 2\alpha - \tan \alpha = \tan 3\alpha \tan 2\alpha \tan \alpha$.

解 因 $\tan 3\alpha = \tan(2\alpha + \alpha) = \dfrac{\tan 2\alpha + \tan \alpha}{1 - \tan 2\alpha \tan \alpha}$

故 $\tan 3\alpha (1 - \tan 2\alpha \tan \alpha) = \tan 2\alpha + \tan \alpha$

移項得 $\tan 3\alpha - \tan 2\alpha - \tan \alpha = \tan 3\alpha \tan 2\alpha \tan \alpha$.

習題 1-6

1. 求：(1) $\tan 75°$，(2) $\tan 15°$ 的值.

2. 求 $\sin 20° \cos 25° + \cos 20° \sin 25°$ 的值.

3. 設 $\dfrac{3\pi}{2} < \alpha < 2\pi$，$\dfrac{\pi}{2} < \beta < \pi$，$\cos \alpha = \dfrac{3}{5}$，$\sin \beta = \dfrac{12}{13}$，求 $\sin(\alpha+\beta)$ 的值.

4. 設 $0 < \alpha < \dfrac{\pi}{4}$，$0 < \beta < \dfrac{\pi}{4}$，且 $\tan \alpha = \dfrac{1}{2}$，$\tan \beta = \dfrac{1}{3}$，求 $\tan(\alpha+\beta)$ 及 $\alpha+\beta$ 的值.

5. 設 $\alpha + \beta = \dfrac{\pi}{4}$，求 $(1+\tan \alpha)(1+\tan \beta)$ 的值.

6. 設 A、B、C 為 $\triangle ABC$ 之三內角的度量，求 $\tan \dfrac{A}{2} \tan \dfrac{B}{2} + \tan \dfrac{B}{2} \tan \dfrac{C}{2} + \tan \dfrac{C}{2} \tan \dfrac{A}{2}$ 的值.

7. 設 $\cos \alpha$ 與 $\cos \beta$ 為一元二次方程式 $x^2 - 3x + 2 = 0$ 的兩根，求 $\cos(\alpha+\beta)\cos(\alpha-\beta)$ 的值.

8. 設 $\dfrac{\pi}{2} < \alpha < \pi$，且 $\tan\left(\alpha - \dfrac{\pi}{4}\right) = 3 - 2\sqrt{2}$，求 $\tan \alpha$ 及 $\sin \alpha$ 的值.

9. 設 A、B 均為銳角，$\tan A = \dfrac{1}{3}$，$\tan B = \dfrac{1}{2}$，求 $A+B$ 的值.

10. 設 α、β 與 γ 為一三角形的內角，試證：

$$\tan \alpha + \tan \beta + \tan \gamma = \tan \alpha \tan \beta \tan \gamma.$$

11. 設 $\tan \alpha$ 與 $\tan \beta$ 為二次方程式 $x^2+6x+7=0$ 的兩根，求 $\tan(\alpha+\beta)$ 的值.

12. 試求 $\tan 85° + \tan 50° - \tan 85° \tan 50°$ 的值.

13. 設 $\tan \alpha = 1$，$\tan(\alpha - \beta) = \dfrac{1}{\sqrt{3}}$，試求 $\tan \beta$ 的值.

14. 在 $\triangle ABC$ 中，$\cos A = \dfrac{4}{5}$，$\cos B = \dfrac{12}{13}$，試求 $\cos C$.

15. 試求 $\sqrt{3} \cot 20° \cot 40° - \cot 20° - \cot 40°$ 的值.

16. 若 $\alpha + \beta + \gamma = \dfrac{\pi}{2}$，試證 $\cot \alpha + \cot \beta + \cot \gamma = \cot \alpha \cot \beta \cot \gamma$.

17. 試證 $1 - \tan 12° - \tan 33° = \tan 12° \tan 33°$.

▶▶ 1-7 倍角與半角公式，和與積互化公式

我們在正弦、餘弦、正切的和角公式中，令 $\alpha = \beta = \theta$，可得倍角公式.

定理 1-11　二倍角公式

$$\sin 2\theta = 2 \sin \theta \cos \theta$$

$$\cos 2\theta = \cos^2 \theta - \sin^2 \theta = 1 - 2\sin^2 \theta = 2\cos^2 \theta - 1$$

$$\tan 2\theta = \dfrac{2 \tan \theta}{1 - \tan^2 \theta}$$

證：$\sin 2\theta = \sin(\theta + \theta) = \sin \theta \cos \theta + \cos \theta \sin \theta = 2 \sin \theta \cos \theta$

$\cos 2\theta = \cos(\theta + \theta) = \cos \theta \cos \theta - \sin \theta \sin \theta = \cos^2 \theta - \sin^2 \theta$

$= \cos^2 \theta - (1 - \cos^2 \theta) = 2\cos^2 \theta - 1 = 1 - \sin^2 \theta - \sin^2 \theta$

$= 1 - 2\sin^2 \theta$

$$\tan 2\theta = \tan(\theta+\theta) = \frac{\tan\theta+\tan\theta}{1-\tan\theta\tan\theta} = \frac{2\tan\theta}{1-\tan^2\theta}.$$

例題 1 試證：$\sin 2\theta = \dfrac{2\tan\theta}{1+\tan^2\theta}$.

解
$$\sin 2\theta = 2\sin\theta\cos\theta = \frac{2\sin\theta}{\cos\theta}\cdot\cos^2\theta$$
$$= 2\tan\theta\cdot\frac{1}{\sec^2\theta}$$
$$= \frac{2\tan\theta}{1+\tan^2\theta}.$$

定理 1-12　半角公式

$$\sin\frac{\theta}{2} = \pm\sqrt{\frac{1-\cos\theta}{2}},\quad \cos\frac{\theta}{2} = \pm\sqrt{\frac{1+\cos\theta}{2}}$$

$$\tan\frac{\theta}{2} = \pm\sqrt{\frac{1-\cos\theta}{1+\cos\theta}},\quad \cot\frac{\theta}{2} = \pm\sqrt{\frac{1+\cos\theta}{1-\cos\theta}}$$

以上諸式中，根號前正負號的取捨，視角 $\dfrac{\theta}{2}$ 所在的象限而定.

證：因 $$\cos\theta = \cos\left(2\cdot\frac{\theta}{2}\right) = 1-2\sin^2\frac{\theta}{2}$$

故 $$\sin^2\frac{\theta}{2} = \frac{1-\cos\theta}{2},\quad \sin\frac{\theta}{2} = \pm\sqrt{\frac{1-\cos\theta}{2}}$$

又因 $$\cos\theta = 2\cos^2\frac{\theta}{2}-1$$

故 $$\cos^2\frac{\theta}{2} = \frac{1+\cos\theta}{2},\quad \cos\frac{\theta}{2} = \pm\sqrt{\frac{1+\cos\theta}{2}}$$

$$\tan\frac{\theta}{2} = \frac{\sin\frac{\theta}{2}}{\cos\frac{\theta}{2}} = \pm\frac{\sqrt{\frac{1-\cos\theta}{2}}}{\sqrt{\frac{1+\cos\theta}{2}}} = \pm\sqrt{\frac{1-\cos\theta}{1+\cos\theta}}$$

$$\cot\frac{\theta}{2} = \frac{\cos\frac{\theta}{2}}{\sin\frac{\theta}{2}} = \pm\frac{\sqrt{\frac{1+\cos\theta}{2}}}{\sqrt{\frac{1-\cos\theta}{2}}} = \pm\sqrt{\frac{1+\cos\theta}{1-\cos\theta}}\ .$$

例題 2 設 $x=\tan\dfrac{\theta}{2}$，試證明 $\sin\theta=\dfrac{2x}{1+x^2}$．

解 因 $\sin\theta = \sin 2\cdot\dfrac{\theta}{2} = 2\sin\dfrac{\theta}{2}\cos\dfrac{\theta}{2}$

$$= \frac{2\sin\dfrac{\theta}{2}\cos^2\dfrac{\theta}{2}}{\cos\dfrac{\theta}{2}} = \frac{2\tan\dfrac{\theta}{2}}{\sec^2\dfrac{\theta}{2}} = \frac{2\tan\dfrac{\theta}{2}}{1+\tan^2\dfrac{\theta}{2}}$$

故 $\sin\theta = \dfrac{2x}{1+x^2}$．

例題 3 試證：$\tan\dfrac{\theta}{2} = \dfrac{\sin\theta}{1+\cos\theta}$．

解 $\tan\dfrac{\theta}{2} = \dfrac{\sin\dfrac{\theta}{2}}{\cos\dfrac{\theta}{2}} = \dfrac{2\sin\dfrac{\theta}{2}\cos\dfrac{\theta}{2}}{2\cos^2\dfrac{\theta}{2}} = \dfrac{\sin\theta}{2\cdot\dfrac{1+\cos\theta}{2}} = \dfrac{\sin\theta}{1+\cos\theta}$．

定理 1-13　積化和差公式

$$\sin \alpha \cos \beta = \frac{1}{2}[\sin(\alpha+\beta)+\sin(\alpha-\beta)]$$

$$\cos \alpha \sin \beta = \frac{1}{2}[\sin(\alpha+\beta)-\sin(\alpha-\beta)]$$

$$\cos \alpha \cos \beta = \frac{1}{2}[\cos(\alpha+\beta)+\cos(\alpha-\beta)]$$

$$\sin \alpha \sin \beta = -\frac{1}{2}[\cos(\alpha+\beta)-\cos(\alpha-\beta)]$$

證：

$$\sin(\alpha+\beta)=\sin \alpha \cos \beta + \cos \alpha \sin \beta \cdots\cdots ①$$

$$\sin(\alpha-\beta)=\sin \alpha \cos \beta - \cos \alpha \sin \beta \cdots\cdots ②$$

$$\cos(\alpha+\beta)=\cos \alpha \cos \beta - \sin \alpha \sin \beta \cdots\cdots ③$$

$$\cos(\alpha-\beta)=\cos \alpha \cos \beta + \sin \alpha \sin \beta \cdots\cdots ④$$

①+② 得

$$2\sin \alpha \cos \beta = \sin(\alpha+\beta)+\sin(\alpha-\beta)$$

①−② 得

$$2\cos \alpha \sin \beta = \sin(\alpha+\beta)-\sin(\alpha-\beta)$$

③+④ 得

$$2\cos \alpha \cos \beta = \cos(\alpha+\beta)+\cos(\alpha-\beta)$$

③−④ 得

$$2\sin \alpha \sin \beta = -[\cos(\alpha+\beta)-\cos(\alpha-\beta)]$$

故

$$\sin \alpha \cos \beta = \frac{1}{2}[\sin(\alpha+\beta)+\sin(\alpha-\beta)]$$

$$\cos \alpha \sin \beta = \frac{1}{2}[\sin(\alpha+\beta)-\sin(\alpha-\beta)]$$

$$\cos \alpha \cos \beta = \frac{1}{2}[\cos(\alpha+\beta)+\cos(\alpha-\beta)]$$

$$\sin\alpha\sin\beta = -\frac{1}{2}[\cos(\alpha+\beta) - \cos(\alpha-\beta)].$$

定理 1-14　和差化積公式

$$\sin x + \sin y = 2\sin\frac{x+y}{2}\cos\frac{x-y}{2}$$

$$\sin x - \sin y = 2\cos\frac{x+y}{2}\sin\frac{x-y}{2}$$

$$\cos x + \cos y = 2\cos\frac{x+y}{2}\cos\frac{x-y}{2}$$

$$\cos x - \cos y = -2\sin\frac{x+y}{2}\sin\frac{x-y}{2}$$

證：若 $\alpha+\beta=x$，$\alpha-\beta=y$，則 $\alpha=\dfrac{x+y}{2}$，$\beta=\dfrac{x-y}{2}$，將 $\alpha=\dfrac{x+y}{2}$ 及 $\beta=\dfrac{x-y}{2}$ 分別代入定理 1-13 中各式，我們可得

$$\sin x + \sin y = 2\sin\frac{x+y}{2}\cos\frac{x-y}{2}$$

$$\sin x - \sin y = 2\cos\frac{x+y}{2}\sin\frac{x-y}{2}$$

$$\cos x + \cos y = 2\cos\frac{x+y}{2}\cos\frac{x-y}{2}$$

$$\cos x - \cos y = -2\sin\frac{x+y}{2}\sin\frac{x-y}{2}.$$

例題 4 已知 $\cos\theta = -\dfrac{4}{5}$ 且 $\dfrac{\pi}{2} < \theta < \pi$，求 $\sin 2\theta$ 及 $\cos\dfrac{\theta}{2}$ 的值.

解 $\sin\theta = \pm\sqrt{1-\cos^2\theta} = \pm\sqrt{1-\left(-\dfrac{4}{5}\right)^2} = \pm\dfrac{3}{5}$

由 $\dfrac{\pi}{2} < \theta < \pi$，可知 $\sin \theta = \dfrac{3}{5}$，

$$\sin 2\theta = 2\sin\theta \cos\theta = 2\left(\dfrac{3}{5}\right)\left(-\dfrac{4}{5}\right) = -\dfrac{24}{25}$$

$$\cos\dfrac{\theta}{2} = \pm\sqrt{\dfrac{1+\cos\theta}{2}} = \pm\sqrt{\dfrac{1+\left(-\dfrac{4}{5}\right)}{2}}$$

$$= \pm\sqrt{\dfrac{1}{10}} = \pm\dfrac{\sqrt{10}}{10}$$

但 $\dfrac{\pi}{2} < \theta < \pi$，可知 $\dfrac{\theta}{2}$ 為第一象限內的角，故 $\cos\dfrac{\theta}{2} = \dfrac{\sqrt{10}}{10}$．

隨堂練習 16 若 $\sin\theta = \dfrac{3}{\sqrt{10}}$ 且 $\tan\theta < 0$，求 $\sin 2\theta$ 及 $\cos 2\theta$ 的值．

答案：$\sin 2\theta = -\dfrac{3}{5}$，$\cos 2\theta = -\dfrac{4}{5}$．

例題 5 試證：$\left(\dfrac{\sin 2\theta}{1+\cos 2\theta}\right)\left(\dfrac{\cos\theta}{1+\cos\theta}\right) = \tan\dfrac{\theta}{2}$．

解

$$\left(\dfrac{\sin 2\theta}{1+\cos 2\theta}\right)\left(\dfrac{\cos\theta}{1+\cos\theta}\right) = \left(\dfrac{2\sin\theta\cos\theta}{1+2\cos^2\theta - 1}\right)\left(\dfrac{\cos\theta}{1+\cos\theta}\right)$$

$$= \left(\dfrac{\sin\theta}{\cos\theta}\right)\left(\dfrac{\cos\theta}{1+\cos\theta}\right) = \dfrac{\sin\theta}{1+\cos\theta} = \dfrac{2\sin\dfrac{\theta}{2}\cos\dfrac{\theta}{2}}{2\cos^2\dfrac{\theta}{2}}$$

$$= \dfrac{\sin\dfrac{\theta}{2}}{\cos\dfrac{\theta}{2}} = \tan\dfrac{\theta}{2}．$$

例題 6 設 $\cos 2\theta = \dfrac{3}{5}$，求 $\sin^4 \theta + \cos^4 \theta$ 的值.

解
$$\cos 2\theta = 1 - 2\sin^2 \theta = \dfrac{3}{5} \Rightarrow \sin^2 \theta = \dfrac{1}{5}$$

$$\cos 2\theta = 2\cos^2 \theta - 1 = \dfrac{3}{5} \Rightarrow \cos^2 \theta = \dfrac{4}{5}$$

故
$$\sin^4 \theta + \cos^4 \theta = \left(\dfrac{1}{5}\right)^2 + \left(\dfrac{4}{5}\right)^2 = \dfrac{17}{25}.$$

隨堂練習 17

(1) 設 θ 為任意角，試證明 $\sin 3\theta = 3\sin \theta - 4\sin^2 \theta$，$\cos 3\theta = 4\cos^3 \theta - 3\cos \theta$.

(2) 利用 (1) 之結果求 $\sin 18°$ 的值.

答案：(1) 略，(2) $\sin 18° = \dfrac{-1+\sqrt{5}}{4}$.

例題 7 求 $\cos 20° \cos 40° \cos 80°$ 的值.

解 令 $k = \cos 20° \cos 40° \cos 80°$，

則
$$8\sin 20° \; k = 8\sin 20° \cos 20° \cos 40° \cos 80°$$
$$= 4\sin 40° \cos 40° \cos 80°$$
$$= 2\sin 80° \cos 80°$$
$$= \sin 160° = \sin 20°$$

可得 $k = \dfrac{1}{8}$，故

$$\cos 20° \cos 40° \cos 80° = \dfrac{1}{8}.$$

隨堂練習 18 求 $\sin 10° \sin 50° \sin 70°$ 的值.

答案：$\dfrac{1}{8}$.

例題 8 求 $\cos 80° + \cos 40° - \cos 20°$ 的值.

解 $\cos 80° + \cos 40° - \cos 20° = 2\cos 60° \cos 20° - \cos 20°$

$$= 2 \cdot \frac{1}{2} \cos 20° - \cos 20°$$

$$= \cos 20° - \cos 20° = 0.$$

例題 9 若 $f(\theta) = \dfrac{\sin\theta + \sin 2\theta + \sin 4\theta + \sin 5\theta}{\cos\theta + \cos 2\theta + \cos 4\theta + \cos 5\theta}$，試求 $f(20°) = ?$

解 $f(\theta) = \dfrac{(\sin 5\theta + \sin\theta) + (\sin 4\theta + \sin 2\theta)}{(\cos 5\theta + \cos\theta) + (\cos 4\theta + \cos 2\theta)}$

$$= \frac{2\sin 3\theta \cos 2\theta + 2\sin 3\theta \cos\theta}{2\cos 3\theta \cos 2\theta + 2\cos 3\theta \cos\theta}$$

$$= \frac{2\sin 3\theta (\cos 2\theta + \cos\theta)}{2\cos 3\theta (\cos 2\theta + \cos\theta)}$$

$$= \tan 3\theta$$

故 $f(20°) = \tan 60° = \sqrt{3}$.

隨堂練習 19 求 $\cos 20° + \cos 100° + \cos 140°$ 的值.

答案：0.

習題 1-7

1. 設 $\tan\theta + \cot\theta = 3$，求 $\sin\theta + \cos\theta$ 的值.

2. 已知 $\cos\theta = -\dfrac{4}{5}$，且 $90° < \theta < 180°$，求 $\sin 2\theta$ 及 $\cos\dfrac{\theta}{2}$ 的值.

3. 求 $\sin 195°$ 的值.

4. 設 $\sin\theta = -\dfrac{2}{3}$，$\pi < \theta < \dfrac{3\pi}{2}$，求 $\sin 2\theta$ 及 $\cos 3\theta$ 的值.

5. 設 $\tan x = -\dfrac{24}{7}$，$\dfrac{3\pi}{2} < x < 2\pi$，求 $\sin\dfrac{x}{2}$、$\cos\dfrac{x}{2}$ 及 $\tan\dfrac{x}{2}$ 的值.

6. 設 $\tan(\alpha+\beta)=\sqrt{3}$，$\tan(\alpha-\beta)=\sqrt{2}$，求 $\tan 2\alpha$ 的值.

7. 求 $\cos 36°$ 與 $\sin 36°$ 的值.

8. 設 $\sin\theta = 3\cos\theta$，試求 $\cos 2\theta$ 及 $\sin 2\theta$ 的值.

9. 設 $\tan\theta = \dfrac{1}{2}$，試求 $\cos 4\theta$ 的值.

10. 已知 $0° < \theta < 90°$，$\sin\theta = \dfrac{4}{5}$，試求 $\tan\dfrac{\theta}{2}$ 的值.

11. 設 $\sin\theta + \cos\theta = \dfrac{1}{5}$，$\dfrac{3\pi}{2} < \theta < 2\pi$，求 $\cos\dfrac{\theta}{2}$ 的值.

12. 求 $\sin 5° \sin 25° \sin 35° \sin 55° \sin 65° \sin 85°$ 的值.

13. 設 $\sin\theta = -\dfrac{3}{5}$，$\dfrac{3\pi}{2} < \theta < 2\pi$，試求下列三角函數的值.

    (1) $\sin 2\theta$ (2) $\cos 2\theta$ (3) $\tan 2\theta$

14. 若 $\sin 2\theta = \dfrac{2\tan\theta}{k+\tan^2\theta}$，試求 k 值.

15. 在 △ABC 中，試證：

$$\sin A + \sin B + \sin C = 4\cos\dfrac{A}{2}\cos\dfrac{B}{2}\cos\dfrac{C}{2}.$$

16. 試證 $\dfrac{\sin\theta + \sin 2\theta + \sin 4\theta + \sin 5\theta}{\cos\theta + \cos 2\theta + \cos 4\theta + \cos 5\theta} = \tan 3\theta$.

17. 求 $\cos 20° \cos 40° \cos 60° \cos 80°$ 的值.

2 反三角函數

本章學習目標

- 反三角函數的定義域與值域
- 反正切函數與反餘切函數
- 反正割函數與反餘割函數

2-1 反三角函數的定義域與值域

我們曾在數學(一)第 4-4 節討論過，一個函數 f 有反函數的條件是 f 為一對一. 因為六個基本的三角函數均為**週期函數**，而不為**一對一函數**，所以它們沒有反函數. 若想使三角函數的逆對應符合函數關係，我們須將三角函數的定義域加以限制，以使三角函數成為一對一的函數關係，如此我們的逆對應就能符合一對一. 我們在限制條件下建立三角函數的反函數，也就是反三角函數.

首先，我們將限制下的三角函數列於下：

$$\sin : \left[-\frac{\pi}{2}, \frac{\pi}{2}\right] \to [-1, 1]$$

$$\cos : [0, \pi] \to [-1, 1]$$

$$\tan : \left(-\frac{\pi}{2}, \frac{\pi}{2}\right) \to \mathbb{R}$$

$$\cot : (0, \pi) \to \mathbb{R}$$

$$\sec : \left[0, \frac{\pi}{2}\right) \cup \left[\pi, \frac{3\pi}{2}\right) \to (-\infty, -1] \cup [1, \infty)$$

$$\csc : \left(0, \frac{\pi}{2}\right] \cup \left(\pi, \frac{3\pi}{2}\right] \to (-\infty, -1] \cup [1, \infty)$$

定義 2-1

反正弦函數，記為 $\sin^{-1}$，定義如下：

$\sin^{-1} x = y \Leftrightarrow \sin y = x$，其中 $-1 \leq x \leq 1$ 且 $-\frac{\pi}{2} \leq y \leq \frac{\pi}{2}$.

$\sin^{-1}$ 讀作 "arcsine". 符號 $\sin^{-1} x$ 絕不是用來表示 $\frac{1}{\sin x}$，若需要，$\frac{1}{\sin x}$ 可寫成 $(\sin x)^{-1}$ 或 $\csc x$. 在比較古老的文獻上，$\sin^{-1} x$ 記為 $\arcsin x$.

註：為了定義 $\sin^{-1} x$，我們將 $\sin x$ 的定義域限制到區間 $\left[-\dfrac{\pi}{2}, \dfrac{\pi}{2}\right]$ 而得到一對一函數. 此外，有其它的方法限制 $\sin x$ 的定義域而得到一對一函數；例如，我們或許需要 $\dfrac{3\pi}{2} \leq x \leq \dfrac{5\pi}{2}$ 或 $-\dfrac{5\pi}{2} \leq x \leq -\dfrac{3\pi}{2}$. 然而，習慣上選取 $-\dfrac{\pi}{2} \leq x \leq \dfrac{\pi}{2}$.

我們由定義 2-1 可知，$y = \sin^{-1} x$ 的圖形可由作 $x = \sin y$ 的圖形而求出，此處 $-\dfrac{\pi}{2} \leq y \leq \dfrac{\pi}{2}$，如圖 2-1 所示，所以，$y = \sin^{-1} x$ 的圖形與 $y = \sin x$ 在 $\left[-\dfrac{\pi}{2}, \dfrac{\pi}{2}\right]$ 上的圖形對稱於直線 $y = x$. 因 $\sin$ 與 $\sin^{-1}$ 互為反函數，故

$$\sin^{-1}(\sin x) = x, \text{ 此處 } -\dfrac{\pi}{2} \leq x \leq \dfrac{\pi}{2};$$

$$\sin(\sin^{-1} x) = x, \text{ 此處 } -1 \leq x \leq 1.$$

我們從圖 2-1 可以看出，反正弦函數 $y = \sin^{-1} x$ 的圖形對稱於原點，這說明了它是奇函數，即

$$\sin^{-1}(-x) = -\sin^{-1} x, \quad x \in [-1, 1].$$

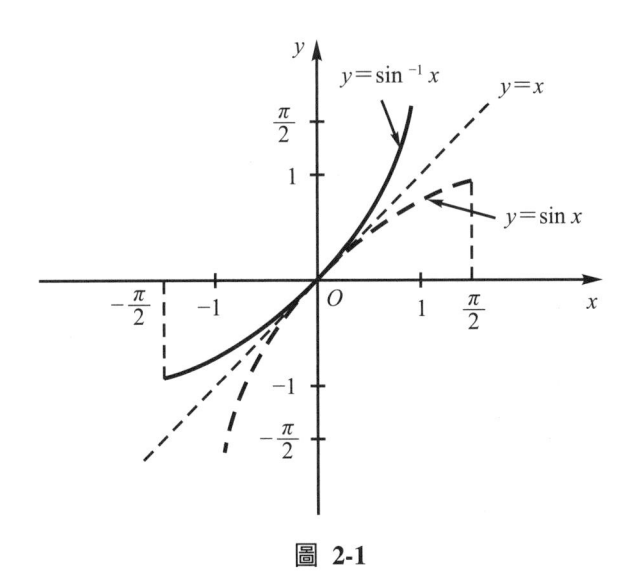

圖 2-1

例題 1 求 (1) $\sin^{-1}\dfrac{\sqrt{2}}{2}$, (2) $\sin^{-1}\left(-\dfrac{1}{2}\right)$.

解 (1) 令 $\theta=\sin^{-1}\dfrac{\sqrt{2}}{2}$, 則 $\sin\theta=\dfrac{\sqrt{2}}{2}\left(-\dfrac{\pi}{2}\leq\theta\leq\dfrac{\pi}{2}\right)$,

可得 $\theta=\dfrac{\pi}{4}$, 故 $\sin^{-1}\dfrac{\sqrt{2}}{2}=\dfrac{\pi}{4}$.

(2) 令 $\theta=\sin^{-1}\left(-\dfrac{1}{2}\right)$, 則 $\sin\theta=-\dfrac{1}{2}\left(-\dfrac{\pi}{2}\leq\theta\leq\dfrac{\pi}{2}\right)$,

可得 $\theta=-\dfrac{\pi}{6}$, 故 $\sin^{-1}\left(-\dfrac{1}{2}\right)=-\dfrac{\pi}{6}$.

隨堂練習 1 求 $\sin^{-1}(-1)$.

答案：$-\dfrac{\pi}{2}$.

例題 2 求 (1) $\sin\left(\sin^{-1}\dfrac{2}{3}\right)$, (2) $\sin\left[\sin^{-1}\left(-\dfrac{1}{2}\right)\right]$,

(3) $\sin^{-1}\left(\sin\dfrac{\pi}{4}\right)$, (4) $\sin^{-1}\left(\sin\dfrac{2\pi}{3}\right)$.

解 (1) 因 $\dfrac{2}{3}\in[-1,\ 1]$, 故 $\sin\left(\sin^{-1}\dfrac{2}{3}\right)=\dfrac{2}{3}$.

(2) 因 $-\dfrac{1}{2}\in[-1,\ 1]$, 故 $\sin\left[\sin^{-1}\left(-\dfrac{1}{2}\right)\right]=-\dfrac{1}{2}$.

(3) 因 $\dfrac{\pi}{4}\in\left[-\dfrac{\pi}{2},\ \dfrac{\pi}{2}\right]$, 故 $\sin^{-1}\left(\sin\dfrac{\pi}{4}\right)=\dfrac{\pi}{4}$.

(4) $\sin^{-1}\left(\sin\dfrac{2\pi}{3}\right)=\sin^{-1}\dfrac{\sqrt{3}}{2}=\dfrac{\pi}{3}$.

隨堂練習 2 求 $\sin^{-1}(\sin 10)$.

答案：$3\pi - 10$.

例題 3 求 (1) $\tan\left(\sin^{-1}\dfrac{\sqrt{3}}{2}\right)$, (2) $\cos\left(\sin^{-1}\dfrac{4}{5}\right)$.

解 (1) $\tan\left(\sin^{-1}\dfrac{\sqrt{3}}{2}\right)=\tan\dfrac{\pi}{3}=\sqrt{3}$.

(2) 設 $\theta=\sin^{-1}\dfrac{4}{5}$，則 $\sin\theta=\dfrac{4}{5}$. 由於 $\theta\in\left[-\dfrac{\pi}{2},\dfrac{\pi}{2}\right]$，可知 $\cos\theta\geq 0$,

故 $\cos\theta=\sqrt{1-\sin^2\theta}=\sqrt{1-\left(\dfrac{4}{5}\right)^2}=\dfrac{3}{5}$

即 $\cos\left(\sin^{-1}\dfrac{4}{5}\right)=\dfrac{3}{5}$.

隨堂練習 3 求 $\sin\left(2\sin^{-1}\dfrac{3}{5}\right)$.

答案：$\dfrac{24}{25}$.

定義 2-2

反餘弦函數，記為 $\cos^{-1}$，定義如下：
$\cos^{-1}x=y \Leftrightarrow \cos y=x$，其中 $-1\leq x\leq 1$ 且 $0\leq y\leq\pi$.

$y=\cos^{-1}x$ 的圖形如圖 2-2 所示.

注意：$\cos^{-1}(\cos x)=x$，此處 $0\leq x\leq\pi$.
$\cos(\cos^{-1}x)=x$，此處 $-1\leq x\leq 1$.

例題 4 求 (1) $\cos^{-1}\dfrac{\sqrt{3}}{2}$, (2) $\cos^{-1}\left(-\dfrac{\sqrt{2}}{2}\right)$

(3) $\cos\left[\cos^{-1}\left(-\dfrac{\sqrt{2}}{3}\right)\right]$, (4) $\cos^{-1}\left(\cos\dfrac{11\pi}{6}\right)$.

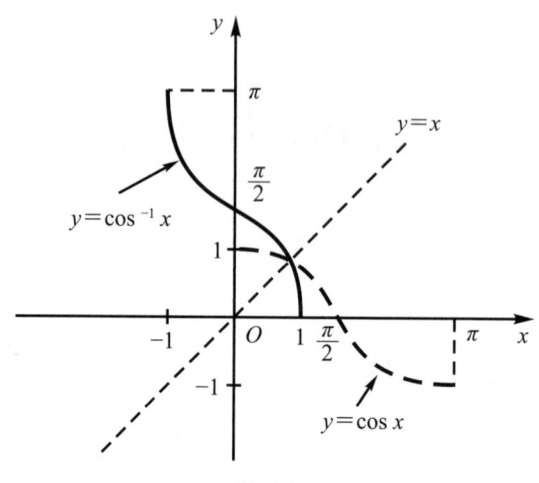

圖 2-2

解 (1) 令 $\theta = \cos^{-1}\dfrac{\sqrt{3}}{2}$，則 $\cos\theta = \dfrac{\sqrt{3}}{2}$ $(0 \leq \theta \leq \pi)$，

可得 $\theta = \dfrac{\pi}{6}$，故 $\cos^{-1}\dfrac{\sqrt{3}}{2} = \dfrac{\pi}{6}$．

(2) 令 $\theta = \cos^{-1}\left(-\dfrac{\sqrt{2}}{2}\right)$，則 $\cos\theta = -\dfrac{\sqrt{2}}{2}$ $(0 \leq \theta \leq \pi)$，

可得 $\theta = \dfrac{3\pi}{4}$，故 $\cos^{-1}\left(-\dfrac{\sqrt{2}}{2}\right) = \dfrac{3\pi}{4}$．

(3) 因 $-\dfrac{\sqrt{2}}{3} \in [-1, 1]$，故 $\cos\left[\cos^{-1}\left(-\dfrac{\sqrt{2}}{3}\right)\right] = -\dfrac{\sqrt{2}}{3}$．

(4) $\cos^{-1}\left(\cos\dfrac{11\pi}{6}\right) = \cos^{-1}\left(\cos\dfrac{\pi}{6}\right) = \cos^{-1}\dfrac{\sqrt{3}}{2} = \dfrac{\pi}{6}$．

隨堂練習 4 求 $\cos^{-1}\left(\cos\dfrac{7\pi}{5}\right)$．

答案：$\dfrac{3\pi}{5}$．

例題 5 求 $\sin\left[\cos^{-1}\left(-\dfrac{4}{5}\right)\right]$．

解 設 $\theta = \cos^{-1}\left(-\dfrac{4}{5}\right)$，則 $\cos\theta = -\dfrac{4}{5}$，由於 $\theta \in [0, \pi]$，

可知 $\sin\theta \geq 0$，故

$$\sin\theta = \sqrt{1-\cos^2\theta} = \sqrt{1-\left(-\dfrac{4}{5}\right)^2} = \dfrac{3}{5}$$

即 $\sin\left[\cos^{-1}\left(-\dfrac{4}{5}\right)\right] = \dfrac{3}{5}$．

隨堂練習 5 求 $\cos\left[\cos^{-1}\dfrac{4}{5} + \cos^{-1}\left(-\dfrac{5}{13}\right)\right]$．

答案：$-\dfrac{56}{65}$．

例題 6 已知 $\log 2 = 0.3010$，$\log 3 = 0.4771$，試求 $\log\sin\left(\cos^{-1}\dfrac{1}{2}\right)$ 的值．

解
$$\log\sin\left(\cos^{-1}\dfrac{1}{2}\right) = \log\sin 60° = \log\dfrac{\sqrt{3}}{2} = \dfrac{1}{2}\log 3 - \log 2$$
$$= \dfrac{1}{2}\times 0.4771 - 0.3010$$
$$\approx -0.0625.$$

習題 2-1

試求下列各函數值．

1. $\sin^{-1}\left(\dfrac{1}{2}\right)$
2. $\cos^{-1}\left(\dfrac{1}{2}\right)$
3. $\cos^{-1}\left(\dfrac{-\sqrt{3}}{2}\right)$
4. $\sin\sin^{-1}\left(-\dfrac{1}{2}\right)$
5. $\cos\cos^{-1}(-1)$
6. $\sin^{-1}\left(\sin\dfrac{3\pi}{7}\right)$

7. $\cos^{-1}\left(\cos\dfrac{4\pi}{3}\right)$

8. $\cos\sin^{-1}x\ (x>0)$

9. $\sin^{-1}\left(\sin\dfrac{\pi}{7}\right)$

10. $\sin^{-1}\left(\sin\dfrac{5\pi}{7}\right)$

11. $\cos^{-1}\left(\cos\dfrac{12\pi}{7}\right)$

12. $\sin\left(2\cos^{-1}\dfrac{3}{5}\right)$

13. $\sin\left(\sin^{-1}\dfrac{2}{3}+\cos^{-1}\dfrac{1}{3}\right)$

14. $\sin(\cos^{-1}x)$

15. $\tan(\cos^{-1}x)$

試求下列函數的定義域及值域.

16. $y=\sin^{-1}3x$

17. $y=\dfrac{1}{3}\sin^{-1}(x-1)$

18. $y=\dfrac{3}{5}\sin^{-1}(2-x)$

19. $y=\dfrac{\pi}{2}+\sin^{-1}\dfrac{x}{2}$

20. $y=\cos^{-1}\left(\dfrac{1}{2}-x\right)$

21. 已知 $\theta=\sin^{-1}\left(-\dfrac{\sqrt{3}}{2}\right)$，求 $\cos\theta$、$\tan\theta$ 及 $\csc\theta$ 的值.

▶▶ 2-2　反正切函數與反餘切函數

正切函數 $y=\tan x\left(-\dfrac{\pi}{2}<x<\dfrac{\pi}{2}\right)$ 為一對一函數，故有反函數，稱為**反正切函數**.

定義 2-3

反正切函數，記為 $\tan^{-1}$，定義如下：

$\tan^{-1}x=y \Leftrightarrow \tan y=x$，其中 $-\infty<x<\infty$ 且 $-\dfrac{\pi}{2}\leq y\leq\dfrac{\pi}{2}$.

關於直線 $y=x$ 作出與 $y=\tan x$ 之圖形對稱的圖形，可得 $y=\tan^{-1}x$ 的圖形，如圖 2-3.

圖 2-3

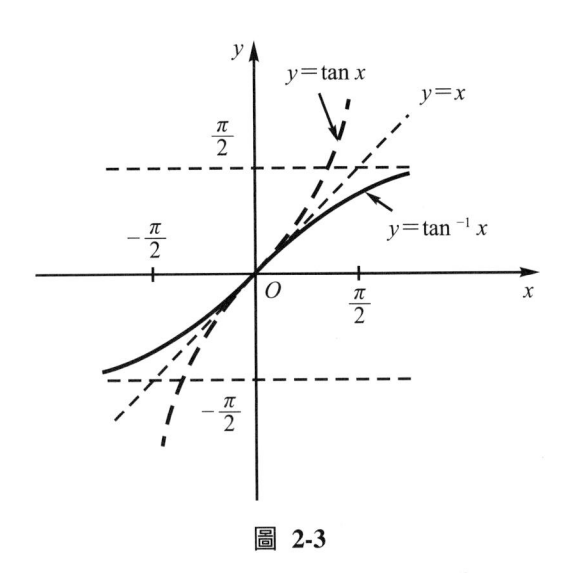

注意：$\tan^{-1}(\tan x) = x$，此處 $-\dfrac{\pi}{2} < x < \dfrac{\pi}{2}$.

$\tan(\tan^{-1} x) = x$，此處 $-\infty < x < \infty$.

我們可得知 $y = \tan^{-1} x$ 是奇函數，即

$$\tan^{-1}(-x) = -\tan^{-1} x, \quad x \in (-\infty, \infty).$$

例題 1 求 (1) $\tan^{-1}(-\sqrt{3})$, (2) $\tan(\tan^{-1} 1000)$,

(3) $\tan^{-1}\left[\tan\left(-\dfrac{\pi}{5}\right)\right]$, (4) $\tan^{-1}\left(\tan\dfrac{3\pi}{5}\right)$.

解 (1) $\tan^{-1}(-\sqrt{3}) = -\dfrac{\pi}{3}$

(2) $\tan(\tan^{-1} 1000) = 1000$

(3) $\tan^{-1}\left[\tan\left(-\dfrac{\pi}{5}\right)\right] = -\dfrac{\pi}{5}$

(4) $\tan^{-1}\left(\tan\dfrac{3\pi}{5}\right) = \tan^{-1}\left[\tan\left(-\dfrac{2\pi}{5}\right)\right] = -\dfrac{2\pi}{5}$.

隨堂練習 6 求 $\sin\left[2\tan^{-1}\left(-\dfrac{3}{4}\right)\right]$.

答案：$-\dfrac{24}{25}$.

例題 2 試證：$\cos(2\tan^{-1}x)=\dfrac{1-x^2}{1+x^2}$.

解 令 $\theta=\tan^{-1}x$，則 $\tan\theta=x$．於是，

$$\cos(2\tan^{-1}x)=\cos 2\theta=2\cos^2\theta-1=\dfrac{2}{\sec^2\theta}-1$$

$$=\dfrac{2}{1+\tan^2\theta}-1=\dfrac{2}{1+x^2}-1$$

$$=\dfrac{1-x^2}{1+x^2}.$$

定義 2-4

反餘切函數，記為 $\cot^{-1}$，定義如下：

$\cot^{-1}x=y \Leftrightarrow \cot y=x$，其中 $-\infty<x<\infty,\ 0<y<\pi$.

$y=\cot^{-1}x$ 的圖形如圖 2-4 所示．

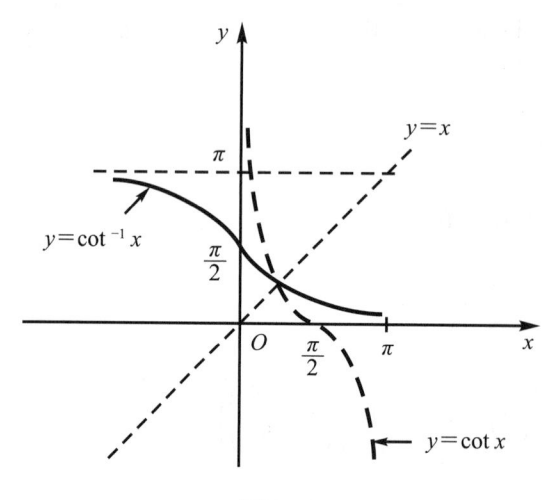

圖 2-4

注意：$\cot^{-1}(\cot x)=x$，此處 $0<x<\pi$.

$\cot(\cot^{-1}x)=x$，此處 $-\infty<x<\infty$.

反餘切函數有下述關係：
$$\cot^{-1}x+\cot^{-1}(-x)=\pi, \ x\in(-\infty, \infty).$$

例題 3 $\cot^{-1}(-\sqrt{3})=\pi-\cot^{-1}\sqrt{3}=\pi-\dfrac{\pi}{6}=\dfrac{5\pi}{6}$.

隨堂練習 7 求 $\cot^{-1}(-1)$.

答案：$\dfrac{3\pi}{4}$.

習題 2-2

試求下列各函數值.

1. $\tan^{-1}0$
2. $\tan^{-1}(-\sqrt{3})$
3. $\tan^{-1}(-1)$
4. $\cot^{-1}(-\sqrt{3})$
5. $\cot^{-1}\left(\cot\dfrac{4\pi}{3}\right)$
6. $\tan\left[\tan^{-1}\left(-\dfrac{1}{2}\right)\right]$
7. $\tan(\tan^{-1}10)$
8. $\tan^{-1}\tan\left(\dfrac{5\pi}{4}\right)$
9. $\tan^{-1}\left(\tan\dfrac{5\pi}{3}\right)$
10. $\tan(\tan^{-1}2000\pi)$
11. $\tan^{-1}\left(\tan\dfrac{\pi}{2}\right)$
12. $\cot[\cot^{-1}(-3)]$
13. $\cot^{-1}\left(\cot\dfrac{7\pi}{6}\right)$
14. $\tan\left[\cot^{-1}\left(-\dfrac{4}{3}\right)+\tan^{-1}\dfrac{5}{12}\right]$
15. 已知 $\theta=\tan^{-1}\dfrac{4}{3}$，求 $\sin\theta$、$\cos\theta$ 及 $\cot\theta$ 的值.

試將下列各式表為 x 的代數式.

16. $\sin(\tan^{-1} x)$ **17.** $\tan(\cot^{-1} x)$ **18.** $\tan(\sin^{-1} x)$

19. 試求下列函數之定義域及值域.

(1) $y=\tan^{-1}\sqrt{x}$ (2) $y=\sqrt{\cot^{-1} x}$

20. 試求 $\cos\dfrac{1}{2}\tan^{-1}\dfrac{\sqrt{5}}{2}$ 的值.

▶▶ 2-3 反正割函數與反餘割函數

反三角函數還有反正割函數與反餘割函數，茲討論如下：

定義 2-5

反正割函數，記為 $\sec^{-1}$，定義如下：

$$\sec^{-1} x = y \Leftrightarrow \sec y = x，其中 |x| \geq 1,\ 0 \leq y < \frac{\pi}{2} \text{ 或 } \pi \leq y < \frac{3\pi}{2}.$$

$y=\sec^{-1} x$ 的圖形如圖 2-5 所示.

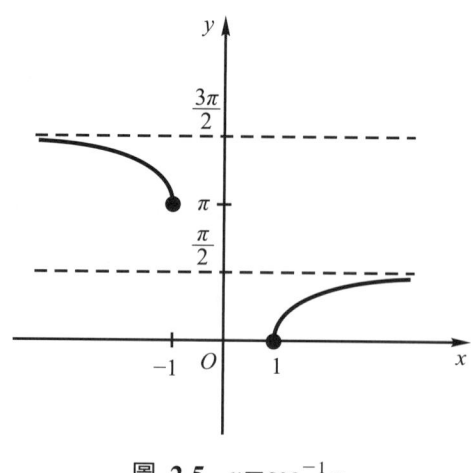

圖 2-5　$y=\sec^{-1} x$

注意：$\sec^{-1}(\sec x)=x$，此處 $0 \le x < \dfrac{\pi}{2}$ 或 $\pi \le x < \dfrac{3\pi}{2}$.

$\sec(\sec^{-1} x)=x$，此處 $x \le -1$ 或 $x \ge 1$.

註：數學家們對於 $\sec^{-1} x$ 的定義沒有一致的看法. 例如，有些作者限制 x 使得 $0 \le x < \dfrac{\pi}{2}$ 或 $\dfrac{\pi}{2} < x \le \pi$ 來定義 $\sec^{-1} x$.

反正割函數有下述關係：

$$\sec^{-1}(-x)=\pi-\sec^{-1} x, \text{ 若 } x \ge 1.$$

例題 1 試求 $\sec^{-1} 1$，$\sec^{-1}(-1)$，$\sec^{-1}\sqrt{2}$，$\sec^{-1}(-\sqrt{2})$，$\sec^{-1}(-2)$ 的值.

解 因為 $\sec 0=1$，$\sec \pi=-1$，$\sec\dfrac{\pi}{4}=\sqrt{2}$），$\sec\dfrac{3\pi}{4}=-\sqrt{2}$），$\sec\dfrac{2\pi}{3}=-2$

所以，$\sec^{-1} 1=0$，$\sec^{-1}(-1)=\pi$，$\sec^{-1}\sqrt{2}=\dfrac{\pi}{4}$，

$\sec^{-1}(-\sqrt{2})=\pi-\dfrac{\pi}{4}=\dfrac{3\pi}{4}$，$\sec^{-1}(-2)=\pi-\dfrac{\pi}{3}=\dfrac{2\pi}{3}$.

隨堂練習 8 求 $\tan\left(2\sec^{-1}\dfrac{3}{2}\right)$.

答案：$-4\sqrt{5}$).

定義 2-6

反餘割函數，記為 $\csc^{-1}$，定義如下：

$\csc^{-1} x = y \Leftrightarrow \csc y = x$，其中 $|x| \ge 1$，$0 < y \le \dfrac{\pi}{2}$ 或 $\pi < y \le \dfrac{3\pi}{2}$.

$y=\csc^{-1} x$ 的圖形如圖 2-6 所示.

圖 2-6　$y = \csc^{-1} x$

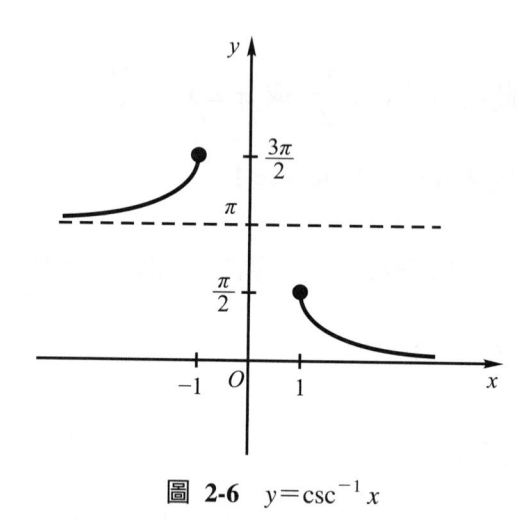

注意：$\csc^{-1}(\csc x) = x$，此處 $0 < x \leq \dfrac{\pi}{2}$ 或 $\pi < x \leq \dfrac{3\pi}{2}$．

$\csc(\csc^{-1} x) = x$，此處 $|x| \geq 1$．

註：數學家們對於 $\csc^{-1} x$ 的定義也沒有一致的看法．

例題 2　求 $\csc^{-1}(-2)$．

解　令 $\csc^{-1}(-2) = x$，則 $\csc x = -2$，

所以，$\sin x = -\dfrac{1}{2}$，$x \in \left[-\dfrac{\pi}{2}, \dfrac{\pi}{2}\right]$，$x \neq 0$．

故 $x = -\dfrac{\pi}{6}$，$\csc^{-1}(-2) = -\dfrac{\pi}{6}$．

隨堂練習 9　試證 $\sin(\csc^{-1} x) = \dfrac{1}{x}$，$|x| \geq 1$．

習題 2-3

試求下列各函數值.

1. $\sec^{-1} 0$

2. $\sec^{-1} 2$

3. $\sec^{-1}\left(-\dfrac{2}{\sqrt{3}}\right)$

4. $\csc^{-1}\left(-\dfrac{2}{\sqrt{3}}\right)$

5. $\csc^{-1}(-1)$

6. $\sec^{-1}\left(\sin\dfrac{5\pi}{4}\right)$

7. $\csc^{-1}\left(\csc\dfrac{5\pi}{3}\right)$

8. 試將 $\sin(\sec^{-1} x)$ 表為 x 的代數式.

9. 若 $y = \sec^{-1}\left(\dfrac{\sqrt{5}}{2}\right)$, 試求 $\tan y$.

3 圓

本章學習目標

- 圓的方程式
- 圓與直線

3-1 圓的方程式

在坐標平面上，與一定點等距離的所有點所成的圖形稱為**圓**，此定點稱為**圓心**，圓心與圓上各點的距離稱為**半徑**.

假設圓心之坐標為 $C(h, k)$，半徑為 r，則圓上任一點 $P(x, y)$ 至圓心 C 之距離為 $\sqrt{(x-h)^2+(y-k)^2}$，即，點 P 在圓上之充要條件為

$$\sqrt{(x-h)^2+(y-k)^2}=r$$

亦即

$$(x-h)^2+(y-k)^2=r^2$$

故圓心為 $C(h, k)$ 且半徑為 r 的圓方程式為

$$(x-h)^2+(y-k)^2=r^2 \tag{3-1-1}$$

如圖 3-1 所示.

若令 $h=0$, $k=0$，則上式可化為

$$x^2+y^2=r^2$$

故圓心為原點且半徑為 r 的圓方程式為

$$x^2+y^2=r^2 \tag{3-1-2}$$

式 (3-1-1) 與 (3-1-2) 皆稱為**圓的標準式**.

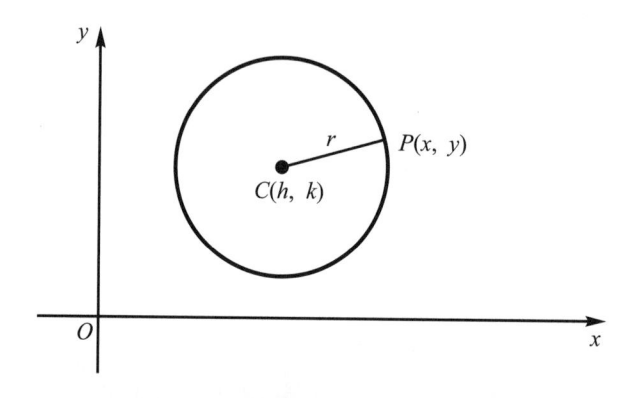

圖 3-1

例題 1 已知一圓之圓心為 $(-1, -2)$，半徑為 $\sqrt{5}$，試求此圓的方程式並作其圖形．

解 利用式 (3-1-1)，可知此圓之方程式為
$$(x+1)^2+(y+2)^2=(\sqrt{5})^2$$
展開成
$$x^2+y^2+2x+4y=0$$
若 $x=0$、$y=0$，則 $x^2+y^2+2x+4y=0$，故知此圓必通過原點，其圖形如圖 3-2 所示．

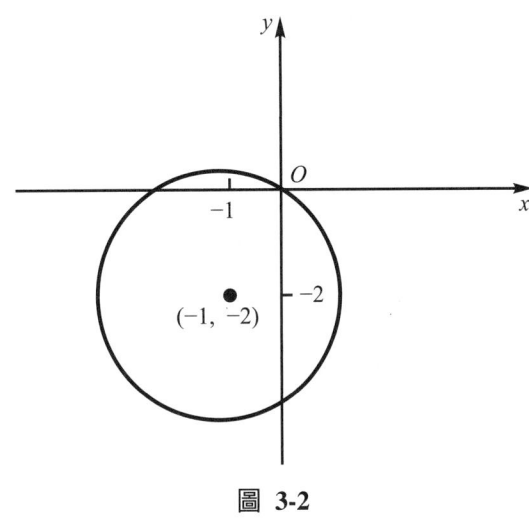

圖 3-2

例題 2 求方程式 $x^2+y^2-2x+2y-14=0$ 的圖形．

解 由原方程式得
$$(x-1)^2+(y+1)^2=16$$
知其圖形是以 $(1, -1)$ 為圓心，4 為半徑的圓．

隨堂練習 1 試求以點 $(2, -1)$ 為圓心，半徑為 3 之圓的方程式．
答案：$x^2+y^2-4x+2y=4$．

隨堂練習 2 試求以 $(2, 2)$ 為圓心，通過點 $(4, 6)$ 之圓的方程式．
答案：$x^2+y^2-4x-4y=12$．

例題 3 試求圓 $x^2+y^2-2x-4y-13=0$ 的圓心與半徑.

解 因 $x^2+y^2-2x-4y-13 = x^2-2x+1+y^2-4y+4-18$
$$= (x-1)^2+(y-2)^2-18=0$$

故原式可改寫成
$$(x-1)^2+(y-2)^2=(\sqrt{18})^2$$

由式 (3-1-1) 知，此圓的圓心為 $(1, 2)$，半徑為 $\sqrt{18}$.

隨堂練習 3 試求圓 $x^2+y^2+2x-2y=23$ 的圓心與半徑.

答案：圓心為 $(-1, 1)$，半徑為 5.

將式 (3-1-1) 展開得
$$x^2+y^2-2hx-2ky+h^2+k^2-r^2=0$$

令 $d=-2h$，$e=-2k$，$f=h^2+k^2-r^2$ 代入上式，則得
$$x^2+y^2+dx+ey+f=0 \tag{3-1-3}$$

故得下面的定理.

定理 3-1

任一圓的方程式皆可表為
$$x^2+y^2+dx+ey+f=0$$
的形式，其中 d、e、f 都是實數.

現在討論在方程式 $x^2+y^2+dx+ey+f=0$ 中，d、e、f 應合乎什麼條件，它的圖形才表示一圓？

將 $x^2+y^2+dx+ey+f=0$ 配方，可得
$$\left(x^2+dx+\frac{d^2}{4}\right)+\left(y^2+ey+\frac{e^2}{4}\right)-\frac{d^2}{4}-\frac{e^2}{4}+f=0$$

$$\left(x+\frac{d}{2}\right)^2+\left(y+\frac{e}{2}\right)^2=\frac{d^2+e^2-4f}{4} \tag{3-1-4}$$

1. 若 $d^2+e^2-4f>0$，則比較式 (3-1-4) 與式 (3-1-1)，可得其圖形為一圓，圓心為 $\left(-\frac{d}{2}, -\frac{e}{2}\right)$，半徑為 $r=\frac{1}{2}\sqrt{d^2+e^2-4f}$．

2. 若 $d^2+e^2-4f=0$，則式 (3-1-4) 即為 $\left(x+\frac{d}{2}\right)^2+\left(y+\frac{e}{2}\right)^2=0$，其圖形為一點 $\left(-\frac{d}{2}, -\frac{e}{2}\right)$，稱為**點圓**．

3. 若 $d^2+e^2-4f<0$，則式 (3-1-4) 即為 $\left(x+\frac{d}{2}\right)^2+\left(y+\frac{e}{2}\right)^2<0$，但無實數 x、y 滿足 $\left(x+\frac{d}{2}\right)^2+\left(y+\frac{e}{2}\right)^2<0$，故無圖形可言，我們常稱其為**虛圓**．

將上面討論的結果寫成定理如下：

定理 3-2

設二元二次方程式 $x^2+y^2+dx+ey+f=0$ 中，d、e、f 都是實數．

(1) 若 $d^2+e^2-4f>0$，方程式的圖形是以 $\left(-\frac{d}{2}, -\frac{e}{2}\right)$ 為圓心而 $\frac{1}{2}\sqrt{d^2+e^2-4f}$ 為半徑的圓．

(2) 若 $d^2+e^2-4f=0$，方程式的圖形是一點 $\left(-\frac{d}{2}, -\frac{e}{2}\right)$，稱為**點圓**．

(3) 若 $d^2+e^2-4f<0$，方程式無圖形可言，稱為**虛圓**．

註：(1) d^2+e^2-4f 稱為**圓的判別式**．

(2) $x^2+y^2+dx+ey+f=0$ 稱為**圓的一般式**．

例題 4 判別方程式 $2x^2+2y^2+2x-5y+8=0$ 所表圖形．

解 將原方程式寫成

$$x^2+y^2+x-\frac{5}{2}y+4=0$$

因 $d=1$, $e=-\frac{5}{2}$, $f=4$, 則

$$d^2+e^2-4f=1+\frac{25}{4}-16=-\frac{35}{4}<0$$

故原方程式的圖形為一虛圓.

例題 5 試求圓 $x^2+y^2+4x+8y-5=0$ 的圓心及半徑，並作其圖形.

解 $x^2+y^2+4x+8y-5=0$ 中, $d=4$, $e=8$, $f=-5$. 因

$$d^2+e^2-4f=16+64+20=100>0$$

故方程式表一圓.

$$h=-\frac{d}{2}=-2,\ k=-\frac{e}{2}=-4,\ r=\frac{1}{2}\sqrt{d^2+e^2-4f}=\frac{1}{2}\sqrt{100}=5$$

故圓心為 $(-2, -4)$, 半徑為 5, 其圖形如圖 3-3 所示.

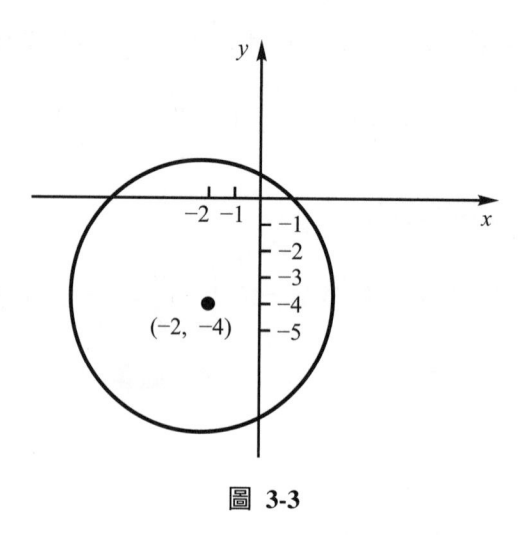

圖 3-3

隨堂練習 4 試求圓 $x^2+y^2-10x-2y+13=0$ 的圓心及半徑.

答案：圓心為 $(5, 1)$, 半徑為 $\sqrt{13}$.

例題 6 若 $k \in \mathbb{R}$，試討論 $x^2+y^2+4kx-2y+5=0$ 的圖形.

解 $d=4k$, $e=-2$, $f=5$,

$$d^2+e^2-4f=(4k)^2+(-2)^2-4\times 5=16k^2+4-20$$
$$=16k^2-16=16(k^2-1)$$

(1) 原方程式的圖形是圓 $\Leftrightarrow d^2+e^2-4f=16(k+1)(k-1)>0$
$\Leftrightarrow |k|>1 \Leftrightarrow k<-1$ 或 $k>1$

(2) 原方程式的圖形是一點 $\Leftrightarrow d^2+e^2-4f=16(k+1)(k-1)=0$
$\Leftrightarrow k=-1$ 或 $k=1$

(3) 原方程式沒有圖形 $\Leftrightarrow d^2+e^2-4f=16(k+1)(k-1)<0$
$\Leftrightarrow |k|<1 \Leftrightarrow -1<k<1$.

隨堂練習 5 設方程式 $x^2+y^2+2kx-2y+5=0$ 的圖形表一圓，試求 k 的範圍.

答案：$k<-2$ 或 $k>2$.

由於圓的方程式可表為 $(x-h)^2+(y-k)^2=r^2$ 或 $x^2+y^2+dx+ey+f=0$ 的形式，只要有三個獨立條件就可以決定三個常數 h、k、r 或 d、e、f 的值，因而說三個獨立條件可決定一圓.

例題 7 已知一圓通過 $P_1(-1, 1)$、$P_2(1, -1)$ 及 $P_3(0, -2)$ 等三點，試求其方程式.

解 設所求圓的方程式為

$$x^2+y^2+dx+ey+f=0 \quad\cdots\cdots ①$$

P_1、P_2 及 P_3 在圓上 $\Leftrightarrow$ 這三點的坐標滿足 ① 式

$$\Leftrightarrow \begin{cases} 1+1-d+e+f=0 \\ 1+1+d-e+f=0 \\ 4-2e+f=0 \end{cases}$$

即 $\begin{cases} -d+e+f=-2 \quad\cdots\cdots\cdots\cdots\cdots\cdots\cdots\cdots\cdots\cdots\cdots\cdots\cdots\cdots\cdots ② \\ d-e+f=-2 \quad\cdots\cdots\cdots\cdots\cdots\cdots\cdots\cdots\cdots\cdots\cdots\cdots\cdots\cdots\cdots\cdots ③ \\ -2e+f=-4 \quad\cdots\cdots\cdots\cdots\cdots\cdots\cdots\cdots\cdots\cdots\cdots\cdots\cdots\cdots\cdots ④ \end{cases}$

②+③ 得 $2f=-4$，即 $f=-2$，代入 ④ 式得 $e=1$。

將 $f=-2$、$e=1$ 代入 ③ 式，得 $d=1$，

故所求圓的方程式為 $x^2+y^2+x+y-2=0$。

我們亦可假設圓 C 通過點 $P_1(x_1, y_1)$、$P_2(x_2, y_2)$ 與 $P_3(x_3, y_3)$，則圓 C 的圓心 P_0 乃是 $\overline{P_1P_2}$ 與 $\overline{P_1P_3}$ 兩線段的垂直平分線的交點，半徑則是 $\overline{P_0P_1}$。

例題 8 設 $A(-2, 1)$ 及 $B(4, -5)$ 為圓之直徑的二端點，求此圓的方程式。

解 圓心為 $\overline{AB}$ 的中點，故圓心為 $(1, -2)$。

半徑為 $\sqrt{[1-(-2)]^2+(-2-1)^2}=\sqrt{9+9}=\sqrt{18}$

故所求圓的方程式為

$$(x-1)^2+(y+2)^2=18 \text{ 或 } x^2+y^2-2x+4y-13=0.$$

隨堂練習 6 一圓通過 $P_1(-1, 1)$ 及 $P_2(1, -1)$ 且圓心在直線 $y-2x=0$ 上，求其方程式。

答案：$x^2+y^2=2$。

習題 3-1

求下列各圓的方程式。

1. 圓心是 $(0, 2)$，半徑是 5。
2. 圓心是 $(-5, 3)$，半徑是 1。
3. 以 $A(-2, 3)$ 及 $B(3, 0)$ 為直徑的二端點。

4. 圓心是 $(-1, 4)$ 且此圓與 x-軸相切.

5. 通過 $P_1(0, 1)$、$P_2(0, 6)$ 與 $P_3(3, 0)$.

試判定下列各方程式的圖形是圓、一點或無圖形.

6. $x^2+y^2+8x-9=0$
7. $x^2+y^2-8y-29=0$
8. $x^2+y^2-2x+2y+2=0$
9. $x^2+y^2+x+10=0$

求下列各圓的圓心及半徑.

10. $x^2+y^2+6x+8y-14=0$
11. $x^2+y^2-4y-5=0$
12. $x^2+y^2+3x-4=0$

13. 設 $\Gamma : x^2+y^2+x+2y+k=0$.
    (1) 若 Γ 為一圓，則 k 的範圍為何？
    (2) 若 Γ 為一點，則 k 的範圍為何？
    (3) 若 Γ 無圖形，則 k 的範圍為何？

14. 求過點 $P_1(2, 6)$、$P_2(-1, -3)$ 與 $P_3(3, -1)$ 的圓的方程式.

15. 若 $x^2+y^2+2dx+2ey+f=0$ 的圖形為一圓，試求圓心之坐標與半徑.

16. 已知點 $P_1(1, 2)$ 與 $P_2(5, -2)$ 是圓 C 上二點，而且弦 $\overline{P_1P_2}$ 與圓心的距離為 $\sqrt{2}$，試求圓 C 的方程式.

▶▶ 3-2 圓與直線

在坐標平面上，設直線 L 的方程式為 $ax+by+c=0$，圓 C 的方程式為 $x^2+y^2+dx+ey+f=0$，則直線 L 與圓 C 有三種可能關係，如圖 3-4 所示.

我們考慮下述聯立方程式：

$$\begin{cases} ax+by+c=0 \\ x^2+y^2+dx+ey+f=0 \end{cases} \tag{3-2-1}$$

1. 直線 L 與圓 C 相交於兩點 (此時直線 L 稱為圓 C 的**割線**)
   ⇔ 式 (3-2-1) 有兩組相異的實數解
   ⇔ 直線 L 與圓 C 之圓心的距離小於半徑.

圖 3-4

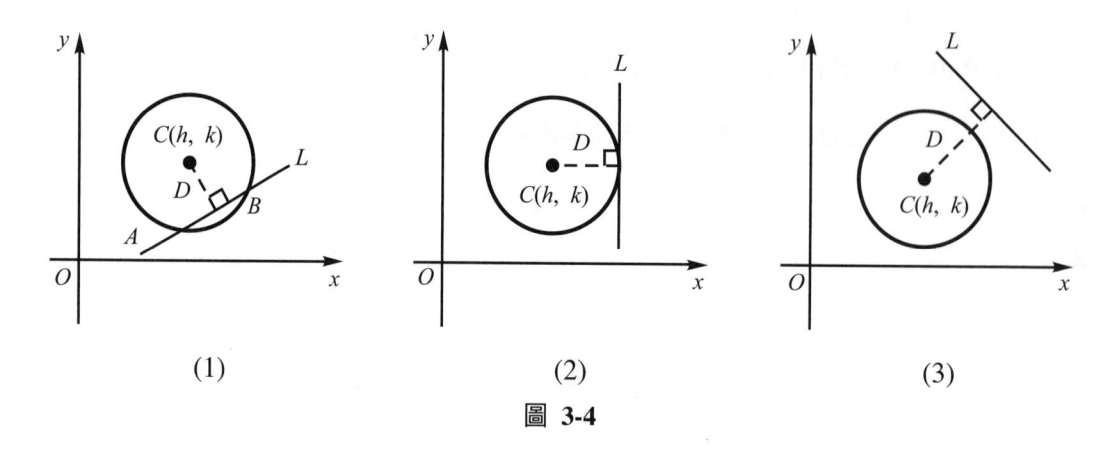

2. 直線 L 與圓 C 相切於一點 (此時直線 L 稱為圓 C 的切線)

  ⇔ 式 (3-2-1) 只有一組實數解

  ⇔ 直線 L 與圓 C 之圓心的距離等於半徑.

3. 直線 L 與圓 C 不相交

  ⇔ 式 (3-2-1) 沒有實數解

  ⇔ 直線 L 與圓 C 之圓心的距離大於半徑.

若直線 L 的方程式為 $ax+by+c=0$，圓 C 的方程式為 $(x-h)^2+(y-k)^2=r^2$，則直線 L 與圓 C 的幾何位置有下列三種情形，如圖 3-4 所示.

1. 直線 L 與圓 C 相交於兩點 ⇔ 距離 $D=\dfrac{|ah+bk+c|}{\sqrt{a^2+b^2}}<r$.

2. 直線 L 與圓 C 相切 ⇔ $D=\dfrac{|ah+bk+c|}{\sqrt{a^2+b^2}}=r$.

3. 直線 L 與圓 C 不相交 ⇔ $D=\dfrac{|ah+bk+c|}{\sqrt{a^2+b^2}}>r$.

例題 1 已知直線 L 的方程式為 $y=3x+k$，圓 C 的方程式為 $x^2+y^2=10$，試就 k 的值討論直線 L 與圓 C 的相交情形.

解 考慮聯立方程式

$$\begin{cases} y = 3x + k \quad \cdots\cdots\cdots\cdots\cdots\cdots\cdots\cdots\cdots\cdots\cdots\cdots\cdots\cdots ① \\ x^2 + y^2 = 10 \quad \cdots\cdots\cdots\cdots\cdots\cdots\cdots\cdots\cdots\cdots\cdots\cdots\cdots ② \end{cases}$$

將 ① 式代入 ② 式，可得
$$x^2 + (3x+k)^2 = 10$$
$$10x^2 + 6kx + k^2 - 10 = 0$$

此二次方程式的判別式為
$$\Delta = (6k)^2 - 4 \times 10 \times (k^2 - 10) = -4(k^2 - 100)$$

(1) 若 $-10 < k < 10$，則 $\Delta > 0$；此時，聯立方程式有兩組實數解，直線 L 是圓 C 的割線．

(2) 若 $k = -10$ 或 $k = 10$，則 $\Delta = 0$；此時，聯立方程式只有一組實數解，直線 L 是圓 C 的切線．

(3) 若 $k < -10$ 或 $k > 10$，則 $\Delta < 0$；此時，聯立方程式沒有實數解，直線 L 與圓 C 不相交．

隨堂練習 7 設某圓的方程式為 $x^2 + y^2 - 6x - 8y - 11 = 0$，試判別此圓與下列各直線的關係 (相離、相交或相切)，並作圖形．

(1) $L_1: y - 2x = 6\sqrt{5} - 2$ (2) $L_2: 2x - y - 1 = 0$ (3) $L_3: 3x + 4y + 8 = 0$

答案：(1) 圓與直線 L_1 相切, (2) 圓與直線 L_2 相交, (3) 圓與直線 L_3 相離．

例題 2 試求與直線 $y = \dfrac{3}{2}x - 6$ 相切，且圓心為 $(2, -1)$ 之圓的方程式．

解 $y = \dfrac{3}{2}x - 6 \Rightarrow 3x - 2y - 12 = 0$

圓之半徑為
$$r = \frac{|3 \times 2 - 2 \times (-1) - 12|}{\sqrt{3^2 + 2^2}} = \frac{4}{\sqrt{13}}$$

故圓的方程式為
$$(x-2)^2 + (y+1)^2 = \left(\frac{4}{\sqrt{13}}\right)^2$$

即 $13x^2+13y^2-52x+26y+49=0.$

例題 3 試求通過點 $(1, -5)$ 且與圓 $x^2+y^2+4x-2y-4=0$ 相切的直線方程式.

解 設所求切線方程式為 $y+5=m(x-1)$

即 $mx-y-5-m=0$

將 $x^2+y^2+4x-2y-4=0$ 配方，可得

$$(x+2)^2+(y-1)^2=9$$

故圓心是 $(-2, 1)$，半徑是 3.

圓心 $(-2, 1)$ 到切線的距離為半徑 3，所以，

$$\frac{|-2m-1-5-m|}{\sqrt{m^2+1}}=3$$

即 $|m+2|=\sqrt{m^2+1}$

整理後可得 $m=-\dfrac{3}{4}$

但通過圓外一點與圓相切的直線有兩條，故另一條必為通過 $(1, -5)$ 的垂直線，故所求切線為

$y+5=-\dfrac{3}{4}(x-1)$ 與 $x-1=0$

即 $3x+4y+17=0$ 與 $x-1=0$

其圖形如圖 3-5 所示.

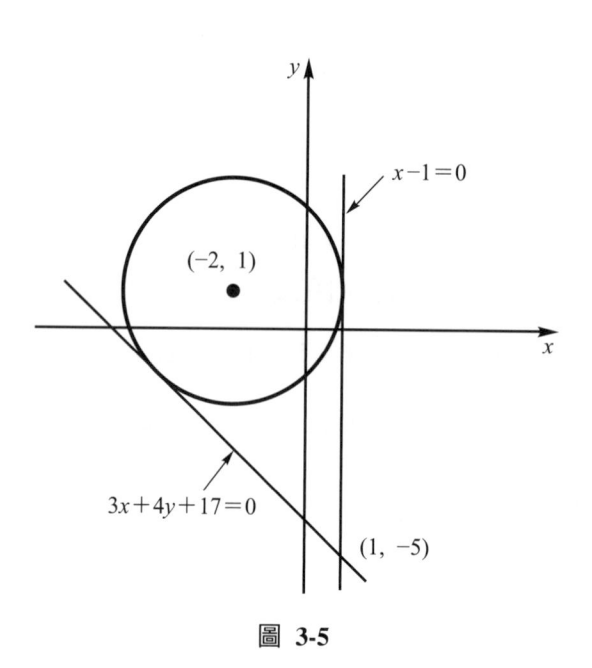

圖 3-5

隨堂練習 8 設一圓的方程式為 $2x^2+2y^2-8x-5y+k=0$，試就下列各情況求 k 的值. (1) 若圓與 x-軸相切. (2) 若圓與 y-軸相切.

答案：(1) $k=8$, (2) $k=\dfrac{25}{8}$.

習題 3-2

1. 二次方程式 $x^2+y^2=25$ 之圖形為圓心位於原點的圓，試判別此圓與下列各直線的關係 (相離、相交或相切).

   (1) $L_1：3x-4y=20$ (2) $L_2：y-x=5\sqrt{2}$ (3) $L_3：2x+3y=21$

2. 已知直線 L 與圓 C 的方程式分別為

$$L：y=mx+2$$
$$C：x^2+y^2=2$$

   試就 m 值討論直線 L 與圓 C 的關係.

3. 求通過點 $(6，-2)$ 且與圓 $(x-3)^2+(y+1)^2=10$ 相切的切線方程式.

4. 求通過點 $(1，7)$ 且與圓 $x^2+y^2=25$ 相切的切線方程式.

5. 設直線 L 與圓 C 的方程式分別為

$$L：x+y-3=0$$
$$C：x^2+y^2-4x+6y+5=0$$

   試證直線 L 為圓 C 的切線，並求其切點.

6. 試求通過點 $(-4，4)$ 且與圓 $x^2+y^2-6x-6y-7=0$ 相切的切線方程式.

7. $x+y-2=0$ 是不是 $x^2+y^2=1$ 的切線？是不是 $x^2+y^2=2$ 的切線？

8. 已知直線 $\lambda x+y+2\lambda=0$ 與圓 $x^2+y^2=1$，求 λ 之值，使它們相交於兩點、相切及不相交.

9. 已知下列兩圓 K_1、K_2 都相交於兩點，求 k 之範圍. (提示：兩圓相交於兩點，將兩方程式消去一元得另一元的二次方程式，判別式大於零解得 k 之範圍.)

$$K_1：x^2+y^2+2kx-5y-10=0$$
$$K_2：x^2+y^2-3y-16=0$$

10. 若方程式 $x^2+y^2-2ax-2y+1=0$ 與 $x^2+y^2-2x-2ay+1=0$ 所表的二圓相切，試求 a 之值. (提示：由方程式求得圓的圓心，二圓心的距離等於二半徑之和，即解

得 a 值.)

11. 求與圓 $x^2+y^2+3x-8y+9=0$ 同心且切於 x-軸的圓方程式.（提示：由已知圓先求出欲求的圓心，再求圓心至 x-軸的距離為圓半徑.）

12. 試求以 $K(3,4)$ 為圓心，且與直線 $2x-y+5=0$ 相切的圓方程式.

13. 平面上有一直線 $L：3x-4y+k=0$ 及圓 $C：x^2+y^2-2x+4y=4$.

(1) 若直線 L 與圓 C 不相交，則 k 之範圍為何？

(2) 若直線 L 與圓 C 相切，則 k 之值為何？

(3) 若直線 L 與圓 C 相交於兩點，則 k 之範圍為何？

4 圓錐曲線

本章學習目標

- 圓錐截痕
- 拋物線方程式
- 橢圓方程式
- 雙曲線方程式

>> 4-1 圓錐截痕

除了直線與圓之外，坐標幾何所要討論的另一種曲線，稱為**圓錐曲線**。在國民中學數學裡，曾討論過拋物線 $y=x^2$，此為圓錐曲線的一種。現在，我們說明圓錐曲線如何產生。

設 L 與 M 是兩相交但不垂直的直線，將 L 固定而 M 繞 L 旋轉一周，則直線 M 旋轉所成的曲面，就是一個**正圓錐面**，如圖 4-1 所示，其中，

1. L 稱為**中心軸**。
2. L 與 M 的交點 V 稱為**頂點**。
3. 直線 MV 稱為**母線**。
4. $\angle MVL$ 稱為**頂角**。

令 S 表示 M 繞 L 旋轉一周所成的正圓錐面，又設 E 是一個平面，則 E 與 S 的截痕形成各種不同的圖形，至於是哪一種圖形，我們分別討論如下：

情況 1：若 E 與 L 垂直，但不通過 L 與 M 的交點 V（V 稱為正圓錐面 S 的頂點），則 E 與 S 的截痕是一個圓，如圖 4-2 所示。

情況 2：若將 E 稍作轉動，使呈傾斜，且與 L 不垂直，也不通過頂點 V，將 S 分成兩部分，則 E 與 S 的截痕是一個橢圓，如圖 4-3 所示。

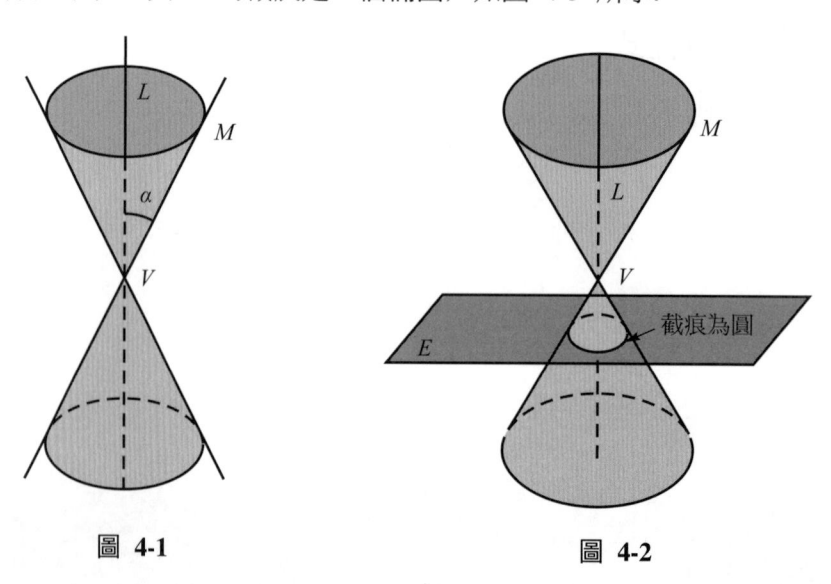

圖 4-1　　　　圖 4-2

第四章　圓錐曲線

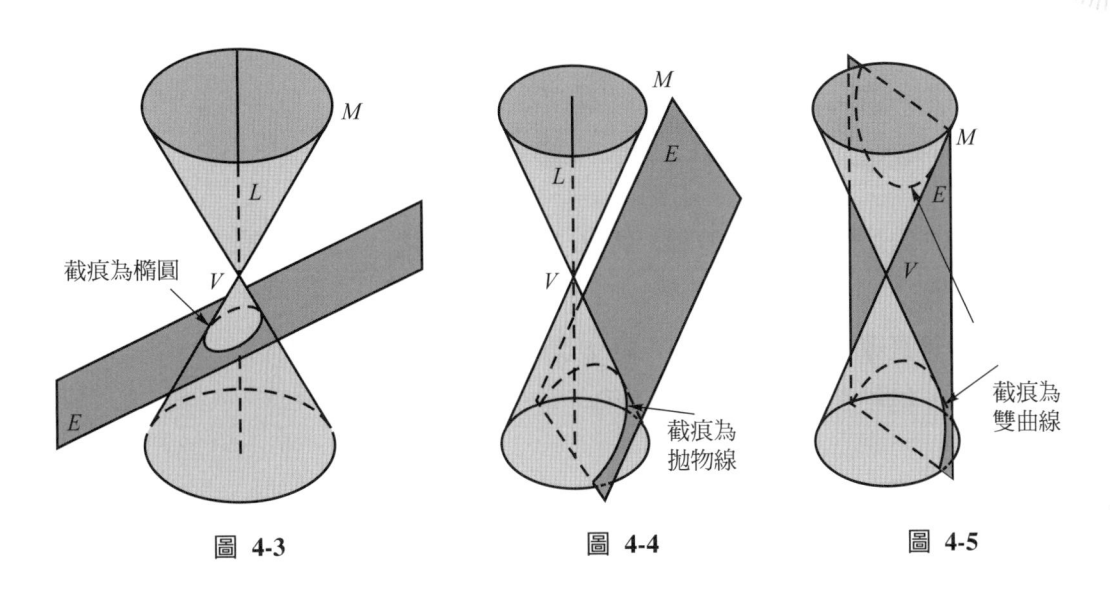

圖 4-3　　　　　　圖 4-4　　　　　　圖 4-5

情況 3：將平面 E 繼續轉動，使 E 與直線 M 平行，則 E 與 S 的截痕是一個**拋物線**，如圖 4-4 所示．

情況 4：將平面 E 再繼續轉動，使 E 與正圓錐面 S 的上下兩部分都相交且不通過頂點 V，則 E 與 S 的截痕是一個**雙曲線**，如圖 4-5 所示．

　　圓、橢圓、拋物線及雙曲線的圖形，都可由一個平面與一個正圓錐面相截而得，因此合稱為**圓錐曲線**，或簡稱為**錐線**，也合稱為非退化的二次曲線；而一點、一直線、相交二直線、平行二直線或無圖形，合稱為**退化的圓錐曲線**或**退化的二次曲線**．

例題 1　設直線 L 通過一圓的圓心，且與圓交於 M、N，今將 L 當作中心軸，將圓在空中旋轉一周，則旋轉出來的圖形是什麼？

解　是球面，如圖 4-6 所示．

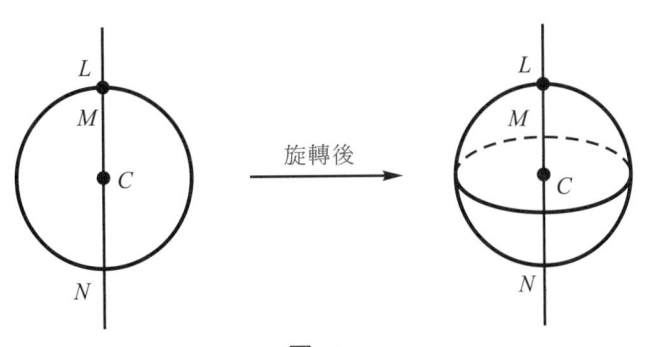

圖 4-6

習題 4-1

1. 若 L 與 M 是互相垂直的兩直線，將 L 固定而 M 繞 L 旋轉一周，則旋轉出來的圖形是什麼？
2. 若直線 L 與直線 M 平行，則 M 繞 L 旋轉所得的面是什麼？
3. 平面 E 與一圓柱面 S 的截痕有哪幾種可能的圖形？

4-2 拋物線方程式

瞭解圓錐曲線的意義之後，我們將分別對於各種圓錐曲線給予定義，並討論其標準式．因為圓的方程式已在前一章介紹過了，所以本章只討論其它三種圓錐曲線，而這一節先討論拋物線．我們曾經在數學（一）第 5-1 節中提過二次函數 $y=ax^2+bx+c$ 的圖形是拋物線．拋物線的一般性定義是什麼呢？我們先介紹如下：

定義 4-1

在同一個平面上，與一個定點及一條定直線的距離相等之所有點所成的圖形，稱為**拋物線**，定點稱為**焦點**，定直線稱為**準線**．

如圖 4-7 所示．

定理 4-1

若拋物線的焦點為 $F(c, 0)$，準線方程式為 $x=-c$，則此拋物線的方程式為

$$y^2=4cx \qquad (4\text{-}2\text{-}1)$$

其中 $c>0$，而 c 表頂點 O 到焦點 F 的距離（即"焦距"）．

證：如圖 4-8 所示，設 $P(x, y)$ 為拋物線上任一點，則 $\overline{PF}=\overline{PM}$，利用兩點之間的距

第四章　圓錐曲線

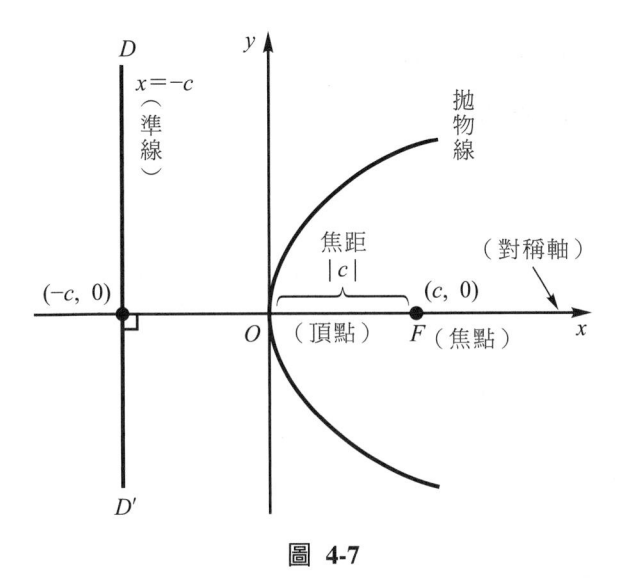

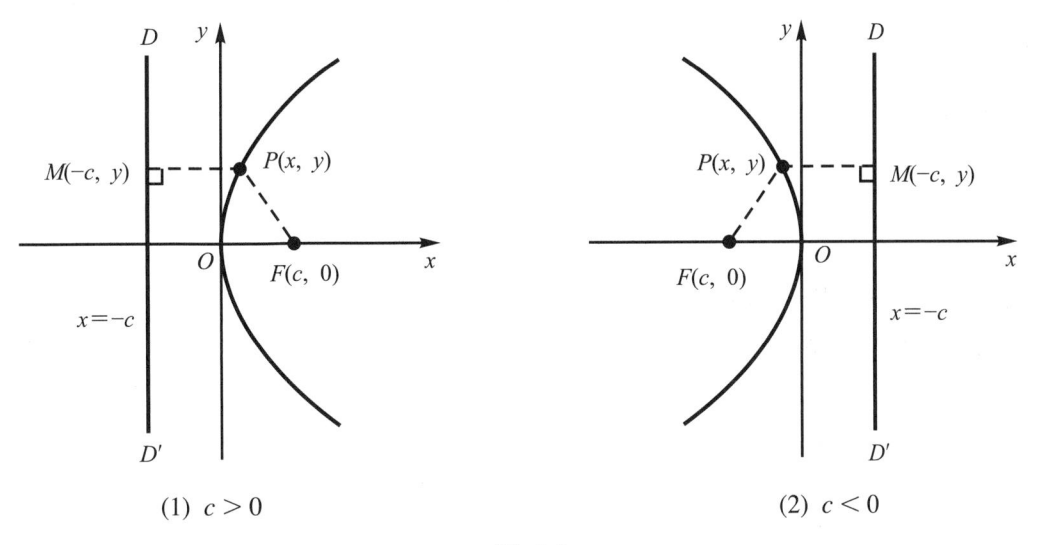

圖 4-7

(1) $c > 0$　　(2) $c < 0$

圖 4-8

離公式，得

$$\sqrt{(x-c)^2+(y-0)^2} = \sqrt{(x+c)^2+(y-y)^2}$$
$$\Leftrightarrow (x-c)^2+y^2 = (x+c)^2$$
$$\Leftrightarrow x^2-2cx+c^2+y^2 = x^2+2cx+c^2$$
$$\Leftrightarrow y^2 = 4cx$$

反之，若 $P(x, y)$ 滿足 $y^2=4cx$，必滿足 $\overline{PF}=\overline{PM}$，即 P 在拋物線上．因此，$y^2=4cx$ 為所求的拋物線方程式．

在定理 4-1 中，

1. 當 $c>0$ 時，拋物線的開口向右；當 $c<0$ 時，開口向左．
2. 通過焦點且與準線垂直的直線，稱為拋物線的**對稱軸**，簡稱為**軸**，即 x-軸．
3. 軸與拋物線的交點，稱為**頂點**，即 $(0, 0)$．
4. 拋物線上任意兩點所連成的線段，稱為拋物線的**弦**，通過焦點的弦稱為**焦弦**，與拋物線之軸垂直的焦弦稱為**正焦弦**．

同理，可得下面的定理：

定理 4-2

若拋物線的焦點為 $F(0, c)$，準線方程式為 $y=-c$，則此拋物線的方程式為

$$x^2=4cy. \qquad (4\text{-}2\text{-}2)$$

當 $c>0$ 時，拋物線開口向上；當 $c<0$ 時，開口向下，如圖 4-9 所示．上述二定理所給的方程式稱為拋物線的**標準式**．

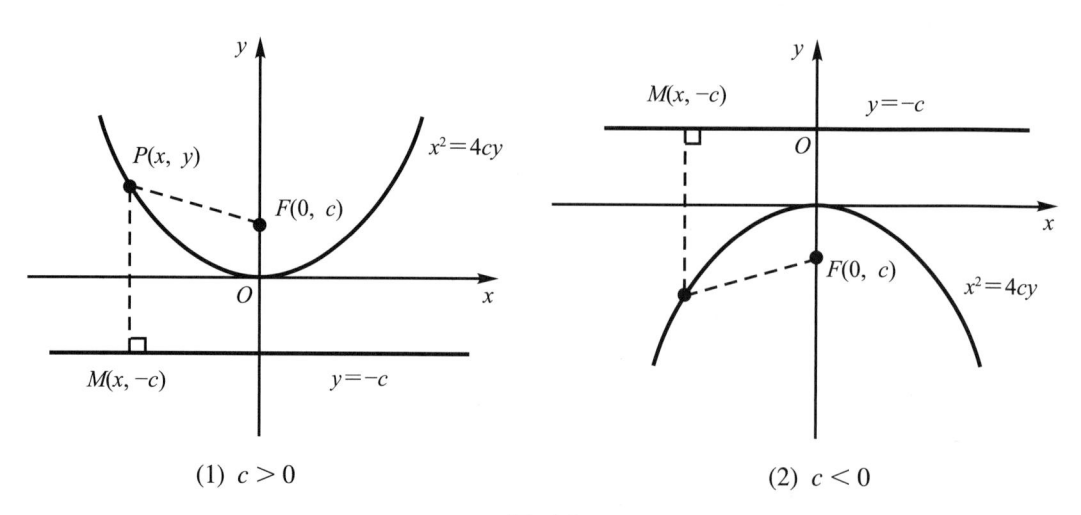

(1) $c>0$ (2) $c<0$

圖 4-9

例題 1 求拋物線 $y^2=12x$ 的焦點及準線方程式.

解 因 $y^2=12x=4(3)x$，得知 $c=3$，故焦點為 $F(3, 0)$，準線為 $x=-3$.

例題 2 試決定拋物線 $x^2=-y$ 的頂點、焦點及準線方程式，並繪其圖形.

解 寫成 $x^2=4\left(-\dfrac{1}{4}\right)y$，與定理 4-2 比較，知 $c=-\dfrac{1}{4}$，

故頂點為 $(0, 0)$，焦點為 $F\left(0, -\dfrac{1}{4}\right)$，準線為 $y=\dfrac{1}{4}$，其圖形如圖 4-10 所示.

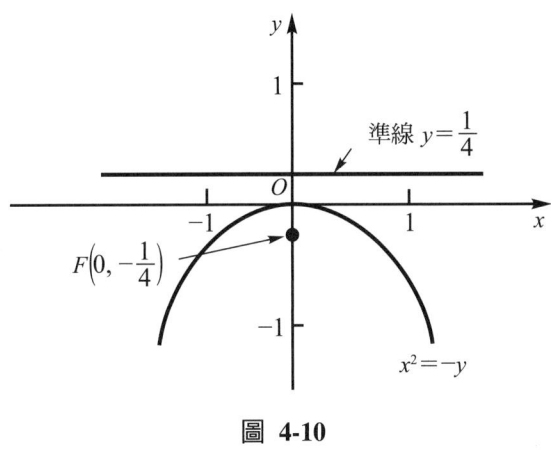

圖 4-10

於拋物線方程式 $y^2=4cx$ 中，令 $x=c$，則 $y=\pm 2c$. 故得正焦弦 $\overline{AB}$ 的長 $=|2y|=|4c|$，如圖 4-11 所示. 同理，可證得拋物線 $x^2=4cy$ 之正焦弦的長也等於 $|4c|$. 因此，可得下面定理：

定理 4-3

拋物線 $y^2=4cx$ 與 $x^2=4cy$ 之正焦弦的長均為 $|4c|$.

例題 3 求拋物線 $y^2=-6x$ 之正焦弦的長.

解 正焦弦的長 $=|4c|=|-6|=6$.

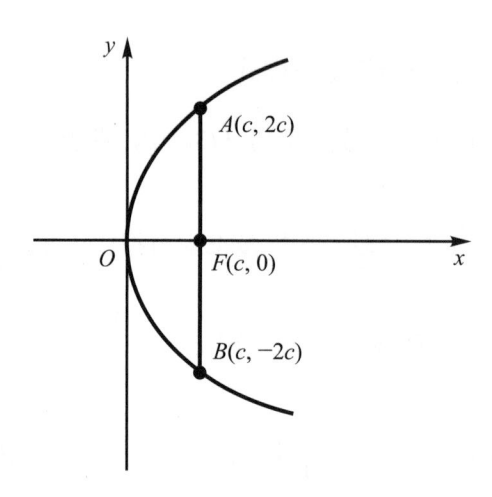

圖 4-11

隨堂練習 1　試求拋物線 $x=-\dfrac{1}{12}y^2$ 的頂點、焦點坐標、軸、準線方程式及正焦弦長，並作圖.

答案：① 頂點 $(0, 0)$，② 焦點 $F(-3, 0)$，③ 軸：$y=0$ (x-軸)
④ 準線：$x=3$，⑤ 正焦弦長：12.

例題 4　求頂點為原點，軸是 y-軸且通過點 $(4, -3)$ 的拋物線方程式.

解　令所求的拋物線方程式為

$$x^2=4cy$$

以點 $(4, -3)$ 代入上式，可得 $16=4c(-3)$，即 $c=-\dfrac{4}{3}$，故

$$x^2=4\left(-\dfrac{4}{3}\right)y=-\dfrac{16}{3}y$$

為所求的方程式.

例題 5　求頂點為 $(0, 0)$，正焦弦的長為 12，且拋物線開口向上的拋物線方程式.

解　設所求拋物線方程式為 $x^2=4cy$，正焦弦的長＝$12=4|c|$，又拋物線開口向上，可知 $c=3$，故 $x^2=12y$，圖形如圖 4-12 所示.

第四章　圓錐曲線

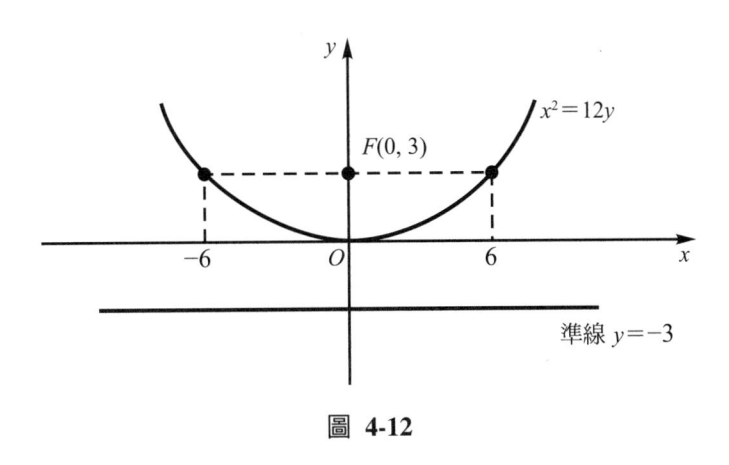

圖 4-12

隨堂練習 2 已知拋物線之焦點 $F\left(0, -\dfrac{3}{2}\right)$，準線 $y = \dfrac{3}{2}$，試求此拋物線的方程式.

答案：$x^2 = -6y$.

隨堂練習 3 試作方程式 $x = -\sqrt{y}$ 的圖形.

答案：略.

習題 4-2

求下列每一拋物線的焦點與準線，並繪出拋物線及其焦點與準線.

1. $y^2 = 4x$ 2. $x^2 = -12y$ 3. $y^2 = -3x$ 4. $2x^2 = 6y$

在下列各題中，求拋物線的標準式 $y^2 = 4cx$ 或 $x^2 = 4cy$，並作其圖形.

5. 頂點 $(0, 0)$，焦點 $F(0, 4)$.
6. 頂點 $(0, 0)$，準線 $L: x = 3$.
7. 準線 $L: y = -2$，焦點 $F(0, 2)$.
8. 頂點 $(0, 0)$，準線 $L: y = 3$.
9. 正焦弦的長為 8，頂點 $(0, 0)$，拋物線開口向左.

求下列各拋物線的軸、準線、頂點與焦點，及求其正焦弦的長，並作其圖形.

10. $y = -\dfrac{1}{12}x^2$ 　　　　11. $x = -\dfrac{1}{16}y^2$ 　　　　12. $3x^2 = -5y$

13. $y = \dfrac{1}{16}x^2$ 　　　　　14. $x^2 = -8y$

試分別求合於下列條件中的拋物線方程式，並作其圖形．

15. 焦點 $F(3, 0)$，準線 $x = -3$． 　　16. 焦點 $F\left(0, \dfrac{3}{2}\right)$，準線 $y = -\dfrac{3}{2}$．

試作下列各式的圖形．

17. $y = 2\sqrt{x}$ 　　18. $x = -\sqrt{y}$ 　　19. $y = \sqrt{x-3}$ 　　20. $x = \sqrt{-y}$

21. 設拋物線 $x^2 = 4cy$ 的切線斜率為 m，試證其切線方程式為 $y = mx - cm^2$．

▶▶ 4-3　橢圓方程式

我們介紹過拋物線之後，現在要討論另一種圓錐曲線——橢圓．橢圓的定義是什麼呢？我們介紹如下：

定義 4-2

在同一個平面上，與兩個定點的距離和等於定數 $2a$ $(a > 0)$ 的所有點所成的圖形，稱為**橢圓**，此兩個定點稱為橢圓的**焦點**．

取兩焦點 F 及 F' 的中點 O 為原點，直線 $F'F$ 為 x-軸，通過 O 且垂直於直線 $F'F$ 的直線為 y-軸，令 F 及 F' 的坐標分別為 $(c, 0)$ 及 $(-c, 0)$，則 $\overline{F'F} = 2c$ $(c > 0)$，如圖 4-13 所示．

設橢圓上任一點為 $P(x, y)$，且

$$\overline{PF'} + \overline{PF} = 2a \ (a > 0)$$

則

$$\overline{PF} = 2a - \overline{PF'}$$

可得

$$\sqrt{(x-c)^2 + y^2} = 2a - \sqrt{(x+c)^2 + y^2}$$

圖 4-13

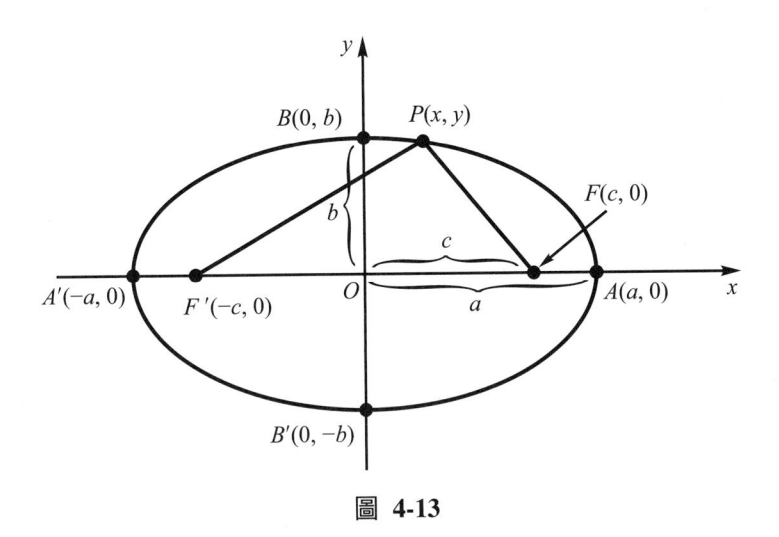

將上式等號兩端平方，

$$x^2-2cx+c^2+y^2=4a^2-4a\sqrt{(x+c)^2+y^2}+x^2+2cx+c^2+y^2$$

$$a\sqrt{(x+c)^2+y^2}=a^2+cx$$

$$a^2[(x+c)^2+y^2]=(a^2+cx)^2$$

$$a^2x^2+2a^2cx+a^2c^2+a^2y^2=a^4+2a^2cx+c^2x^2$$

$$(a^2-c^2)x^2+a^2y^2=a^2(a^2-c^2) \tag{4-3-1}$$

因

$$\overline{PF'}+\overline{PF}>\overline{F'F}$$

故 $2a>2c$，即 $a>c$，因而

$$a^2-c^2>0$$

令

$$a^2-c^2=b^2 \ (a>b>0)$$

代入式 (4-3-1)，可得

$$b^2x^2+a^2y^2=a^2b^2$$

即

$$\frac{x^2}{a^2}+\frac{y^2}{b^2}=1$$

故橢圓方程式為
$$\frac{x^2}{a^2}+\frac{y^2}{b^2}=1 \ (a>b>0).\tag{4-3-2}$$

今討論上述橢圓的一些特性如下：

1. 截距

橢圓 $\frac{x^2}{a^2}+\frac{y^2}{b^2}=1$ 與 x-軸之交點的橫坐標稱為橢圓在 x-軸上的**截距**. 令 $y=0$, 可得橢圓的 x-截距為 $x=\pm a$. 同理, 令 $x=0$, 可得橢圓的 y-截距為 $y=\pm b$.

2. 對稱性

(1) 在橢圓方程式 $\frac{x^2}{a^2}+\frac{y^2}{b^2}=1$ 中, 以 $-y$ 代 y, 所得方程式不變, 可知橢圓對稱於 x-軸.

(2) 在橢圓方程式 $\frac{x^2}{a^2}+\frac{y^2}{b^2}=1$ 中, 以 $-x$ 代 x, 所得方程式不變, 可知橢圓對稱於 y-軸.

(3) 在橢圓方程式 $\frac{x^2}{a^2}+\frac{y^2}{b^2}=1$ 中, 以 $-x$ 代 x, 以 $-y$ 代 y, 所得方程式不變, 可知橢圓對稱於原點.

3. 範圍

由 $\frac{x^2}{a^2}+\frac{y^2}{b^2}=1$ 解 y, 可得

$$y=\pm\frac{b}{a}\sqrt{a^2-x^2}\in I\!R$$

因而 $a^2-x^2\geq 0$, 故 $|x|\leq a$.

又解 x, 可得

$$x=\pm\frac{a}{b}\sqrt{b^2-y^2}\in I\!R$$

因而 $b^2-y^2\geq 0$, 故 $|y|\leq b$.

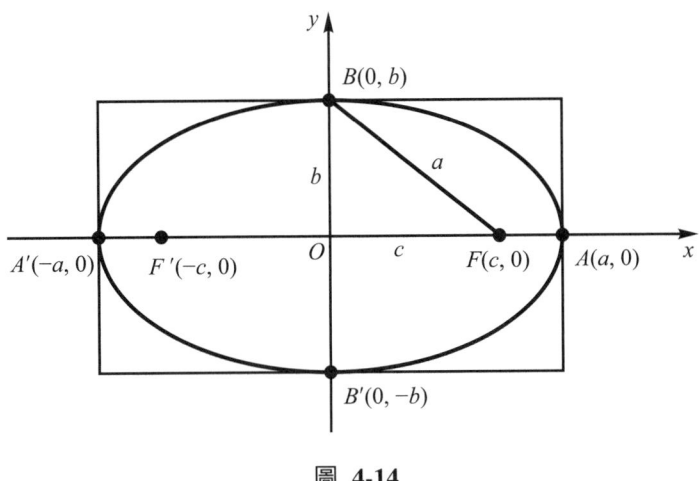

圖 4-14

此橢圓是在 $x=-a$、$x=a$、$y=-b$ 及 $y=b$ 等四直線所圍成的長方形內，如圖 4-14 所示，其中：

1. $A(a, 0)$、$A'(-a, 0)$、$B(0, b)$ 與 $B'(0, -b)$ 稱為此橢圓的**頂點**.
2. $\overline{AA'}$ 稱為此橢圓的**長軸**，其長為 $2a$.
3. $\overline{BB'}$ 稱為此橢圓的**短軸**，其長為 $2b$.
4. 橢圓的對稱中心，即長、短兩軸的交點 O，稱為**橢圓中心**.
5. $e = \dfrac{c}{a}$ (<1)，稱為橢圓的**離心率**.

綜合上述之討論，可得下面的定理：

定理 4-4

若一橢圓的焦點為 $F(c, 0)$ 與 $F'(-c, 0)$，而長軸的長為 $2a$，短軸的長為 $2b$，則此橢圓的方程式為

$$\frac{x^2}{a^2}+\frac{y^2}{b^2}=1 \ (a>b>0)$$

其中 $b=\sqrt{a^2-c^2}$. 此橢圓的中心為 $(0, 0)$，而頂點為 $(a, 0)$、$(-a, 0)$、$(0, b)$ 與 $(0, -b)$.

同理，可推得下面定理：

定理 4-5

若一橢圓的焦點為 $F(0, c)$ 與 $F'(0, -c)$，而長軸的長為 $2a$，短軸的長為 $2b$，則此橢圓的方程式為

$$\frac{x^2}{b^2}+\frac{y^2}{a^2}=1 \ (a>b>0)$$

其中 $b=\sqrt{a^2-c^2}$. 此橢圓的中心為 $(0, 0)$，而頂點為 $(b, 0)$、$(-b, 0)$、$(0, a)$ 與 $(0, -a)$ (見圖 4-15).

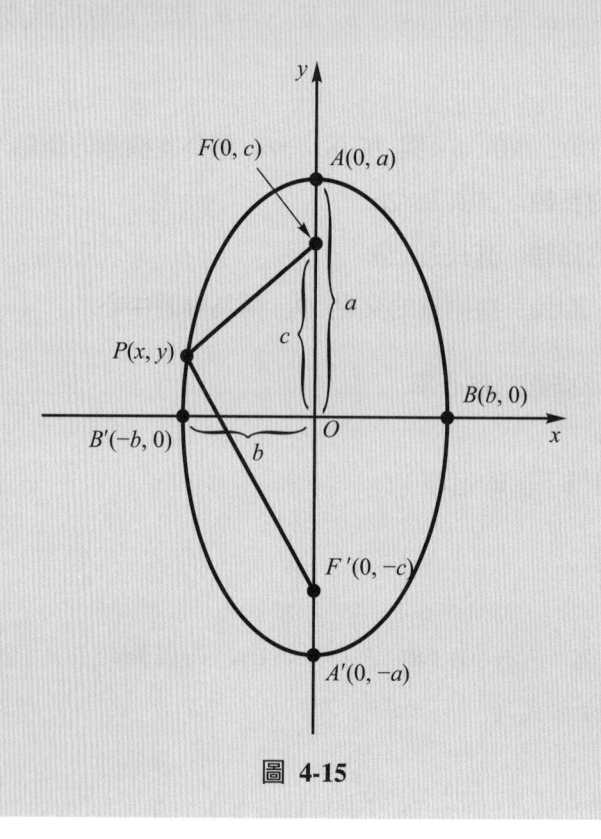

圖 4-15

上述兩定理所給的方程式稱為橢圓的標準式.

我們討論過橢圓的定義及標準式之後，再來討論有關橢圓一些重要部位的名稱.

定義 4-3

連接橢圓上任意兩點的線段，稱為橢圓的**弦**，通過焦點的弦，稱為**焦弦**，與橢圓長軸垂直的焦弦稱為**正焦弦**，連接橢圓上任意點與焦點的線段稱為**焦半徑**.

如圖 4-16 所示，$\overline{CD}$ 是弦，$\overline{RS}$ 是焦弦，$\overline{HK}$ 是正焦弦，$\overline{LF}$ 是焦半徑.

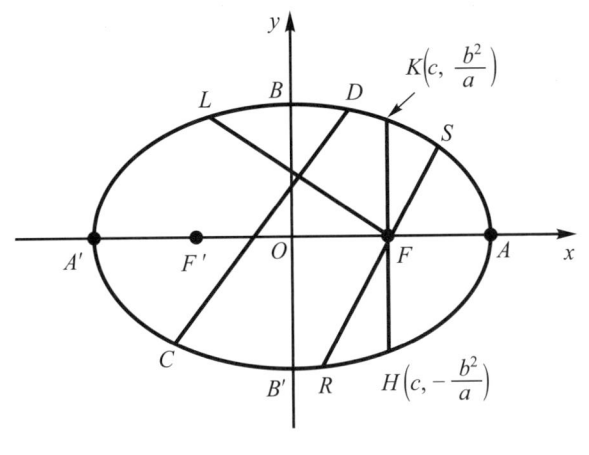

圖 4-16

在橢圓方程式 $\dfrac{x^2}{a^2}+\dfrac{y^2}{b^2}=1$ 中，令 $x=c$，則

$$y=\pm\frac{b}{a}\sqrt{a^2-c^2}=\pm\frac{b^2}{a}$$

所以正焦弦 $\overline{HK}$ 的長亦為 $\dfrac{2b^2}{a}$. 同理，可證得橢圓 $\dfrac{x^2}{b^2}+\dfrac{y^2}{a^2}=1\ (a>b>0)$ 的正焦弦的長亦為 $\dfrac{2b^2}{a}$.

定理 4-6

橢圓 $\dfrac{x^2}{a^2}+\dfrac{y^2}{b^2}=1$ 與 $\dfrac{x^2}{b^2}+\dfrac{y^2}{a^2}=1\ (a>b>0)$ 之正焦弦的長均為 $\dfrac{2b^2}{a}$.

例題 1 求橢圓 $4x^2+9y^2=36$ 的焦點、頂點、長軸的長、短軸的長及正焦弦的長，並作其圖形.

解 $4x^2+9y^2=36 \Rightarrow \dfrac{x^2}{9}+\dfrac{y^2}{4}=1 \Rightarrow a^2=9,\ b^2=4.$

故 $a=3,\ b=2,\ c=\sqrt{a^2-b^2}=\sqrt{5}.$

因為 $a>b$，所以橢圓的長軸在 x-軸上，短軸在 y-軸上.

① 焦點：$F(\sqrt{5},\ 0),\ F'(-\sqrt{5},\ 0).$

② 頂點：$A(3,\ 0),\ A'(-3,\ 0),\ B(0,\ 2),\ B'(0,\ -2).$

③ 長軸的長 $=2a=6.$

④ 短軸的長 $=2b=4.$

⑤ 正焦弦的長 $=\overline{DD'}=2\left(\dfrac{b^2}{a}\right)=\dfrac{8}{3}.$

圖形如圖 4-17 所示.

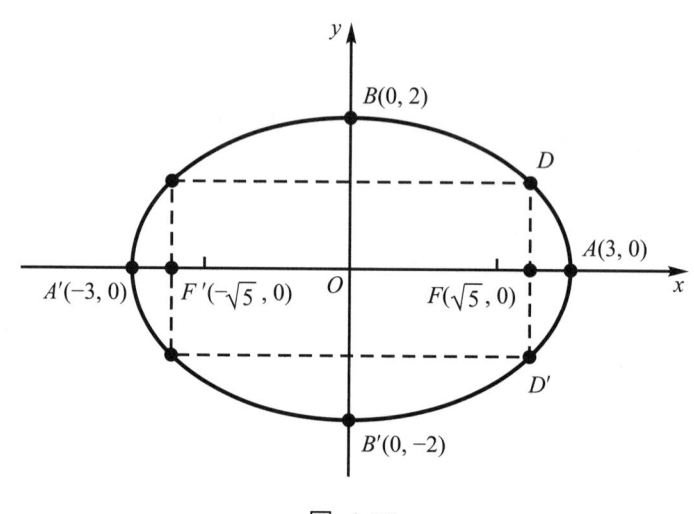

圖 4-17

隨堂練習 4 求橢圓 $16x^2+9y^2=144$ 的焦點、頂點、長軸的長、短軸的長及正焦弦的長，並作其圖形.

答案：① 焦點：$F(0,\ \sqrt{7}),\ F'(0,\ -\sqrt{7})$，

② 頂點：$A(3, 0)$，$A'(-3, 0)$，$B(0, 4)$，$B'(0, -4)$，

③ 長軸的長 $=8$，④ 短軸的長 $=6$，⑤ 正焦弦的長 $=\dfrac{9}{2}$．

例題 2 求焦點為 $F(0, 3)$ 及 $F'(0, -3)$ 且離心率為 $\dfrac{3}{5}$ 的橢圓方程式．

解 由焦點為 $F(0, 3)$ 及 $F'(0, -3)$，可知橢圓中心為 $(0, 0)$，長軸在 y-軸上．令橢圓方程式為

$$\dfrac{x^2}{b^2}+\dfrac{y^2}{a^2}=1$$

則

$$c=\sqrt{a^2-b^2}=3$$

$$e=\dfrac{c}{a}=\dfrac{3}{5}$$

解得 $a=5$，$b=4$，故所求橢圓方程式為 $\dfrac{x^2}{16}+\dfrac{y^2}{25}=1$．

例題 3 求中心為原點，一焦點為 $F(4, 0)$，長軸的長為 10 的橢圓方程式．

解 中心為原點，一焦點為 $F(4, 0)$，可得 $c=4$．長軸的長 $2a=10$，即 $a=5$．又 $a^2-b^2=c^2$，可得 $25-b^2=16$，$b^2=9$，故橢圓方程式為

$$\dfrac{x^2}{25}+\dfrac{y^2}{9}=1．$$

例題 4 已知橢圓之一正焦弦的兩端點為 $(\sqrt{6}, 1)$ 與 $(\sqrt{6}, -1)$，試求此橢圓的方程式．

解 一正焦弦的兩端點為 $(\sqrt{6}, 1)$ 與 $(\sqrt{6}, -1)$，如圖 4-18 所示，因而橢圓有一焦點為 $F(\sqrt{6}, 0)$，$c=\sqrt{6}$．

又正焦弦的長為 2，可知 $\dfrac{2b^2}{a}=2$．

圖 4-18

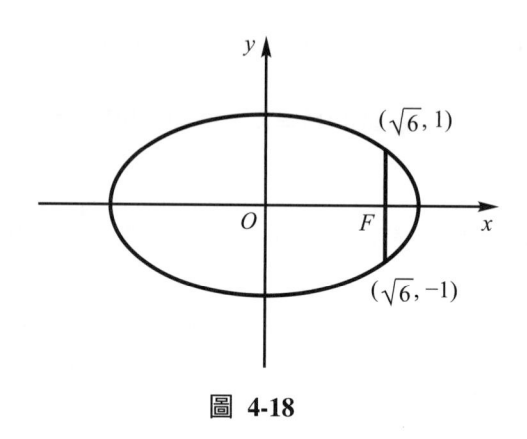

所以，
$$\begin{cases} a^2-b^2=6 & \text{①} \\ a=b^2 & \text{②} \end{cases}$$

將 ② 式代入 ① 式，得

$$a^2-a-6=0 \Rightarrow (a-3)(a+2)=0$$

但 $a>0$，因而 $a=3$，$b=\sqrt{3}$，故所求橢圓方程式為

$$\frac{x^2}{9}+\frac{y^2}{3}=1.$$

隨堂練習 5 設橢圓 $25x^2+49y^2=1225$ 的二焦點為 F 與 F'，點 P 為此橢圓上任意點，則 $\overline{PF}+\overline{PF'}$ 之值為何？

答案：14.

隨堂練習 6 若有一橢圓以原點為中心，其長軸的長是短軸長的 3 倍，焦點在 x-軸上，且通過點 $(5, 1)$，試求此橢圓方程式.

答案：$x^2+9y^2=34$.

習題 4-3

求下列各橢圓的焦點、頂點、長軸的長、短軸的長及正焦弦的長.

1. $x^2 + 4y^2 = 4$
2. $25x^2 = 225 - 9y^2$
3. $2x^2 = 1 - y^2$

求 4～9 題的橢圓 (以原點為中心) 方程式.

4. 一焦點為 (3, 0)，短軸的長為 8，長軸在 x-軸上，短軸在 y-軸上.

5. 一頂點為 (5, 0)，正焦弦的長為 $\frac{18}{5}$，長軸在 x-軸上，短軸在 y-軸上.

6. 兩焦點為 (±3, 0)，一頂點為 (5, 0).

7. 長軸的長為 16，正焦弦的長為 3，焦點在 y-軸上.

8. 短軸在 y-軸上，其長為 4，且通過點 (−3, 1).

9. 一正焦弦的兩端點為 $(\pm 2, 2\sqrt{6})$.

10. 若橢圓的兩焦點為 $(\pm 2\sqrt{3}, 0)$，且通過點 $(2, \sqrt{3})$，求其正焦弦的長.

11. 設橢圓 $\dfrac{x^2}{64} + \dfrac{y^2}{100} = 1$ 的兩焦點為 F、F'，點 P 為此橢圓上任意點，則 $\overline{PF} + \overline{PF'}$ 之值為何？

12. 設橢圓 $\dfrac{x^2}{a^2} + \dfrac{y^2}{b^2} = 1 \ (a > b > 0)$ 上一點 P，兩焦點為 F、F'，若 $\overline{FF'} = 10$，$\overline{PF} = 2\overline{PF'}$，且 $\angle FPF'$ 為直角，試求 a 與 b 之值.

13. 設 $\overline{AB}$ 是橢圓 $\dfrac{x^2}{t} + \dfrac{y^2}{9} = 1$ 的正焦弦，F 是一焦點，而 $\triangle ABF$ 的周長為 20，試求 t 之值.

14. 設 $F(3, 2)$、$F'(-5, 2)$、動點 P 滿足 $\overline{PF} + \overline{PF'} = 10$，試求 P 點之軌跡方程式.

>> 4-4 雙曲線方程式

我們所要介紹的最後一種圓錐曲線是**雙曲線**，雙曲線的定義是什麼呢？我們介紹如下：

定義 4-4

在同一個平面上，與兩定點之距離的差等於定數 $2a\ (a>0)$ 的所有點所成的圖形，稱為**雙曲線**，此兩定點稱為雙曲線的**焦點**。

取兩點 F 及 F' 的中點 O 為原點，直線 $F'F$ 為 x-軸，通過 O 且垂直於直線 $F'F$ 的直線為 y-軸，令 F 及 F' 的坐標分別為 $(c, 0)$ 及 $(-c, 0)$，則 $\overline{F'F} = 2c\ (c>0)$，如圖 4-19 所示.

設雙曲線上任一點為 $P(x, y)$，則依定義可得

$$|\overline{PF} - \overline{PF'}| = 2a\ (a>0)$$

$$\overline{PF} - \overline{PF'} = \pm 2a$$

$$\sqrt{(x-c)^2 + y^2} = \pm 2a + \sqrt{(x+c)^2 + y^2}$$

將上式等號兩端平方，

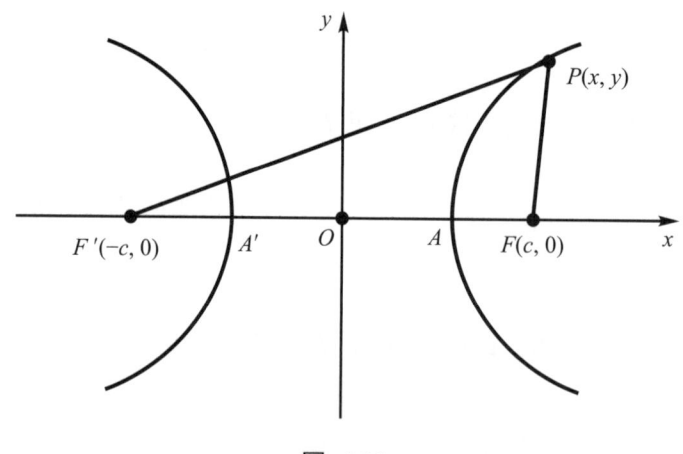

圖 4-19

$$x^2 - 2cx + c^2 + y^2 = 4a^2 \pm 4a\sqrt{(x+c)^2 + y^2} + x^2 + 2cx + c^2 + y^2$$

則
$$\mp a\sqrt{(x+c)^2 + y^2} = a^2 + cx$$

再將上式等號兩端平方，
$$c^2x^2 + 2a^2cx + a^4 = a^2[(x+c)^2 + y^2]$$

$$c^2x^2 + 2a^2cx + a^4 = a^2x^2 + 2a^2cx + a^2c^2 + a^2y^2$$

$$(c^2 - a^2)x^2 - a^2y^2 = a^2(c^2 - a^2) \tag{4-4-1}$$

因 $|\overline{PF} - \overline{PF'}| < \overline{F'F}$，可知 $2a < 2c$，即 $a < c$，故

$$c^2 - a^2 > 0$$

令
$$b^2 = c^2 - a^2 \quad (a > 0,\ b > 0)$$

代入式 (4-4-1)，可得
$$b^2x^2 - a^2y^2 = a^2b^2$$

即
$$\frac{x^2}{a^2} - \frac{y^2}{b^2} = 1 \tag{4-4-2}$$

故雙曲線的方程式為
$$\frac{x^2}{a^2} - \frac{y^2}{b^2} = 1 \quad (a > 0,\ b > 0).$$

依照方程式 (4-4-2) 的求法，如果取 $F(0, c)$ 與 $F'(0, -c)$ 為其焦點，則其方程式為

$$\frac{y^2}{a^2} - \frac{x^2}{b^2} = 1,\quad b^2 = c^2 - a^2. \tag{4-4-3}$$

今討論上述雙曲線的特性如下：

1. 截距

令 $y = 0$ 代入式 (4-4-2)，得 $x = \pm a$，此為 x-截距.

令 $x = 0$ 代入式 (4-4-2)，得 $y = \pm bi\ (i = \sqrt{-1})$，此表示它與 y-軸不相交.

2. 對稱性

將 (x, y) 換成 $(x, -y)$、$(-x, y)$、$(-x, -y)$，分別代入式 (4-4-2)，則方程式不變，故雙曲線對稱於 x-軸、y-軸與原點.

3. **範圍**

由 $\dfrac{x^2}{a^2}-\dfrac{y^2}{b^2}=1$ 解 y，得 $y=\pm\dfrac{b}{a}\sqrt{x^2-a^2}$．因 $x^2-a^2\geq 0$，故 $x\leq -a$ 或 $x\geq a$．

由 $\dfrac{x^2}{a^2}-\dfrac{y^2}{b^2}=1$ 解 x，得 $x=\pm\dfrac{a}{b}\sqrt{b^2+y^2}$，因此，不論 y 是任何實數，都有個對應的 x 值，使得點 (x, y) 在這個雙曲線上，故雙曲線在直線 $x=-a$ 的左方或在直線 $x=a$ 的右方，且上方及下方皆可無限延伸，如圖 4-20 所示，其中：

(1) $A(a, 0)$、$A'(-a, 0)$ 稱為此雙曲線的**頂點**.

(2) $\overline{AA'}$ 稱為此雙曲線的**貫軸**，其長為 $2a$.

(3) $\overline{BB'}$ 稱為此雙曲線的**共軛軸**，其長為 $2b$.

(4) 雙曲線的**對稱中心**，即貫軸與共軛軸的交點 O，稱為此雙曲線的**中心**.

(5) $e=\dfrac{c}{a}$ (>1) 稱為雙曲線的**離心率**.

綜合上述之討論，可得下面定理：

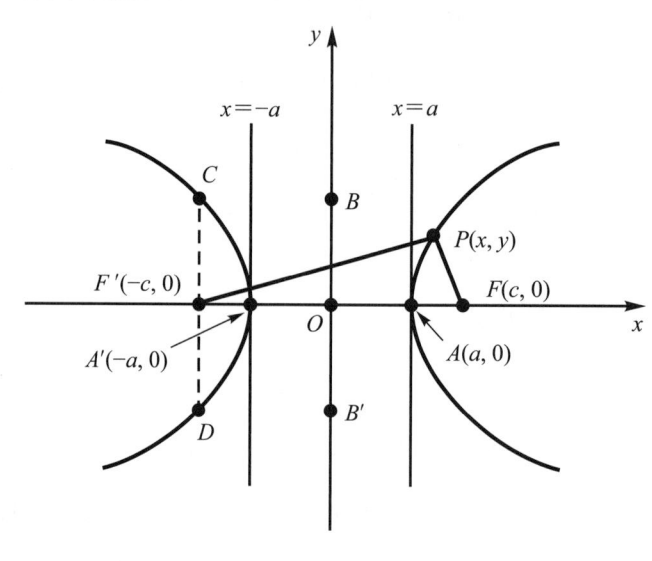

圖 4-20

定理 4-7

若雙曲線的中心為原點，兩焦點在 x-軸上，貫軸的長為 $2a$，共軛軸的長為 $2b$，則此雙曲線的方程式為

$$\frac{x^2}{a^2}-\frac{y^2}{b^2}=1 \ (a>0,\ b>0)$$

焦點坐標為 $(\pm c,\ 0)$，其中 $c=\sqrt{a^2+b^2}$。

同理，可推得下面定理：

定理 4-8

若雙曲線的中心為原點，兩焦點在 y-軸上，貫軸的長為 $2a$，共軛軸的長為 $2b$，則此雙曲線的方程式為

$$\frac{y^2}{a^2}-\frac{x^2}{b^2}=1 \ (a>0,\ b>0)$$

焦點坐標為 $(0,\ \pm c)$，其中 $c=\sqrt{a^2+b^2}$（見圖 4-21）。

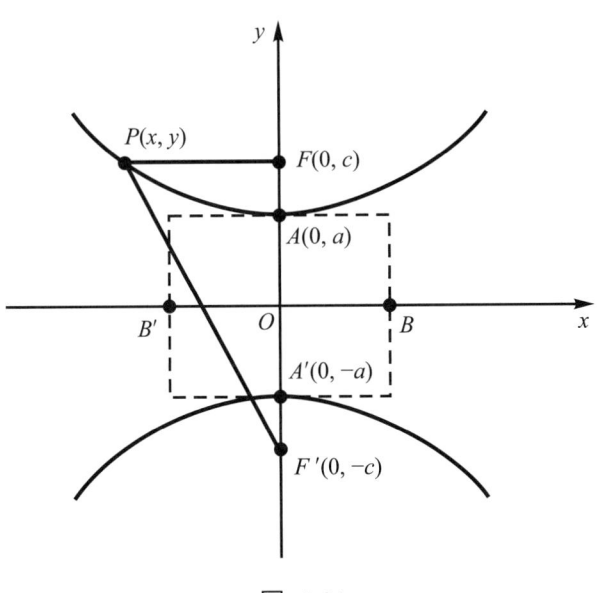

圖 4-21

上述兩定理中所給的方程式稱為雙曲線的**標準式**.

瞭解雙曲線的定義及標準式之後，我們再來討論有關雙曲線一些重要部位的名稱.

定義 4-5

連接雙曲線上任意兩點的線段稱為雙曲線的**弦**，通過焦點的弦稱為**焦弦**，與雙曲線貫軸垂直的弦稱為**正焦弦**，連接雙曲線上任意一點與焦點的線段稱為**焦半徑**.

如圖 4-22 所示，$\overline{CD}$ 是弦，$\overline{RS}$ 是焦弦，$\overline{HK}$ 是正焦弦，$\overline{LF}$ 是焦半徑.

在雙曲線方程式 $\dfrac{x^2}{a^2}-\dfrac{y^2}{b^2}=1$ 中，令 $x=c$，可得

$$\dfrac{y^2}{b^2}=\dfrac{c^2}{a^2}-1=\dfrac{1}{a^2}(c^2-a^2)$$

$$y=\pm\dfrac{a}{b}\sqrt{c^2-a^2}=\pm\dfrac{b^2}{a}$$

所以正焦弦 $\overline{HK}$ 的長為 $\dfrac{2b^2}{a}$. 同理可證，雙曲線 $\dfrac{y^2}{a^2}-\dfrac{x^2}{b^2}=1$ 的正焦弦的長為

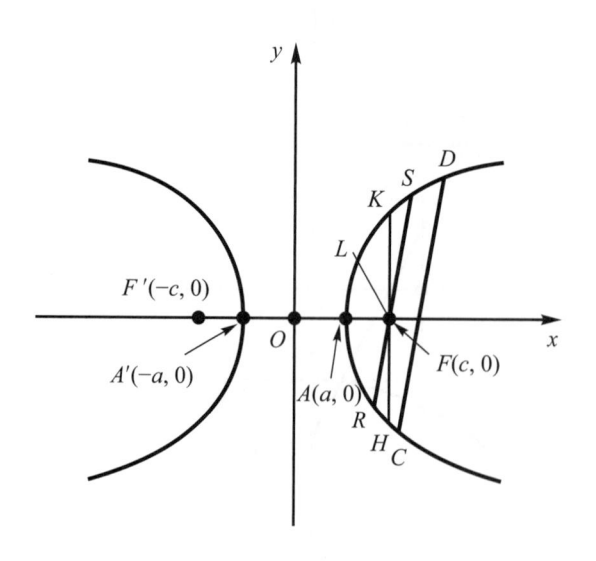

圖 4-22

$\dfrac{2b^2}{a}$．因此可得下面的定理：

定理 4-9

雙曲線 $\dfrac{x^2}{a^2}-\dfrac{y^2}{b^2}=1$ 與 $\dfrac{y^2}{a^2}-\dfrac{x^2}{b^2}=1$ $(a>0,\ b>0)$ 之正焦弦的長均為 $\dfrac{2b^2}{a}$．

例題 1 求雙曲線 $40x^2-9y^2=360$ 的頂點、焦點、貫軸與共軛軸的長、正焦弦的長，並作其圖形．

解 將 $40x^2-9y^2=360$ 寫成

$$\dfrac{x^2}{9}-\dfrac{y^2}{40}=1$$

所以，$a=3$，$b=\sqrt{40}=2\sqrt{10}$，

$c=\sqrt{a^2+b^2}=\sqrt{9+40}=7$

① 頂點：$A(3,\ 0)$、$A'(-3,\ 0)$．
② 焦點：$F(7,\ 0)$、$F'(-7,\ 0)$．
③ 貫軸的長 $=2a=6$．
④ 共軛軸的長 $=2b=4\sqrt{10}$．
⑤ 正焦弦的長 $=\dfrac{2b^2}{a}=\dfrac{80}{3}$．

圖形如圖 4-23 所示．

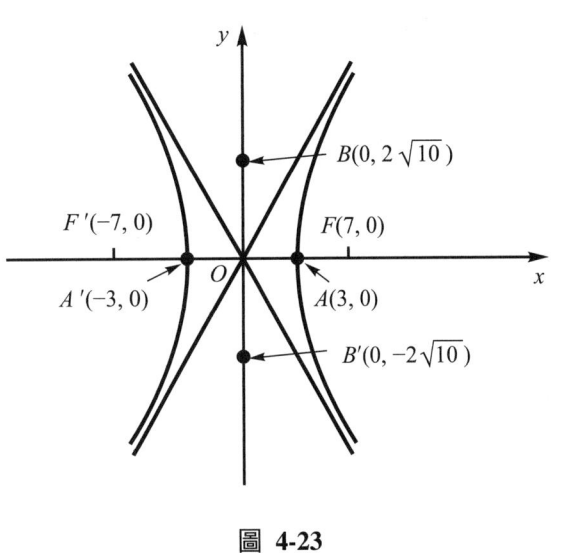

圖 4-23

隨堂練習 7 試求雙曲線 $49y^2-25x^2=1225$ 的頂點、焦點、貫軸與共軛軸的長、正焦弦的長，並作其圖形．

答案：① 頂點：$A(0,\ 5)$，$A'(0,\ -5)$． ② 焦點：$F(0,\ \sqrt{74})$，$F'(0,\ -\sqrt{74})$．
③ 貫軸的長 $=10$． ④ 共軛軸的長 $=14$．
⑤ 正焦弦的長 $=\dfrac{98}{5}$．

例題 2 一雙曲線的兩焦點為 (0, 3) 及 (0, -3), 頂點為 (0, 1), 試求此雙曲線的方程式.

解 兩焦點為 (0, 3) 及 (0, -3), 則雙曲線的中心為原點, 貫軸為 y-軸. 設雙曲線為

$$\frac{y^2}{a^2} - \frac{x^2}{b^2} = 1 \ (a > 0, \ b > 0)$$

又 $a = 1$, $c = 3$, 可得

$$b^2 = c^2 - a^2 = 9 - 1 = 8$$

故所求雙曲線方程式為 $\frac{y^2}{1} - \frac{x^2}{8} = 1$.

例題 3 一雙曲線的中心在原點, 貫軸在 x-軸上, 正焦弦的長為 18, 兩焦點之間的距離為 12, 求此雙曲線的方程式.

解 貫軸在 x-軸上, 故設雙曲線為

$$\frac{x^2}{a^2} - \frac{y^2}{b^2} = 1$$

兩焦點之間的距離為 12, 則 $2c = 12$, 即 $c = 6$.

又 $$a^2 + b^2 = c^2 = 36 \quad \cdots\cdots ①$$

正焦弦的長為 18, 則 $\frac{2b^2}{a} = 18$, 故

$$b^2 = 9a \quad \cdots\cdots ②$$

將 ② 式代入 ① 式, 可得

$$a^2 + 9a - 36 = 0$$
$$(a + 12)(a - 3) = 0$$

但 $a > 0$, 因而 $a = 3$, $b^2 = 27$.

故所求雙曲線方程式為 $\frac{x^2}{9} - \frac{y^2}{27} = 1$.

隨堂練習 8 ✎　若有一雙曲線其中心為原點，焦點在 y-軸上，兩焦點的距離為 $2\sqrt{15}$，正焦弦之長為 4，試求此雙曲線的方程式．

答案：$\dfrac{y^2}{9}-\dfrac{x^2}{6}=1$．

雙曲線、拋物線與橢圓雖均為圓錐曲線，但雙曲線尚有一個特殊性質：雙曲線有**漸近線**．

定義 4-6 ↵

設有一直線 L 及一曲線 C，若 C 在無限遠處非常接近於 L，則這樣的直線 L 就稱為曲線 C 的漸近線．

定義 4-6 的幾何說明如圖 4-24 所示．

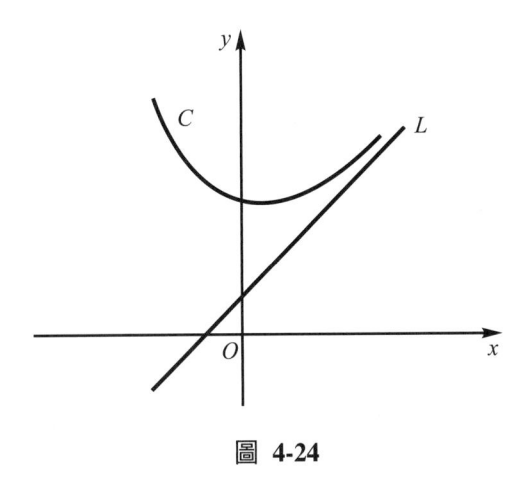

圖 4-24

設 $P_1(x_1, y_1)$ 是雙曲線 $\dfrac{x^2}{a^2}-\dfrac{y^2}{b^2}=1$ 上的一點，則得 $b^2 x_1^2 - a^2 y_1^2 = a^2 b^2$．

將此式改寫成

$$(bx_1-ay_1)(bx_1+ay_1)=a^2b^2$$
$$\Rightarrow \sqrt{(bx_1-ay_1)^2}\sqrt{(bx_1+ay_1)^2}=a^2b^2$$

則
$$|bx_1-ay_1||bx_1+ay_1|=a^2b^2$$

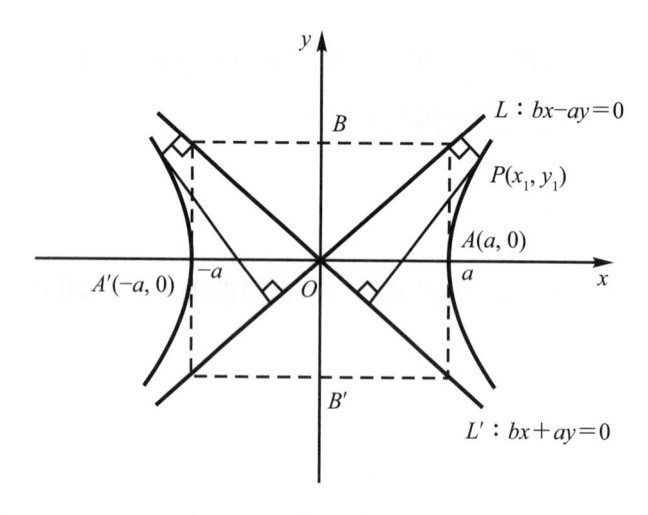

$$\left(\frac{|bx_1-ay_1|}{\sqrt{a^2+b^2}}\right)\left(\frac{|bx_1+ay_1|}{\sqrt{a^2+b^2}}\right)=\frac{a^2b^2}{a^2+b^2}=\frac{a^2b^2}{c^2} \text{ (定值)} \qquad (4\text{-}4\text{-}4)$$

今考慮直線 $L：bx-ay=0$ 及直線 $L'：bx+ay=0$，則在式 (4-4-4) 中，$\dfrac{|bx_1-ay_1|}{\sqrt{a^2+b^2}}=d(P, L)$ 表 P 點至直線 L 的距離，$\dfrac{|bx_1+ay_1|}{\sqrt{a^2+b^2}}=d(P, L')$ 表 P 點至直線 L' 的距離，如圖 4-25 所示．

因此，式 (4-4-4) 可寫成

$$d(P, L)\times d(P, L')=\frac{a^2b^2}{c^2} \text{ (定值)} \qquad (4\text{-}4\text{-}5)$$

式 (4-4-5) 表示：雙曲線 $\dfrac{x^2}{a^2}-\dfrac{y^2}{b^2}=1$ 上每個點至直線 L 與 L' 的距離的乘積等於定值 $\dfrac{a^2b^2}{c^2}$．兩距離的乘積既是定值，則當其中一距離趨近於 ∞ 時，另一距離必趨近於零．又因為雙曲線在四個象限內可無限延伸，所以，當 $d(P, L)\to\infty$ 時，$d(P, L')\to 0$，故 $L'：bx+ay=0$ 為漸近線．同理，當 $d(P, L')\to\infty$ 時，$d(P, L)\to 0$，故 $L：bx-ay=0$ 為漸近線．

註：符號 ∞ 表無窮大，非實數.

綜合以上討論，可得下面的定理：

定理 4-10

雙曲線 $\dfrac{x^2}{a^2}-\dfrac{y^2}{b^2}=1\ (a>0,\ b>0)$ 有二條漸近線，其方程式為

$$bx-ay=0 \ \text{與}\ bx+ay=0.$$

例題 4 求 $\dfrac{x^2}{9}-\dfrac{y^2}{16}=1$ 的漸近線方程式.

解 $\dfrac{x^2}{9}-\dfrac{y^2}{16}=0 \Rightarrow 16x^2-9y^2=0 \Rightarrow (4x-3y)(4x+3y)=0$

故漸近線方程式為 $4x-3y=0$ 與 $4x+3y=0$.

例題 5 若雙曲線的中心在原點，貫軸在 x-軸上，其長為 8，一漸近線的斜率為 $\dfrac{3}{4}$，求此雙曲線的方程式.

解 設雙曲線為 $\dfrac{x^2}{a^2}-\dfrac{y^2}{b^2}=1$，則 $2a=8$，即 $a=4$.

又二漸近線為 $bx-ay=0$ 與 $bx+ay=0$，其斜率分別為 $\dfrac{b}{a}$ 及 $-\dfrac{b}{a}$，故 $\dfrac{b}{a}=\dfrac{3}{4}$. 由 $a=4$，可得 $b=3$，故雙曲線方程式為

$$\dfrac{x^2}{16}-\dfrac{y^2}{9}=1.$$

隨堂練習 9 若有一雙曲線其一焦點為 $(0,-5)$，二條漸近線分別為 $4x+3y=0$ 與 $4x-3y=0$，試求此雙曲線的方程式.

答案：$\dfrac{y^2}{16}-\dfrac{x^2}{9}=1.$

數學 (二)

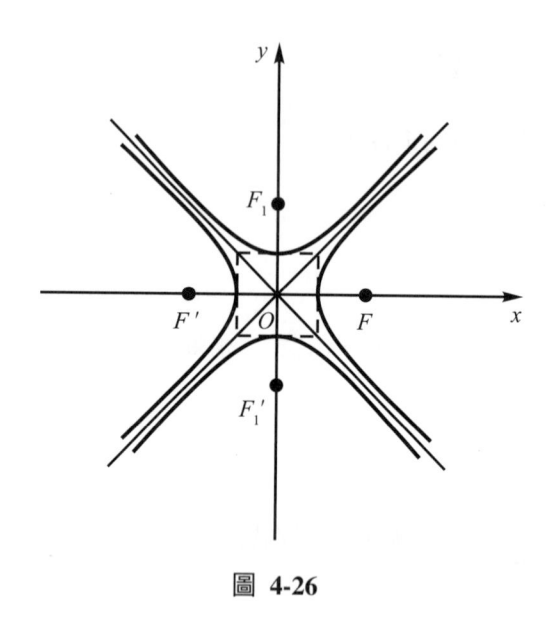

圖 4-26

若一雙曲線的貫軸與共軛軸，分別為另一雙曲線的共軛軸與貫軸，則此兩雙曲線互稱為**共軛雙曲線**. 例如,

$$\frac{x^2}{a^2}-\frac{y^2}{b^2}=1 \qquad (4\text{-}4\text{-}6)$$

與

$$\frac{y^2}{b^2}-\frac{x^2}{a^2}=1 \qquad (4\text{-}4\text{-}7)$$

互稱為**共軛雙曲線**.

由式 (4-4-6) 與 (4-4-7) 可知，共軛雙曲線有下列的性質：

1. 兩共軛雙曲線有相同的中心.

2. 兩共軛雙曲線有相同的漸近線.

3. 兩共軛雙曲線的焦點與中心的距離相等.

如圖 4-26 所示.

例題 6 求 $\dfrac{x^2}{16}-\dfrac{y^2}{9}=1$ 的共軛雙曲線.

解 所求的共軛雙曲線為

$$\frac{y^2}{9} - \frac{x^2}{16} = 1$$

若一雙曲線的貫軸與共軛軸相等，則這種雙曲線稱為**等軸雙曲線**，例如，

$$\frac{x^2}{a^2} - \frac{y^2}{a^2} = 1 \quad \text{或} \quad x^2 - y^2 = a^2$$

是一等軸雙曲線，其二漸近線是 $x-y=0$ 與 $x+y=0$，它們互相垂直．

例題 7 下列的雙曲線是否為等軸雙曲線？

(1) $3x^2 - 4y^2 = 12$ (2) $3x^2 - y^2 = 2$

解 (1) $3x^2 - 4y^2 = 12 \Rightarrow \dfrac{x^2}{2^2} - \dfrac{y^2}{(\sqrt{3})^2} = 1$

$a=2$，$b=\sqrt{3}$，因 $a \neq b$，故非等軸雙曲線．

(2) $3x^2 - y^2 = 2 \Rightarrow \dfrac{x^2}{\frac{2}{3}} - \dfrac{y^2}{2} = 1 \Rightarrow \dfrac{x^2}{\left(\sqrt{\frac{2}{3}}\right)^2} - \dfrac{y^2}{(\sqrt{2})^2} = 1$

$a = \sqrt{\dfrac{2}{3}}$，$b = \sqrt{2}$，因 $a \neq b$，故非等軸雙曲線．

隨堂練習 10 下列的雙曲線是否為等軸雙曲線？

(1) $3x^2 - 3y^2 = 1$ (2) $x^2 - y^2 = 4$

答案：(1) 為等軸雙曲線． (2) 為等軸雙曲線．

習題 4-4

1. 求下列雙曲線的中心、頂點、焦點、貫軸的長、共軛軸的長、正焦弦的長及離心

率，並作其圖形．

(1) $4x^2-9y^2-36=0$

(2) $9x^2-16y^2+144=0$

求 2～6 題的雙曲線方程式．

2. 兩焦點為 $F(0, 13)$ 及 $F'(0, -13)$，貫軸的長為 10．

3. 中心在原點，共軛軸在 x-軸上，貫軸的長為 14，正焦弦的長為 6．

4. 中心在原點，貫軸在 y-軸上，且通過兩點 $(0, 4)$ 及 $(6, 5)$．

5. 通過 $(5, 4)$，且兩焦點為 $(3, 0)$ 及 $(-3, 0)$．

6. 中心在原點，焦點在 x-軸上，通過頂點的兩焦半徑之長分別為 9 與 1．

7. 試求雙曲線 $4x^2-9y^2=36$ 的漸近線．

8. 已知雙曲線的一頂點為 $(2, 0)$，二條漸近線為 $3x+y=0$ 與 $3x-y=0$，求其方程式．

9. 設 $F(5, 0)$、$F'(-5, 0)$ 及 $P(x, y)$ 為平面上之點，且 $|\overline{PF}-\overline{PF'}|=6$，試由雙曲線之定義導出 P 點的軌跡方程式．

10. 設一雙曲線的中心在原點，貫軸在 x-軸上，且通過 $P(4, 2\sqrt{3})$，若 P 至此雙曲線的二漸近線距離之積為 $\dfrac{24}{5}$，試求此雙曲線的方程式．

11. 設 F、F' 為雙曲線 $\dfrac{x^2}{64}-\dfrac{y^2}{100}=-1$ 的二焦點，P 為雙曲線上任意點，則 $|\overline{PF}-\overline{PF'}|=$ ？

12. 方程式 $ay^2=x^2-bx$ 表一雙曲線，且二焦點的距離為 $2\sqrt{3}$，貫軸長為共軛軸長的二倍，試求 a、b 之值．

13. 設一雙曲線之中心為原點，焦點在 y-軸上，過頂點的二焦半徑長分別為 9、1，試求此雙曲線方程式．

14. 試求下列各雙曲線的漸近線方程式．

(1) $xy=3$ (2) $xy-2x+3y-1=0$ (3) $xy=2x+3y$

15. 設一雙曲線之一頂點為 $(0, 2)$，二漸近線為 $2x+3y=0$，$2x-3y=0$，試求此雙曲線的方程式．

5

數列與級數

本章學習目標

- 有限數列
- 有限級數
- 特殊有限級數求和法
- 無窮數列
- 無窮級數

5-1 有限數列

一、數　列

如果我們將某班同學期中考試各科之平均成績按照座號抄列如下：

$$80,\ 82,\ 74,\ 92,\ 68,\ 91,\ \cdots$$

則這一連串之數字即是所謂的**數列**，通常我們用

$$a_1,\ a_2,\ a_3,\ \cdots,\ a_n$$

來表示數列，其中 $a_1,\ a_2,\ a_3,\ \cdots,\ a_n$，都稱為此數列的**項**，並分別稱為第 1 項，第 2 項，$\cdots$，第 n 項；其中第 1 項與第 n 項又分別稱為**首項**與**末項**，當 n 為有限數時，則稱此數列為**有限數列**。

嚴格來說，有限數列是指以自然數（或其部分集合）為定義域的一個函數。例如，函數

$$a: k \to a_k, \quad k = 1,\ 2,\ 3,\ \cdots,\ n$$

是由

$$a: k \to k^2 + 1$$

所定義，則此函數將自然數與實數形成下面的對應：

$$a: 1 \to 1^2 + 1 = 2 = a_1$$
$$a: 2 \to 2^2 + 1 = 5 = a_2$$
$$a: 3 \to 3^2 + 1 = 10 = a_3$$
$$\vdots$$
$$a: n \to n^2 + 1 = a_n$$

此函數 $a: k \to a_k$，$k = 1,\ 2,\ \cdots,\ n$ 即是所謂的有限數列，或者說，依此方式所得到的一連串數字

$$2,\ 5,\ 10,\ \cdots,\ n^2 + 1$$

即是所謂的有限數列，它可記為

$$\{k^2 + 1\}_{k=1}^{n}$$

若已知一數列組成的規則，或根據一數列的已知項，尋得它的規則，則可依此規則，求得此數列的每一項.

例如，數列 $\left\{\dfrac{k+1}{3k+2}\right\}_{k=1}^{n}$ 之前 4 項為

$$a_1=\dfrac{2}{5},\ a_2=\dfrac{3}{8},\ a_3=\dfrac{4}{11},\ a_4=\dfrac{5}{14}$$

但有時，一數列的規則並不明顯，也不能根據它的已知的項，尋出它的規則，例如，

$$\dfrac{1}{2},\ \dfrac{6}{5},\ \dfrac{3}{8},\ \dfrac{4}{7},\ \dfrac{3}{10},\ \cdots$$

因此，讀者應特別注意，在數列的表示法中，a_n 為數列之**通項**，但如果不能尋找出數列之規則，a_n 就不表示通項，即不能表示任何一項，它只能表示第 n 項 (n 為一固定數).

例題 1 求數列 $\left\{\dfrac{k+1}{k^2+1}\right\}_{k=1}^{n}$ 的前 6 項.

解 分別將 $k=1$，2，3，4，5，6 代入，即得

$$a_1=\dfrac{2}{2}=1,\ a_2=\dfrac{3}{5},\ a_3=\dfrac{4}{10},\ a_4=\dfrac{5}{17},\ a_5=\dfrac{6}{26},\ a_6=\dfrac{7}{37}.$$

例題 2 設 $f(k)=k^2-3k+2$，$f(k+1)-f(k)=g(k)$，求 $\{g(k)\}_{k=1}^{n}$ 的前 3 項與通項.

解 因 $f(k)=k^2-3k+2$

故 $f(k+1)=(k+1)^2-3(k+1)+2=k^2-k$

$g(k)=f(k+1)-f(k)=k^2-k-k^2+3k-2=2(k-1)$

分別以 $k=1$，2，3，$\cdots$，n 代入上式，即得

$g(1)=2(1-1)=0$ 第 1 項

$g(2)=2(2-1)=2$ 第 2 項

$g(3)=2(3-1)=4$ 第 3 項

$$\vdots \qquad\qquad \vdots$$
$$g(n)=2(n-1) \qquad\qquad 第\ n\ 項即通項$$

例題 3 試求下列有限數列之通項.

$$1^2\times 51,\ 2^2\times 49,\ 3^2\times 47,\ \cdots,\ 21^2\times 11$$

解 令 $a_1=51,\ a_2=49,\ a_3=47,\ \cdots,\ a_{21}=11$,

則 $a_k=51+(k-1)(-2)=53-2k$

故通項為 $a_n=n^2(53-2n),\ n=1,\ 2,\ 3,\ \cdots,\ 21$.

隨堂練習 1 根據數列 $\left\{\dfrac{2k}{k+2}\right\}_{k=1}^{n}$ 的一般項公式，寫出前 5 項.

答案：$\dfrac{2}{3},\ \dfrac{4}{4},\ \dfrac{6}{5},\ \dfrac{8}{6},\ \dfrac{10}{7}$.

隨堂練習 2 試求有限數列 $1,\ -\dfrac{1}{3},\ \dfrac{1}{5},\ -\dfrac{1}{7}$ 之通項.

答案：$a_n=(-1)^{n-1}\cdot\dfrac{1}{2n-1}$.

二、等差數列

若一個 n 項的有限數列

$$a_1,\ a_2,\ a_3,\ \cdots,\ a_n$$

除首項外，它的任意一項 a_{k+1} 與其前一項 a_k 的差，恆為一常數 d，即

$$a_{k+1}-a_k=d$$

或 $$a_{k+1}=a_k+d \quad (1\leq k\leq n)$$

則稱此數列為**等差數列**，也稱為**算術數列**，通常以符號 A.P. 表示，其中常數 d 稱為**公差**. 例如，數列

1. $1,\ 3,\ 5,\ 7,\ 9,\ 11,\ \cdots,\ (2n-1)$

2. $20, 11, 2, -7, -16, -25, \cdots, (-9n+29)$

數列 **1.** 中，除首項"1"外，其中任意一項與其前一項的差是

$$3-1=2$$
$$5-3=2$$
$$7-5=2$$
$$9-7=2$$
$$\cdots\cdots$$

其中的差都是 2，故知此數列為一等差數列，公差是 2，首項是 1，通項是 $(2n-1)$.

數列 **2.** 中，除首項"20"外，其中任意一項與其前一項的差是

$$11-20=-9$$
$$2-11=-9$$
$$-7-2=-9$$
$$\cdots\cdots$$

其中的差都是 -9，故知此數列是一等差數列，公差是 -9，首項是 20，通項是 $-9n+29$.

若一個 n 項的等差數列

$$a_1, a_2, a_3, a_4, \cdots, a_n$$

的公差是 d，首項 $a_1=a$，則

$$a_1=a$$
$$a_2=a_1+d=a+d$$
$$a_3=a_2+d=a+d+d=a+2d$$
$$a_4=a_3+d=a+2d+d=a+3d$$
$$\cdots\cdots$$

由觀察不難發現此等差數列第 1 項，第 2 項，第 3 項，…，其中公差 d 的係數依序增加 1，但恆比它所在的項數少 1，故若用 l_n 表示第 n 項 a_n，則可寫成

$$l_n=a+(n-1)d \tag{5-1-1}$$

式 (5-1-1) 即是等差數列的通項，也就是等差數列的規則，由此，若等差數列的首項是 a，公差是 d，則它的一般形式可寫成

$$a, a+d, a+2d, a+3d, \cdots, a+(n-1)d$$

對一個等差數列，若

1. 已知首項 a 與公差 d，則可由式 (5-1-1) 計算出此等差數列的任意一項．

2. 已知任意兩項，設第 r 項是 p，第 s 項是 q，則由式 (5-1-1) 可得

$$\begin{cases} p=a+(r-1)d \\ q=a+(s-1)d \end{cases}$$

解此方程組，可求得首項 a 與公差 d，因此，可決定此數列的任意一項．

例題 4 設某等差數列的首項是 3，公差是 5，求它的第 20 項與通項．

解 首項 $a=3$，公差 $d=5$，則第 20 項是

$$l_{20}=3+(20-1)\times 5=3+95=98$$

通項是

$$l_n=3+(n-1)\times 5=5n-2.$$

例題 5 在自然數 1 到 100 之間，不能被 2 與 3 整除的自然數有多少個？

解 數列 1, 2, 3, 4, 5, 6, $\cdots$, 100 中，不能被 2 整除的有

$$1, 3, 5, 7, 9, 11, 13, 15, \cdots, 95, 97, 99$$

此數列中，不能被 3 整除的有

$$1, 5, 7, 11, 13, 17, \cdots, 95, 97$$

上面這個數列，沒有一個規則，但若把它分成兩個數列：

$$1, 7, 13, 19, 25, \cdots, 97$$
$$5, 11, 17, 23, 29, \cdots, 95$$

則每一個數列都是等差數列，它們的公差都是 6，故有

$$l_m=1+(m-1)\times 6=97$$

$$l_n = 5 + (n-1) \times 6 = 95$$

分別解上面二方程式，得 $m=17$, $n=16$.

故知自然數由 1 到 100 之間，不能被 2 與 3 整除的共有 $17+16=33$ 個.

隨堂練習 3 若有一等差數列的第 10 項為 15，第 20 項為 45，求公差 d 及 a_{30}.

答案：$d=3$, $a_{30}=75$.

三、調和數列

已知一個 n 項的數列

$$a_1, a_2, a_3, \cdots, a_n$$

而且每一項皆不為 0，若 $\dfrac{1}{a_1}, \dfrac{1}{a_2}, \dfrac{1}{a_3}, \cdots, \dfrac{1}{a_n}$ 成等差數列，則稱數列 $a_1, a_2, a_3, \cdots, a_n$ 為**調和數列**，常以符號 H.P. 表示．例如，數列

$$1, \frac{1}{3}, \frac{1}{5}, \frac{1}{7}, \frac{1}{9}, \cdots$$

$$\frac{1}{20}, \frac{1}{11}, \frac{1}{2}, \frac{-1}{7}, \cdots$$

都是調和數列．

例題 6 已知一數列 $\dfrac{1}{5}, \dfrac{3}{14}, \dfrac{3}{13}, \dfrac{1}{4}, \dfrac{3}{11}, \cdots, \dfrac{3}{2}, 3$.

(1) 說明此數列為調和數列的理由．

(2) 求此數列的第 n 項．

解 (1) 將數列 $\dfrac{1}{5}, \dfrac{3}{14}, \dfrac{3}{13}, \dfrac{1}{4}, \dfrac{3}{11}, \cdots, \dfrac{3}{2}, 3$ 的各項予以顛倒，

可得新數列如下：

$$5, \frac{14}{3}, \frac{13}{3}, 4, \frac{11}{3}, \cdots, \frac{2}{3}, \frac{1}{3}$$

而此數列為一等差數列，公差為 $-\dfrac{1}{3}$，故原數列為調和數列.

(2) 原數列 $\dfrac{1}{5}$, $\dfrac{3}{14}$, $\dfrac{3}{13}$, $\dfrac{1}{4}$, …, $\dfrac{3}{2}$, 3 成 H.P.

新數列 5, $\dfrac{14}{3}$, $\dfrac{13}{3}$, 4, …, $\dfrac{2}{3}$, $\dfrac{1}{3}$ 成 A.P.

此新數列的第 n 項為

$$a_n = a_1 + (n-1)d = 5 + (n-1)\left(-\dfrac{1}{3}\right) = \dfrac{16-n}{3}$$

故原數列的第 n 項為 $\dfrac{3}{16-n}$.

隨堂練習 4 已知 1, m, 4, n 是調和數列，求 m、n 之值.

答案：$m = \dfrac{8}{5}$, $n = -8$.

四、等比數列

已知一個 n 項的數列，

$$a_1, a_2, a_3, …, a_n$$

其中每一項都不是 0，除首項外，它的任意一項 a_{k+1} 與其前一項 a_k 的比值，恆為一常數 r，即

$$\dfrac{a_{k+1}}{a_k} = r$$

或

$$a_{k+1} = ra_k \quad (1 \leq k < n)$$

則稱此數列為**等比數列**，也稱為**幾何數列**，通常以符號 G.P. 表示，其中常數 r 稱為**公比**. 例如，數列

$$\dfrac{1}{2}, \dfrac{1}{3}, \dfrac{2}{9}, \dfrac{4}{27}, …, \dfrac{1}{2}\left(\dfrac{2}{3}\right)^{n-1}$$

上述數列，除首項 "$\frac{1}{2}$" 外，其中任意一項與其前一項之比為

$$\frac{1}{3}:\frac{1}{2}=2:3,\quad \frac{2}{9}:\frac{1}{3}=2:3,\quad \frac{4}{27}:\frac{2}{9}=2:3,\quad \cdots$$

故知此數列為等比數列，它的公比是 $\frac{2}{3}$，首項是 $\frac{1}{2}$，通項是 $\frac{1}{2}\left(\frac{2}{3}\right)^{n-1}$，共有 n 項.

若一個 n 項的等比數列

$$a_1,\ a_2,\ a_3,\ \cdots,\ a_n\ (a_k\neq 0,\ k=1,\ 2,\ 3,\ \cdots,\ n)$$

的公比是 $r\neq 0$，首項 $a_1=a\neq 0$，則

$$\begin{aligned}a_1&=a=ar^0,\\ a_2&=a_1r=ar^1,\\ a_3&=a_2r=ar^2,\\ a_4&=a_3r=ar^3,\\ &\cdots\cdots\cdots\end{aligned}$$

觀察此等比數列的第 1 項，第 2 項，第 3 項，第 4 項，…，其中公比 r 的指數依序增加 1，但恆比它所在的項數少 1，故若用 l_n 表示第 n 項 a_n，則可寫成

$$l_n=ar^{n-1} \tag{5-1-2}$$

對一個等比數列，若

1. 已知首項 a 與公比 r，則可由式 (5-1-2) 計算出此等比數列的任意一項.
2. 已知任意兩項，設第 k 項為 p，第 h 項為 q，$k<h$，則由式 (5-1-2) 可得

$$\begin{cases}p=ar^{k-1}\\ q=ar^{h-1}\end{cases}$$

解此方程組，常可求得首項 a 與公比 r，因而，可決定此數列的任意一項.

例題 7 設有一等比數列，其首項是 $\sqrt{2}$，公比是 $\sqrt{3}$，求其第 30 項與通項.

解 首項 $a=\sqrt{2}$，公比 $r=\sqrt{3}$，則

$$l_{30}=\sqrt{2}\,(\sqrt{3})^{30-1}=\sqrt{2}\,(\sqrt{3})^{29}$$

通項是 $l_n=\sqrt{2}\,(\sqrt{3})^{n-1}$.

隨堂練習 5 ✎ 已知一等比數列的第 3 項為 9，第 7 項為 $\dfrac{1}{9}$，求其第 10 項.

答案：$a_{10}=\dfrac{1}{243}$ 或 $-\dfrac{1}{243}$.

五、中項問題的計算

1. 等差中項

在兩數 a、b 之間，插入一數 A，使 a、A、b 三數成等差數列，則 A 為 a、b 的等差中項，即

$$A-a=b-A \Rightarrow A=\dfrac{a+b}{2}.$$

2. 調和中項

若任意三數成調和數列，則其中間的數，稱為其餘兩數的調和中項.

在兩數 a、b 之間，插入一數 H，使 a、H、b 成調和數列，則 H 為 a、b 的調和中項，即

$$\dfrac{1}{H}-\dfrac{1}{a}=\dfrac{1}{b}-\dfrac{1}{H} \Rightarrow H=\dfrac{2ab}{a+b}.$$

3. 等比中項

若在兩數之間，插入一個數，使此三數成等比數列，則插入的數稱為原兩數的**等比中項**.

在兩數 a、b 之間 $(ab>0)$，插入一數 G，使 a、G、b 成等比數列，則 G 為 a、b 的等比中項，即

$$G:a=b:G \Rightarrow G^2=ab \Rightarrow G=\pm\sqrt{ab}$$

因此，a 與 b 之等比中項為 $\sqrt{ab}$ 與 $-\sqrt{ab}$，其中 $\sqrt{ab}$ 也稱為 a 與 b 的幾何平均數.

例題 8 設 b 為 a、c 的等差中項，a 為 b 與 c 的等比中項，求 $a:b:c$（但 $a \neq b$，$b \neq c$）．

解 由題意得知，

$$\begin{cases} b = \dfrac{a+c}{2} & \cdots\cdots \text{①} \\ a^2 = bc & \cdots\cdots \text{②} \end{cases}$$

由 ①、② 消去 c，得

$$a^2 = b(2b-a) \Rightarrow a^2 + ab - 2b^2 = 0 \Rightarrow (a+2b)(a-b) = 0$$

但 $a \neq b$，可知 $a + 2b = 0$，故 $a = -2b$，$c = 4b$．

因此，$a:b:c = -2:1:4$．

隨堂練習 6 已知 a、b 兩數之等差中項為 4，調和中項為 $\dfrac{15}{4}$，求 a、b 兩數．

答案：$a=5$，$b=3$ 或 $a=3$，$b=5$．

習題 5-1

1. 求下列數列的前 5 項．
   (1) $\{1-(-1)^k\}_{k=1}^n$
   (2) $\{\sqrt{k+1}\}_{k=1}^n$
   (3) $\left\{\dfrac{3k-2}{2k+1}\right\}_{k=1}^n$

2. 試寫出下列遞迴數列的前 4 項．
   (1) $a_1 = -3$，$a_{k+1} = (-1)^{k+1} \cdot (2a_k)$，$k$ 為自然數．
   (2) $a_1 = 2$，$a_{k+1} = 2k + a_k$，k 為自然數．

3. 設數列 $\{a_n\}$，$a_1 = 3$，$2a_{n+1}a_n + 4a_{n+1} - a_n = 0$，試求 a_2，a_3，a_4．

4. 試寫出下列數列的一般項 a_n，n 為自然數．
   (1) -1，4，-9，16，-25，36，$\cdots$
   (2) -2，4，-8，16，-32，64，$\cdots$

(3) $1, \sqrt{3}, \sqrt{5}, \sqrt{7}, \sqrt{9}, \sqrt{11}, \cdots$

(4) $1, 6, 11, 16, 21, \cdots$

5. 已知 $2, m, 8, n$ 為等差數列，求 m、n 之值.

6. 一等差數列之前兩項 $a_1=5$、$a_2=8$，求此數列的第 4 項 a_4、第 11 項 a_{11} 與一般項 a_n.

7. 試判別下列數列是否為等比數列，如果是，則求其公比.

(1) $1, -\dfrac{1}{2}, \dfrac{1}{4}, -\dfrac{1}{8}, \cdots$

(2) $1\dfrac{1}{2}, 4\dfrac{1}{2}, 13\dfrac{1}{2}, 40\dfrac{1}{2}, \cdots$

(3) $7, 1, \dfrac{1}{7}, \dfrac{1}{49}, \dfrac{1}{343}, \cdots$

(4) $1, 3, 9, 15, 18, 21, 24, \cdots$

8. 已知 $2, m, 4, n$ 為等比數列，求 m、n 之值.

9. 已知一等比數列 $\{a_k\}_{k=1}^{n}$ 的第 3 項 $a_3=3$，第 5 項 $a_5=12$，求此數列的第 6 項 a_6.

10. 設 a, x, y, b 為等差數列，a, u, v, b 為調和數列，試證 $xv=yu=ab$.

▶▶ 5-2 有限級數

已知 n 項的數列

$$a_1, a_2, a_3, \cdots, a_n \tag{5-2-1}$$

其中的每一項都是實數，若以符號 "+" 將此 n 項依次連結起來，寫成下式

$$a_1+a_2+a_3+\cdots+a_n \tag{5-2-2}$$

式 (5-2-2) 稱為對應於有限數列 $\{a_k\}_{k=1}^{n}$ 的**有限級數**，此有限級數可用符號 "$\sum\limits_{k=1}^{n} a_k$" 表示，亦即：

$$\sum_{k=1}^{n} a_k = a_1+a_2+a_3+\cdots+a_n \tag{5-2-3}$$

其中 a_k 表有限級數之第 k 項，符號 "$\sum$" (發音 sigma) 稱為連加符號，$k \in N$，連加符號下面的 $k=1$ 是表示自 1 開始依次連加到連加號上面的 n 為止.

例題 1 試用 "$\sum$" 符號表示下列各級數：

(1) $\dfrac{1}{3\times 4\times 5}+\dfrac{1}{4\times 5\times 6}+\dfrac{1}{5\times 6\times 7}+\cdots+\dfrac{1}{20\times 21\times 22}$

(2) $1\times 100+2\times 99+3\times 98+\cdots+99\times 2+100\times 1$

解 (1) 級數之第 k 項為

$$a_k=\dfrac{1}{k(k+1)(k+2)}$$

故級數可表為 $\displaystyle\sum_{k=3}^{20}\dfrac{1}{k(k+1)(k+2)}.$

(2) 此級數由 100 個項連加而得，故可設其為

$$\sum_{k=1}^{100}a_k=a_1+a_2+a_3+\cdots+a_k$$

$a_1=1\times 100=1\times(100-1+1)$
$a_2=2\times 99=2\times(100-2+1)$
$a_3=3\times 98=3\times(100-3+1)$
$a_4=4\times 97=4\times(100-4+1)$
$\vdots$
$a_k=k(100-k+1)$

故級數可表為 $\displaystyle\sum_{k=1}^{100}a_k=\sum_{k=1}^{100}k(100-k+1).$

連加符號 "$\sum$" 具有下列性質：

1. $\displaystyle\sum_{k=1}^{n}c=c+c+c+\cdots+c$ （共 n 個）$=nc$

2. $\displaystyle\sum_{k=1}^{n}ca_k=ca_1+ca_2+\cdots+ca_n=c(a_1+a_2+\cdots+a_n)=c\sum_{k=1}^{n}a_k$

3. $\displaystyle\sum_{k=1}^{n}(a_k+b_k)=(a_1+b_1)+(a_2+b_2)+\cdots+(a_n+b_n)$

$$=(a_1+a_2+\cdots+a_n)+(b_1+b_2+\cdots+b_n)$$

$$=\sum_{k=1}^{n} a_k+\sum_{k=1}^{n} b_k$$

4. $\sum_{k=1}^{n}(a_k-b_k)=\sum_{k=1}^{n} a_k-\sum_{k=1}^{n} b_k$

5. $\sum_{k=1}^{n} a_k=(a_1+a_2+\cdots+a_m)+(a_{m+1}+a_{m+2}+\cdots+a_n)$

$$=\sum_{k=1}^{m} a_k+\sum_{k=m+1}^{n} a_k, \text{ 其中 } 1<m<n.$$

下面幾個有關連加符號"∑"的公式是常用的.

$$\sum_{k=1}^{n} k=1+2+3+\cdots+n=\frac{n(n+1)}{2} \tag{5-2-4}$$

$$\sum_{k=1}^{n} k^2=1^2+2^2+3^2+\cdots+n^2=\frac{n(n+1)(2n+1)}{6} \tag{5-2-5}$$

$$\sum_{k=1}^{n} k^3=1^3+2^3+3^3+\cdots+n^3=\left[\frac{n(n+1)}{2}\right]^2 \tag{5-2-6}$$

證：式 (5-2-4) 可用 $(k+1)^2-k^2=2k+1$ 證明.

$$k=1 \qquad 2^2-1^2=2\cdot 1+1$$
$$k=2 \qquad 3^2-2^2=2\cdot 2+1$$
$$k=3 \qquad 4^2-3^2=2\cdot 3+1$$
$$\vdots \qquad \qquad \vdots$$
$$k=n \qquad (n+1)^2-n^2=2\cdot n+1$$

將上面 n 個等式的等號兩邊分別相加，則得

$$(n+1)^2-1=2\sum_{k=1}^{n} k+n$$

$$\Rightarrow 2\sum_{k=1}^{n} k = (n+1)^2 - 1 - n = n^2 + n$$

$$\Rightarrow \sum_{k=1}^{n} k = \frac{n(n+1)}{2}$$

式 (5-2-5) 可用 $(k+1)^3 - k^3 = 3k^2 + 3k + 1$ 證明.

$$\begin{aligned}
k=1 &\qquad 2^3 - 1^3 = 3 \cdot 1^2 + 3 \cdot 1 + 1 \\
k=2 &\qquad 3^3 - 2^3 = 3 \cdot 2^2 + 3 \cdot 2 + 1 \\
k=3 &\qquad 4^3 - 3^3 = 3 \cdot 3^2 + 3 \cdot 3 + 1 \\
&\qquad\qquad \vdots \\
k=n &\qquad (n+1)^3 - n^3 = 3 \cdot n^2 + 3 \cdot n + 1
\end{aligned}$$

上面 n 個等式的等號兩邊分別相加，則得

$$(n+1)^3 - 1^3 = 3\sum_{k=1}^{n} k^2 + 3\sum_{k=1}^{n} k + n$$

$$\Rightarrow 3\sum_{k=1}^{n} k^2 = (n+1)^3 - 1 - 3\sum_{k=1}^{n} k - n$$

$$= n^3 + 3n^2 + 3n + 1 - 1 - 3 \cdot \frac{n(n+1)}{2} - n$$

$$= \frac{2n^3 + 3n^2 + n}{2} = \frac{n(n+1)(2n+1)}{2}$$

$$\Rightarrow \sum_{k=1}^{n} k^2 = \frac{n(n+1)(2n+1)}{6}$$

式 (5-2-6) 留給讀者自證之.

例題 2 試計算 $\sum_{k=1}^{n} k(4k^2 - 3)$.

解 $\sum_{k=1}^{n} k(4k^2 - 3) = \sum_{k=1}^{n} (4k^3 - 3k) = 4\sum_{k=1}^{n} k^3 - 3\sum_{k=1}^{n} k$

$$= 4\left[\frac{n(n+1)}{2}\right]^2 - 3\frac{n(n+1)}{2} = \frac{n(n+1)[2n(n+1)-3]}{2}$$

$$= \frac{n(n+1)(2n^2+2n-3)}{2}.$$

隨堂練習 7 試求級數 $1 \cdot 4 + 2 \cdot 5 + 3 \cdot 6 + \cdots + 40 \cdot 43$ 之和.

答案：24600.

隨堂練習 8 試求級數 $1 \cdot 2 \cdot 3 + 2 \cdot 3 \cdot 4 + 3 \cdot 4 \cdot 5 + \cdots + 100 \cdot 101 \cdot 102$ 之和.

答案：26527650.

習題 5-2

1. 觀察級數 $1 \cdot 1 + 2 \cdot 3 + 3 \cdot 5 + 4 \cdot 7 + \cdots$ 前 4 項的規則，依據此規則，試求出：
   (1) 第 n 項.
   (2) 以 "$\sum$" 表示出級數自第 1 項至第 100 項.
   (3) 求級數自第 1 項至第 100 項之和.

2. 求有限級數 $1 \cdot 4 + 2 \cdot 5 + 3 \cdot 6 + \cdots + n(n+3)$ 之和.

3. 求 $\sum\limits_{k=1}^{12}(7k-3)$ 之和.   4. 求 $\sum\limits_{k=1}^{10}(k+2)^3$ 之和.

5. 求 $\sum\limits_{k=1}^{10}k(k+3)$ 之和.   6. 求 $\sum\limits_{i=1}^{10}\sum\limits_{j=1}^{5}(2i+3j-2)$ 之和.

7. (1) 試將 $\dfrac{1}{k(k+1)}$ 分成二個分式之差.

   (2) 利用 (1) 之結果求 $\dfrac{1}{1 \cdot 2} + \dfrac{1}{2 \cdot 3} + \dfrac{1}{3 \cdot 4} + \cdots + \dfrac{1}{n(n+1)}$ 之和.

▶▶ 5-3 特殊有限級數求和法

一、等差級數

以 a_1 為首項，d 為公差之 n 項等差數列為

$$a_1,\ a_1+d,\ a_1+2d,\ a_1+3d,\ \cdots,\ a_1+(n-1)d$$

它的對應級數稱為**等差級數**，也稱為**算術級數**，常寫成

$$\sum_{k=1}^{n}[a_1+(k-1)d]=a_1+(a_1+d)+(a_1+2d)+(a_1+3d)+\cdots+[a_1+(n-1)d]$$

我們通常以 S_n 表示等差級數前 n 項的和，亦即

$$S_n=a_1+(a_1+d)+(a_1+2d)+\cdots+[a_1+(n-1)d] \tag{5-3-1}$$

可得

$$\begin{aligned}S_n &= na_1+[1+2+3+\cdots+(n-1)]d \\ &= na_1+\left(\sum_{k=1}^{n-1}k\right)d=na_1+\frac{(n-1)n}{2}d \\ &= \frac{n}{2}[2a_1+(n-1)d]\end{aligned} \tag{5-3-2}$$

將 $a_n=a_1+(n-1)d$ 代入式 (5-3-2)，可得

$$S_n=\frac{n}{2}(a_1+a_n) \tag{5-3-3}$$

上述式 (5-3-2) 與式 (5-3-3) 皆是求等差級數前 n 項和的公式.

例題 1 求等差級數 $10+7+4+1+(-2)+\cdots$ 的前 20 項的和.

解 $a_1=10$, $d=-3$, $n=20$，代入式 (5-3-2) 中，可得

$$S_{20}=\frac{20}{2}[2(10)+(20-1)(-3)]=-370.$$

隨堂練習 9 試求級數 $\sum_{n=1}^{10}(3n+2)$ 之和.

答案：185.

例題 2 設一等差數列前 10 項的和為 200，前 30 項的和為 1350，求其前 20 項的和.

解 設首項為 a，公差為 d，則

$$S_{10}=\frac{10}{2}[2a+(10-1)d]=\frac{10}{2}(2a+9d)=200$$

$$S_{30}=\frac{30}{2}[2a+(30-1)d]=\frac{30}{2}(2a+29d)=1350$$

$$\Rightarrow \begin{cases} 2a+9d=40 \quad\cdots\cdots① \\ 2a+29d=90 \quad\cdots\cdots② \end{cases}$$

②－① 得，$20d=50$，即 $d=\dfrac{5}{2}$，因而 $a=\dfrac{35}{4}$.

故前 20 項的和為 $S_{20}=\dfrac{20}{2}\left(2\times\dfrac{35}{4}+19\times\dfrac{5}{2}\right)=650$.

二、等比級數

首項是 a，公比是 r 的 n 項等比數列為

$$a,\ ar,\ ar^2,\ \cdots,\ ar^{n-1},\ a\neq 0,\ r\neq 0$$

它的對應級數稱為**等比級數**，也稱為**幾何級數**，常寫成

$$\sum_{k=1}^{n}ar^{k-1}=a+ar+ar^2+\cdots+ar^{n-1}$$

若以 S_n 表示等比級數前 n 項的和，亦即

$$S_n=a+ar+ar^2+\cdots+ar^{n-1}$$

若 $r=1$，則 $\quad S_n = a+a+a+\cdots+a = na$

若 $r \neq 1$，則 $\quad S_n = a+ar+ar^2+\cdots+ar^{n-1}$

$$rS_n = ar+ar^2+ar^3+\cdots+ar^{n-1}+ar^n$$

$$S_n - rS_n = a - ar^n$$

化簡得 $\quad S_n = \dfrac{a(1-r^n)}{1-r} \qquad (5\text{-}3\text{-}4)$

式 (5-3-4) 稱為等比級數 n 項和的公式，也是等比數列 n 項和的公式.

例題 3 求等比級數 $\sum_{k=1}^{n} \dfrac{1}{2}\left(\dfrac{2}{3}\right)^{n-1}$ 的和.

解 首項 $\quad a = \dfrac{1}{2}\left(\dfrac{2}{3}\right)^{1-1} = \dfrac{1}{2}$

第二項 $\quad a_2 = \dfrac{1}{2}\left(\dfrac{2}{3}\right)^{2-1} = \dfrac{1}{3}$

公比 $\quad r = \dfrac{1}{3} \Big/ \dfrac{1}{2} = \dfrac{2}{3}$

故知 $\quad S_n = \dfrac{\dfrac{1}{2}\left[1-\left(\dfrac{2}{3}\right)^n\right]}{1-\dfrac{2}{3}} = \dfrac{3}{2}\left(1-\dfrac{2^n}{3^n}\right) = \dfrac{3}{2}\left(1-\left(\dfrac{2}{3}\right)^n\right).$

例題 4 求等比級數 $54+18+6+2+\dfrac{2}{3}+\cdots$ 之前 10 項的和.

解 $a=54$，$r=\dfrac{1}{3}$，$n=10$，代入式 (5-3-4) 中，得

$$S_{10} = \dfrac{54\left[1-\left(\dfrac{1}{3}\right)^{10}\right]}{1-\dfrac{1}{3}} = \dfrac{59048}{729}.$$

例題 5 求 $6+66+666+6666+\cdots$ 到第 n 項的和.

解 $S=6+66+666+\cdots$ 到第 n 項

$$\frac{9}{6}S=9+99+999+\cdots \text{ 到第 } n \text{ 項}$$
$$=(10-1)+(100-1)+(1000-1)+\cdots+(10^n-1)$$
$$=(10+100+1000+\cdots+10^n)-n$$
$$=\frac{10(10^n-1)}{10-1}-n=\frac{10}{9}(10^n-1)-n$$

故 $S=\frac{6}{9}\left[\frac{10}{9}(10^n-1)-n\right]=\frac{20}{27}(10^n-1)-\frac{2}{3}n.$

隨堂練習 10 試求級數 $\sum\limits_{n=1}^{10}(5\cdot 2^{n+1})$ 之和.

答案：20460.

隨堂練習 11 試求 $1+2x+3x^2+4x^3+\cdots+nx^{n-1}$ 之和 $(x\neq 1)$.

答案：$S=\dfrac{1-x^n}{(1-x)^2}-\dfrac{nx^n}{1-x}.$

習題 5-3

1. 求等差級數 $20+11+2+(-7)+(-16)+\cdots$ 至第 24 項的和，並求它的第 24 項.
2. 一等差級數的前 n 項和 $S_n=3n^2+4n$，試求此等差級數的公差與首項及第 16 項.
3. 求出小於 1000 的正整數中，能被 7 整除的有幾個？並求其和.
4. 求級數 $1\dfrac{1}{2}+3\dfrac{1}{4}+5\dfrac{1}{8}+7\dfrac{1}{16}+\cdots$ 至第 n 項的和.
5. 試求下列等比級數之和.

(1) $\sum_{n=1}^{11} (0.3)^{11}$ (2) $\sum_{n=3}^{10} \left(-\frac{1}{2}\right)^n$

6. 試求級數 $\sum_{k=1}^{5} (3^k + 4^k)$ 之和.

7. 求 $1 + 2x + 3x^2 + 4x^3 + \cdots + nx^{n-1}$ 之和 $(x \neq 1)$.

8. 求級數 $1\frac{1}{2} + 2\frac{1}{4} + 3\frac{1}{8} + \cdots$ 至第 n 項的和.

▶▶5-4 無窮數列

若一數列含有無窮多項，則稱為**無窮數列**，並以

$$a_1, a_2, a_3, \cdots, a_n, \cdots$$

來表示此數列，可簡記為成 $\{a_n\}_{n=1}^{\infty}$ 或 $\{a_n\}$，其中 ∞ 表示一無窮大的符號，它本身並不是一個數，例如數列

$$a: n \to \frac{1}{1+n^2},\ n = 1,\ 2,\ 3,\ \cdots$$

可記為

$$\{a_n\} = \left\{\frac{1}{1+n^2}\right\} = \left\{\frac{1}{1+n^2}\right\}_{n=1}^{\infty}$$

並可表為

$$\frac{1}{2},\ \frac{1}{5},\ \frac{1}{10},\ \frac{1}{17},\ \cdots,\ \frac{1}{1+n^2},\ \cdots$$

我們可將此數列中的 n 與 a_n 之間的對應關係以圖 5-1 示之.

由圖形看出，當 n 漸次增大，一直變到無窮大時，$\frac{1}{1+n^2}$ 會相當接近 0，換言之，此數列 $\left\{\frac{1}{1+n^2}\right\}$ 在 $n \to \infty$ 時，會使 $\frac{1}{1+n^2} \to 0$ ($\to$ 表示相當接近之意)，此時我們稱 0 為數列 $\left\{\frac{1}{1+n^2}\right\}$ 在 $n \to \infty$ 時的**極限**，常以符號 $\lim_{n \to \infty} \frac{1}{1+n^2} = 0$ 或 $\frac{1}{1+n^2}$

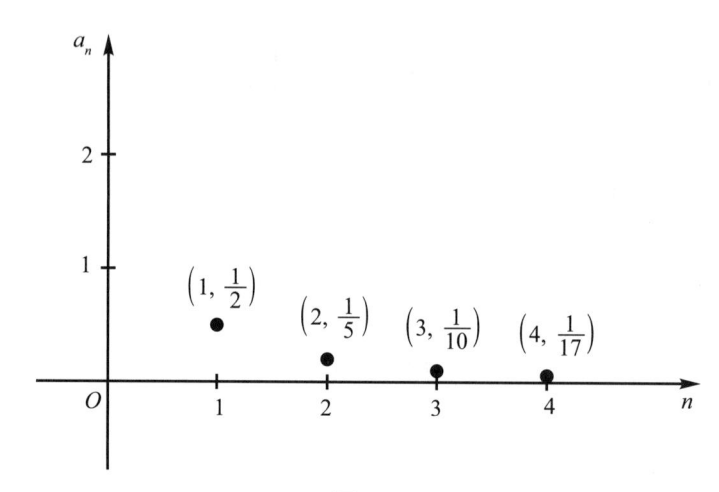

[圖 5-1]

$\to 0$ 表示.

極限是一個數學名詞,它有一個嚴密的定義,目前我們採用直觀的定義.

設 $\{a_n\}$ 為一無窮數列,若在相當多項以後,a_n 會趨近某一定值 L,則稱此 L 值為數列 $\{a_n\}$ 在 n 變成無窮大時的極限,通常記為 $\lim\limits_{n\to\infty} a_n = L$. 若 $\lim\limits_{n\to\infty} a_n = L$ 成立,則稱 $\{a_n\}$ 為**收斂數列**,亦可稱此無窮數列收斂到 L. 倘若無窮數列 $\{a_n\}$ 不能收斂到定值 L,則稱此無窮數列為**發散數列**.

例題 1 考慮下列的無窮數列並圖示之.

(1) $\{a_n\} = \left\{\dfrac{2n}{n+1}\right\}$ 　　(2) $\{b_n\} = \left\{(-1)^n \dfrac{1}{n}\right\}$

解 (1) 數列 $\{a_n\}$ 之圖形如圖 5-2 所示.

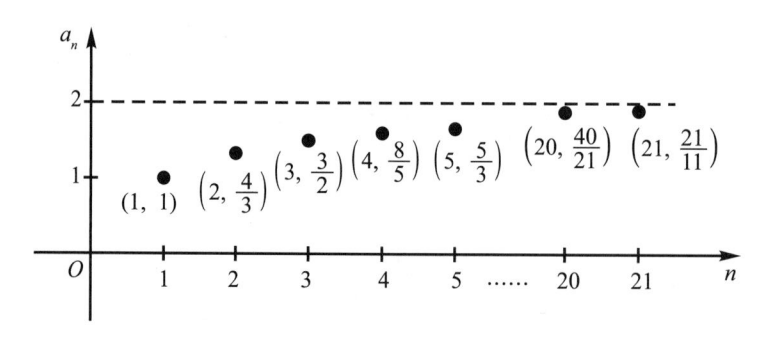

[圖 5-2]

由圖 5-2 可大略得知，當 $n \to \infty$ 時，$\dfrac{2n}{n+1} \to 2$，故

$$\lim_{n\to\infty} \dfrac{2n}{n+1} = 2，亦即數列 \{a_n\} 收斂到 2.$$

(2) 數列 $\{b_n\}$ 之圖形如圖 5-3 所示.

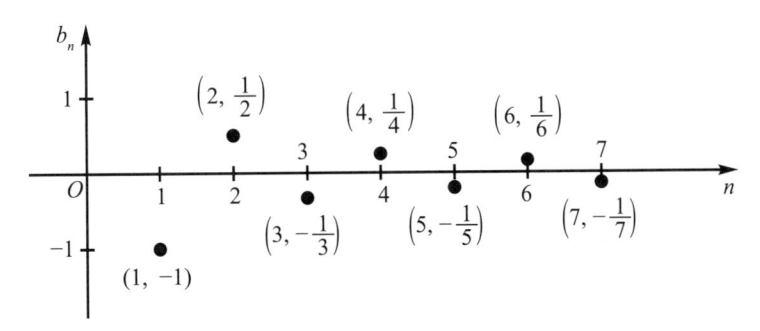

圖 5-3

由圖 5-3 可得知，$\lim\limits_{n\to\infty}(-1)^n\dfrac{1}{n}=0$，亦即數列 $\left\{(-1)^n\dfrac{1}{n}\right\}$ 收斂到 0. ◢

隨堂練習 12 考慮無窮數列 $\{a_n\}=\left\{1-\dfrac{1}{n}\right\}$ 並圖示之.

答案：n 愈大時，a_n 會很接近 1.

例題 2 當 n 漸次增大，而變為無窮大時，討論 $\left(\pm\dfrac{1}{10}\right)^n$ 的極限.

解
$$\pm\dfrac{1}{10} = \pm 0.1 \qquad \left(\pm\dfrac{1}{10}\right)^2 = 0.01$$

$$\left(\pm\dfrac{1}{10}\right)^3 = \pm 0.001 \qquad \left(\pm\dfrac{1}{10}\right)^4 = 0.0001$$

$$\left(\pm\dfrac{1}{10}\right)^5 = \pm 0.00001 \qquad \cdots\cdots$$

由上所述，得知當 n 漸次增大時，$\left(\pm\dfrac{1}{10}\right)^n$ 的絕對值隨之漸次減小，以此推

理，可知當 n 變為無窮大時，$\left(\pm\dfrac{1}{10}\right)^n$ 的值會趨近零，故

$$\lim_{n\to\infty}\left(\dfrac{1}{10}\right)^n=0,\ \lim_{n\to\infty}\left(-\dfrac{1}{10}\right)^n=0.$$

由上面的說明可推廣得下面的定理.

定理 5-1

若一無窮等比數列的第 n 項為 $a_n=ar^n$，則

$$\lim_{n\to\infty}a_n=\begin{cases}0, & \text{當 } -1<r<1 \text{ 時}\\ a, & \text{當 } r=1 \text{ 時}\end{cases}$$

故當公比 $-1<r\leq 1$ 時，無窮等比數列為一收斂數列，又

$$\lim_{n\to\infty}a_n=\begin{cases}\infty, & \text{當 } r>1 \text{ 時}\\ a \text{ 或 } -a, & \text{當 } r=-1\\ \infty \text{ 或 } -\infty, & \text{當 } r<-1\end{cases}$$

故當公比 $r\leq -1$ 或 $r>1$ 時，無窮等比數列為一發散數列.

有關兩個收斂的無窮數列，下述之性質恆成立，但本書不作嚴密的證明.

定理 5-2

令 $\{a_n\}$ 與 $\{b_n\}$ 均為收斂數列. 若 $\lim\limits_{n\to\infty}a_n=A$ 且 $\lim\limits_{n\to\infty}b_n=B$，則

(1) $\lim\limits_{n\to\infty}ca_n=c\lim\limits_{n\to\infty}a_n=cA$，$c$ 為常數.

(2) $\lim\limits_{n\to\infty}(a_n\pm b_n)=\lim\limits_{n\to\infty}a_n\pm\lim\limits_{n\to\infty}b_n=A\pm B$

(3) $\lim\limits_{n\to\infty}(a_n b_n)=(\lim\limits_{n\to\infty}a_n)(\lim\limits_{n\to\infty}b_n)=AB$

(4) $\lim\limits_{n\to\infty}\dfrac{a_n}{b_n}=\dfrac{\lim\limits_{n\to\infty}a_n}{\lim\limits_{n\to\infty}b_n}=\dfrac{A}{B}$, $B\neq 0$.

(5) $\lim\limits_{n\to\infty}\sqrt[m]{a_n}=\sqrt[m]{\lim\limits_{n\to\infty}a_n}$, m 為正奇數.

(6) $\lim\limits_{n\to\infty}\sqrt[m]{a_n}=\sqrt[m]{\lim\limits_{n\to\infty}a_n}$, m 為正偶數時, $\lim\limits_{n\to\infty}a_n>0$.

定理 5-3

設 r 為正實數，則 $\lim\limits_{n\to\infty}\dfrac{1}{n^r}=0$.

在求數列之極限時，常會用到 ∞，此 ∞ 為一符號．關於 ∞ 有下面的規定：

1. $\infty+\infty=\infty$

2. $\infty-\infty$ 為一不定形

3. $\infty^n=\infty$，n 為正有理數.

4. $\dfrac{\infty}{\infty}$ 為一不定形

5. $\infty+c=c+\infty=\infty$，c 為任意實數.

6. $-\infty+c=c+(-\infty)=-\infty$，$c$ 為任意實數.

7. $c>0$ 時，$c\cdot\infty=\infty\cdot c=\infty$

8. $c<0$ 時，$c\cdot\infty=\infty\cdot c=-\infty$

例題 3 判斷數列 $\left\{\dfrac{5n^2+4n-3}{6n^3-5n+4}\right\}$ 是否收斂？

解 因 $\lim\limits_{n\to\infty}\dfrac{5n^2+4n-3}{6n^3-5n+4}=\lim\limits_{n\to\infty}\dfrac{5+\dfrac{4}{n}-\dfrac{3}{n^2}}{6-\dfrac{5}{n}+\dfrac{4}{n^2}}=\dfrac{\lim\limits_{n\to\infty}\left(5+\dfrac{4}{n}-\dfrac{3}{n^2}\right)}{\lim\limits_{n\to\infty}\left(6-\dfrac{5}{n}+\dfrac{4}{n^2}\right)}$

$$=\frac{\lim\limits_{n\to\infty}5+\lim\limits_{n\to\infty}\frac{4}{n}-\lim\limits_{n\to\infty}\frac{3}{n^2}}{\lim\limits_{n\to\infty}6-\lim\limits_{n\to\infty}\frac{5}{n}+\lim\limits_{n\to\infty}\frac{4}{n^2}}=\frac{5+0-0}{6-0+0}=\frac{5}{6}$$

故此數列收斂.

例題 4 判斷數列 $\left\{\sqrt{\dfrac{n}{9n+1}}\right\}$ 是否收斂？

解 因 $\lim\limits_{n\to\infty}\sqrt{\dfrac{n}{9n+1}}=\sqrt{\lim\limits_{n\to\infty}\dfrac{n}{9n+1}}=\sqrt{\lim\limits_{n\to\infty}\dfrac{1}{9+\dfrac{1}{n}}}=\dfrac{1}{3}$，故此數列收斂.

隨堂練習 13 判斷數列 $\left\{\dfrac{1}{n^3}\sum\limits_{i=1}^{n}i^2\right\}$ 是否收斂？

答案：此數列收斂.

習題 5-4

1. 下列各式表無窮等比數列之一般項，試判斷各數列為收斂抑或發散？若收斂，則求此數列的極限值.

   (1) $a_n=3\left(\dfrac{2}{5}\right)^{n-1}$ (2) $a_n=\dfrac{1}{3}(2)^{n-1}$ (3) $a_n=2\left(-\dfrac{1}{3}\right)^{n-1}$

2. 試判斷下列各數列之斂散性.

   (1) $\left\{(-1)^n\dfrac{1-2^n}{1+2^n}\right\}$ (2) $\left\{(-1)^{2n}\dfrac{1-2^{2n}}{1+2^{2n}}\right\}$ (3) $\left\{\dfrac{3^n}{1+2^n}\right\}$

   (4) $\left\{\dfrac{2^n+3^n}{1+3^n}\right\}$ (5) $\dfrac{2n^2+n-1}{5n^3-2n^2+n}$ (6) $\left\{\dfrac{5n^3-2n+1}{10n^2+2n-1}\right\}$

(7) $\left\{\dfrac{\sqrt{3n^3-2n^2+5}}{n\sqrt{2n-1}}\right\}$ (8) $\{\sqrt{n^2+n}-n\}$ (9) $\left\{\dfrac{1}{n^2}\sum_{i=1}^{n}i\right\}$

5-5 無窮級數

若 $\{a_n\}$ 為無窮數列，則形如

$$a_1+a_2+a_3+\cdots+a_n+\cdots$$

的式子稱為**無窮級數**．無窮級數可用求和記號表之，寫成

$$\sum_{n=1}^{\infty}a_n \quad \text{或} \quad \sum a_n$$

而後一個和之求和變數為 n．每一數 a_n，$n=1, 2, 3, \cdots$，稱為級數的**項**，a_n 稱為**通項**．現在我們定義 S_n 為此級數前面 n 項之和，亦即

$$S_n=\sum_{k=1}^{n}a_k=a_1+a_2+a_3+\cdots+a_n$$

為了判斷無窮級數 $\sum_{k=1}^{\infty}a_k$ 的和是否存在，可由前 n 項的部分和 S_n 之定義來推理．

$$S_1=a_1$$
$$S_2=a_1+a_2$$
$$S_3=a_1+a_2+a_3$$
$$S_4=a_1+a_2+a_3+a_4$$
$$S_5=a_1+a_2+a_3+a_4+a_5$$
$$\vdots$$

而無窮數列 S_1，S_2，S_3，$\cdots$，S_n，$\cdots$ 稱為無窮級數 $\sum_{n=1}^{\infty}a_n$ 的部分和數列．

例題 1 $\sum_{n=1}^{\infty}\dfrac{3}{10^n}$ 的部分和數列為

$$S_1=\dfrac{3}{10}$$

$$S_2=\dfrac{3}{10}+\dfrac{3}{10^2}$$

$$S_3 = \frac{3}{10} + \frac{3}{10^2} + \frac{3}{10^3}$$

$$\vdots$$

$$S_4 = \frac{3}{10} + \frac{3}{10^2} + \frac{3}{10^3} + \cdots + \frac{3}{10^n}.$$

在例題 1 中，我們得知，當 n 愈來愈大時，S_n 將非常接近 $\frac{1}{3}$，故

$$\frac{1}{3} = \lim_{n \to \infty} S_n = \lim_{n \to \infty} \sum_{k=1}^{n} \frac{3}{10^k} = \sum_{k=1}^{\infty} \frac{3}{10^k}$$

這導致下面的定義.

定義 5-1

若存在一實數 S 使得無窮級數 $\sum_{n=1}^{\infty} a_n$ 的部分和數列 $\{S_n\}$ 收斂，即，

$$\lim_{n \to \infty} S_n = \lim_{n \to \infty} \sum_{k=1}^{n} a_k = S$$

則 $\sum_{n=1}^{\infty} a_n$ 稱為**收斂**，其和為 S，若 $\lim_{n \to \infty} S_n$ 不存在，則 $\sum_{n=1}^{\infty} a_n$ 稱為**發散**，發散級數不能求和.

設 $\sum_{k=1}^{n} ar^{k-1} = a + ar + ar^2 + \cdots + ar^{n-1} + \cdots$ 為一無窮等比級數，為了判斷此級數收斂抑或發散，我們令

$$S_n = \sum_{k=1}^{n} ar^{k-1} = a + ar + ar^2 + \cdots + ar^{n-1} = \frac{a(1-r^n)}{1-r}$$

則

$$\lim_{n \to \infty} S_n = \lim_{n \to \infty} \frac{a(1-r^n)}{1-r} = \frac{a \lim_{n \to \infty}(1-r^n)}{1-r} = \frac{a(1 - \lim_{n \to \infty} r^n)}{1-r} \tag{5-5-1}$$

若 $|r| < 1$，則 $\lim_{n \to \infty} r^n = 0.$

由式 (5-5-1) 知，$\lim\limits_{n\to\infty} S_n = \dfrac{a}{1-r}$，即

$$\sum_{k=1}^{n} ar^{k-1} = \dfrac{a}{1-r}. \tag{5-5-2}$$

定理 5-4

已知幾何級數 $\sum\limits_{k=1}^{\infty} ar^{k-1}$，其中 $a \neq 0$.

(1) 若 $|r| < 1$，則級數收斂且 $\sum\limits_{k=1}^{\infty} ar^{k-1} = \dfrac{a}{1-r}$.

(2) 若 $|r| \geq 1$，則級數發散.

例題 2 證明級數 $\sum\limits_{n=1}^{\infty} \dfrac{1}{n(n+1)}$ 收斂，並求其和.

解 因 $a_n = \dfrac{1}{n(n+1)} = \dfrac{1}{n} - \dfrac{1}{n+1}$，可得

$$S_n = \left(1 - \dfrac{1}{2}\right) + \left(\dfrac{1}{2} - \dfrac{1}{3}\right) + \left(\dfrac{1}{3} - \dfrac{1}{4}\right) + \cdots + \left(\dfrac{1}{n} - \dfrac{1}{n+1}\right)$$

$$= 1 - \dfrac{1}{n+1} = \dfrac{n}{n+1}$$

又 $\lim\limits_{n\to\infty} S_n = \lim\limits_{n\to\infty} \dfrac{n}{n+1} = \lim\limits_{n\to\infty} \dfrac{1}{1+\dfrac{1}{n}} = 1$，故此級數收斂，其和為 1.

定理 5-5

若 $\sum\limits_{n=1}^{\infty} a_n$ 收斂，則 $\lim\limits_{n\to\infty} a_n = 0$.

證 若 $\sum a_n$ 收斂，則假設 $\lim\limits_{n\to\infty} S_n = S$，而 S 為一實數. 級數 $\sum a_n$ 的前 n 項和與前 $(n-1)$ 項和之差為

$$S_n - S_{n-1} = (a_1 + a_2 + \cdots + a_{n-1} + a_n) - (a_1 + a_2 + \cdots + a_{n-1}) = a_n$$

$$\lim_{n \to \infty} a_n = \lim_{n \to \infty} (S_n - S_{n-1}) = \lim_{n \to \infty} S_n - \lim_{n \to \infty} S_{n-1}$$

若 $\lim_{n \to \infty} S_n = S$,則 $\lim_{n \to \infty} S_{n-1} = S$,所以,

$$\lim_{n \to \infty} a_n = \lim_{n \to \infty} (S_n - S_{n-1}) = \lim_{n \to \infty} S_n - \lim_{n \to \infty} S_{n-1} = S - S = 0$$

故得證.

讀者應注意 $\lim_{n \to \infty} a_n = 0$ 為級數收斂的必要條件,但非充分條件. 也就是說,即使若第 n 項趨近零,級數也未必收斂. 請看下列:

例題 3 試證:調和級數

$$\sum_{n=1}^{\infty} \frac{1}{n} = 1 + \frac{1}{2} + \frac{1}{3} + \cdots + \frac{1}{n} + \cdots$$

為發散.

解 考慮部分和 S_{2^n}

$$S_{2^n} = 1 + \frac{1}{2} + \frac{1}{3} + \frac{1}{4} + \cdots + \frac{1}{2^n}$$

則

$$S_{2^n} = 1 + \frac{1}{2} + \left(\frac{1}{3} + \frac{1}{4}\right) + \left(\frac{1}{5} + \frac{1}{6} + \frac{1}{7} + \frac{1}{8}\right)$$
$$+ \left(\frac{1}{9} + \frac{1}{10} + \cdots + \frac{1}{16}\right) + \cdots + \left(\frac{1}{2^{n-1}+1} + \cdots + \frac{1}{2^n}\right)$$
$$> 1 + \frac{1}{2} + 2\left(\frac{1}{4}\right) + 4\left(\frac{1}{8}\right) + 8\left(\frac{1}{16}\right) + \cdots + 2^{n-1}\left(\frac{1}{2^n}\right)$$
$$= 1 + \underbrace{\frac{1}{2} + \frac{1}{2} + \cdots + \frac{1}{2}}_{n \text{ 項}} = 1 + \frac{n}{2}$$

當 $n \to \infty$ 時,$S_{2^n} \to \infty$,所以,$\{S_n\}$ 為發散. 於是,$\sum_{n=1}^{\infty} \frac{1}{n}$ 為發散.

利用定理 5-5，很容易得到下面的結果.

定理 5-6　發散檢驗法

若 $\lim\limits_{n\to\infty} a_n \neq 0$，則級數 $\sum\limits_{n=1}^{\infty} a_n$ 發散.

例題 4　試證級數 $\sum\limits_{n=1}^{\infty} \dfrac{n}{2n+1}$ 發散.

解　因 $\lim\limits_{n\to\infty} a_n = \lim\limits_{n\to\infty} \dfrac{n}{2n+1} = \dfrac{1}{2} \neq 0$，故由定理 5-6 可知級數發散.

隨堂練習 14　將循環小數 5.232323… 化為有理數.

答案：$\dfrac{518}{99}$.

隨堂練習 15　試證 $\sum\limits_{n=1}^{\infty} \dfrac{3^{n-1}-1}{6^{n-1}}$ 收斂.

答案：略.

習題 5-5

1. 下列各無窮等比級數若收斂，則求其和.

    (1) $\sum\limits_{n=1}^{\infty} \left(\dfrac{2}{3}\right)^{n-1}$　　(2) $\sum\limits_{n=1}^{\infty} \left(\dfrac{3}{2}\right)^{n-1}$　　(3) $\sum\limits_{n=1}^{\infty} \left(\dfrac{1}{\sqrt{2}-1}\right)^{n}$

2. 計算 $\sum\limits_{n=1}^{\infty} \left[3\left(\dfrac{1}{8}\right)^{n} - 5\left(\dfrac{1}{3}\right)^{n}\right]$.

3. 計算 $\sum\limits_{n=1}^{\infty} \dfrac{2^n + 3^n}{4^n}$.

4. 計算 $\sum\limits_{n=1}^{\infty} \dfrac{2 \cdot (-1)^{n+1}}{5^n}$.

5. 檢定下列級數的斂散性.

   (1) $\displaystyle\sum_{n=1}^{\infty} \frac{3n-2}{n+1}$

   (2) $\displaystyle\sum_{n=1}^{\infty} \frac{1+2+3+\cdots+n}{n^2}$

6. 求無窮級數 $0.06+0.0066+0.000666+\cdots$ 的和.

7. 試用無窮等比級數之觀念將循環小數 $0.1\overline{523}$ 化為有理數.

6 排列與組合

本章學習目標

- 樹形圖
- 乘法原理與加法原理
- 排　列
- 組　合
- 二項式定理

▶▶ 6-1 樹形圖

當我們在做一件事情時，如果其步驟較為繁雜，那麼我們可以分類、分層討論，就如樹木的分幹、分枝，將複雜的步驟轉化成有系統的問題討論. 通常，我們採用樹形圖，由左而右逐層分類，使步驟明顯化，它的好處是"脈絡清晰，不會遺漏，不會重複".

例題 1 一教室有四個門：A、B、C、D，某生進出不同門，問"進、出"門的方法有幾種？

解 共有 12 種方法，如圖 6-1 所示.

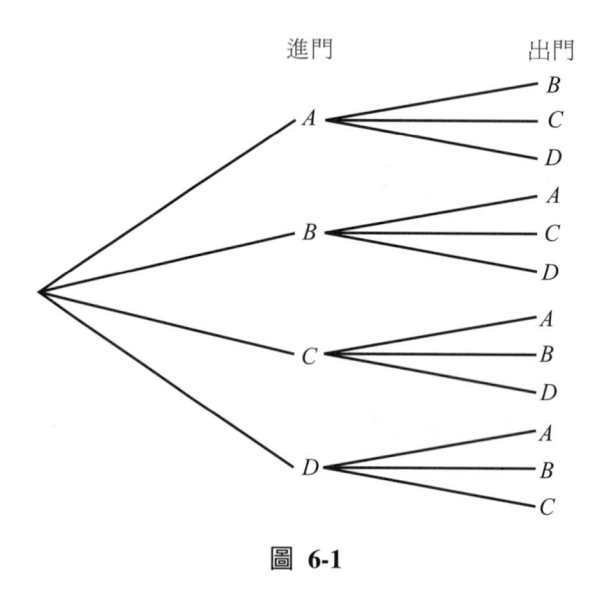

圖 6-1

例題 2 如圖 6-2，有一隻螞蟻從正方體的頂點 A，沿著稜線取捷徑到達頂點 G，試問共有多少種不同的路線？

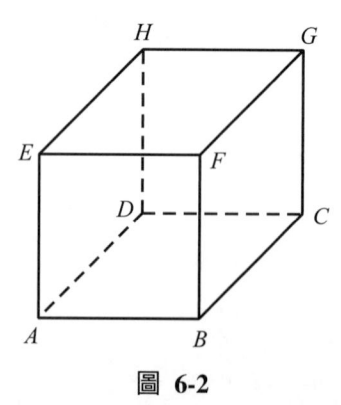

圖 6-2

解 共有 6 條路線，如圖 6-3 所示．

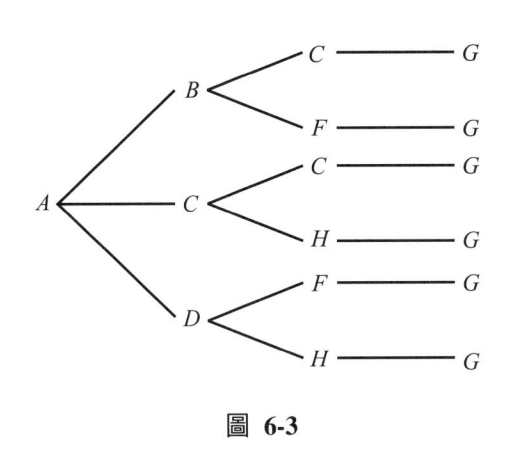

圖 6-3

例題 3 甲、乙二人賽棋，先連勝二局或先勝三局者為贏方 (設無和局)，試求此比賽共有幾種不同的比賽過程？

解 第一局甲勝有 5 種過程，第一局乙勝有 5 種過程，故共有 $5+5=10$ 種，如圖 6-4 所示．

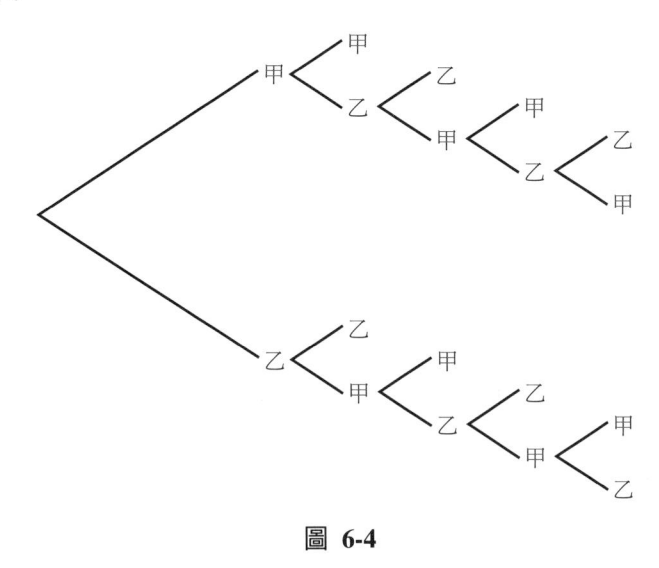

圖 6-4

隨堂練習 1 由 1、2、3、4 四個數字，可組成多少個數字相異的三位數？

答案：24 個．

習題 6-1

1. 由 1、2、3、4、5 五個數字，可組成多少個數字均相異的三位數？
2. 甲、乙兩隊比賽桌球，先勝三局者為贏方 (設無和局)，試求此比賽共有幾種不同的比賽過程？
3. 字母 a、b、c 各 2 個，合計 6 個排成一列，同字不相鄰，問共有多少種不同的排列順序？

▶▶ 6-2 乘法原理與加法原理

一、乘法原理

我們現在來介紹排列組合的一個基本計數原理，也稱為**乘法原理**.

我們先看下面的問題：

設從甲村到乙村有三條路可走，乙村到丙村有二條路可走 (圖 6-5)，試問從甲村經乙村到丙村，共有多少種不同的走法？

圖 6-5 可分解成圖 6-6.

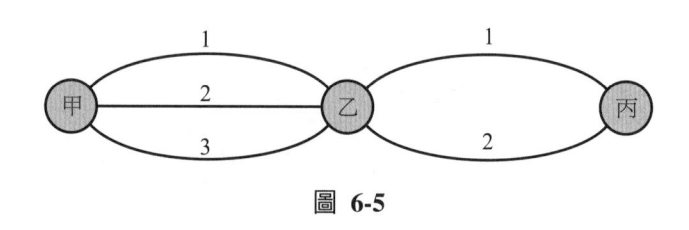

圖 6-5

換句話說，從甲村到乙村的任何一條路線可搭配乙村到丙村的二條路線，因此共可搭配成 3×2＝6 條路線. 換個角度來看，"從甲村經乙村到丙村"這件事情可分成兩個步驟：第一個步驟是 "甲村到乙村"，第二個步驟是 "乙村到丙村". 完成這件事情的第一個步驟有 3 種方法，第二個步驟有 2 種方法，故依序完成這件事情總共有 3×2＝6 種方法.

圖 6-6

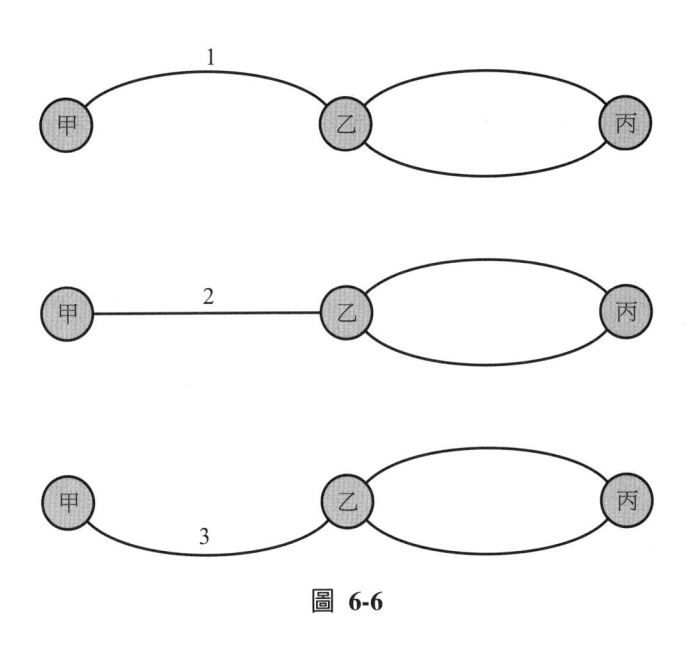

我們從上面的問題可以得到下面的結論：

若完成某件事有兩個步驟，做完第一個步驟有 m_1 種方法，做完第二個步驟有 m_2 種方法，則完成該件事共有 $m_1 \times m_2$ 種方法．我們可以將上面的結論推廣如下：

> 若完成某件事要經 k 個步驟依序完成，而
> 　　　完成第 1 個步驟有 m_1 種方法，
> 　　　完成第 2 個步驟有 m_2 種方法，
> 　　　　　　　$\vdots$
> 　　　完成第 k 個步驟有 m_k 種方法，
> 則完成該件事共有 $m_1 \times m_2 \times \cdots \times m_k$ 種方法．

上述結論稱為**乘法原理**．

二、加法原理

從甲地到乙地，公路有三條，鐵路有二條，試問某人從甲地到乙地，共有多少種走法？

某人如果走公路，有 3 條路線可選擇，如果走鐵路，有 2 條路線可選擇，且他只

能自"公路"或"鐵路"中選擇一種（走公路就不可能同時走鐵路，反之亦然），故共有 3+2=5 種走法．這個問題可一般化為：從甲地到乙地，"走公路"是一種途徑，有 m_1 種方法，"走鐵路"是另一種途徑，有 m_2 種方法，且這兩種途徑不可能同時進行，則共有 m_1+m_2 種走法．此結論推廣如下：

> 若完成某件事有 n 種途徑，但這 n 種途徑當中只能擇一進行，而完成這 n 種途徑的方法，依次有 $m_1, m_2, \cdots, m_n$ 種，則完成該件事的方法共有 $m_1+m_2+\cdots+m_n$ 種．

上述結論稱為**加法原理**．

例題 1 書架上層放有五本不同的數學書，下層放有六本不同的英文書．
(1) 從中任取數學書與英文書各一本，有多少種不同的取法？
(2) 從中任取一本，有多少種不同的取法？

解 (1) 從書架上任取數學書與英文書各一本，可以分成兩個步驟完成：第一步取一本數學書，有 5 種方法；第二步取一本英文書，有 6 種方法．根據乘法原理，取一本數學書與一本英文書的方法共有 $5\times 6=30$ 種．

(2) 從書架上任取一本，有兩種方式：第一種方式是從上層取數學書，可以從 5 本中任取一本，有 5 種方法；第二種方式是從下層取英文書，可以從 6 本中任取一本，有 6 種方法．根據加法原理，任取一本的方法有 $5+6=11$ 種．

例題 2 一粒公正骰子連擲 4 次，共有多少種不同的結果？

解 共有 4 個步驟（擲第一次，…，第四次），每個步驟各有 6 種結果（1 點，2 點，…，6 點），由乘法原理可知，共有 $6\times 6\times 6\times 6=1296$ 種結果．

隨堂練習 2 由數字 1、2、3、4、5 五個數字可以組成多少個三位數（數字允許重複）？
答案：125 個．

隨堂練習 3 設某飲食店備有 8 元的菜 5 種，5 元的菜 2 種，3 元的菜 4 種，吳小姐預計以 16 元的菜錢吃午餐，且打算每種價錢的菜都試一試，試問吳小姐有多少種點菜的方法？

答案：40 種．

習題 6-2

1. 圖書館中有 5 本不同的數學書與 8 本不同的英文書，某生欲選數學書與英文書各 1 本，共有多少種選法？

2. 某校壘球隊是由 3 位高一學生、5 位高二學生及 7 位高三學生所組成．今欲從該球隊中選出 3 人，每年級各選 1 人參加壘球講習會，共有多少種選法？

3. 有 4 個門的房子，如由其中一門進入，往另外一門出去時，將共有幾種走法？

4. 如下圖之正立方體，沿各稜線自 A 取捷徑到對角線之另一頂點 H，其走法有多少種？

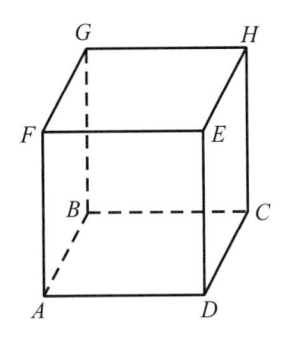

5. 下圖中 A、B、C、D、E 部分，分別用紅、藍、咖啡、黃、綠五色加以塗色區別，問有幾種著色方法？同色可重複使用，惟相鄰部分不得同色．

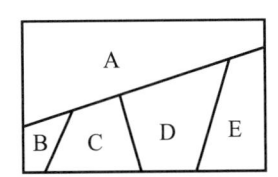

6. 甲、乙兩人在排成一列的 5 個座位中選坐相連的 2 個座位，共有多少種坐法？

7. 甲、乙、丙三人在排成一列的 8 個座位中選坐相連的 3 個座位，共有多少種坐法？

8. 有四艘渡船，每船可坐 5 人，今有 4 人欲坐船過河，共有幾種不同的過渡法？

9. 設有 8 個座位排成一列，選出 3 個相連座位給 3 個男生入座，再另外選出 3 個相連座位給 3 個女生入座，則其坐法共有若干種？

▶▶ 6-3 排　列

在一群事物中選取某些個排成各種不同的順序，稱為**排列**，所有可能的排列總數稱為**排列數**. 例如，從 1、2、3、4 這四個數字中，每次選取三個，按照百位、十位、個位的順序排列起來，共有 24 種三位數，它們是：

123	124	132	134	142	143
213	214	231	234	241	243
312	314	321	324	341	342
412	413	421	423	431	432

上面的結果分析如下：

　　第一步，先確定百位上的數字，在 1、2、3、4 這四個數字中任取一個，有 4 種方法.

　　第二步，當百位上的數字確定以後，十位上的數字只能從餘下的三個數字中去取，有 3 種方法.

　　第三步，當百位、十位上的數字都確定以後，個位上的數字只能從餘下的兩個數字中去取，有 2 種方法.

　　根據乘法原理，從四個不同的數字中，每次取出三個排成一個三位數的方法共有 $4 \times 3 \times 2 = 24$ 種.

一、直線排列

假設有 n 個不同事物，從其中任選 m 個排成一列，我們想要知道有多少種排法. 我們可將這件事想成有 m 個空格要逐一填充，即，這件事有 m 個步驟要依次完成. 在圖 6-7 中，我們以 1, 2, 3, …, m 分別表示第一個，第二個，第三個, …, 第 m 個空格.

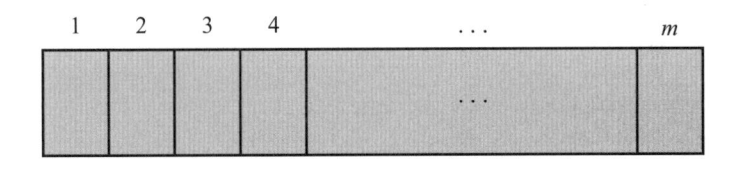

圖 6-7

第一步是從 n 個不同事物中選出一個來填進空格 1 中，共有 n 種方法.

第二步是從剩下的 $n-1$ 個不同事物中選出一個來填進空格 2 中，共有 $n-1$ 種方法.

依此類推，我們知道填進空格 3 的方法有 $n-2$ 種，填進空格 4 的方法有 $n-3$ 種, …, 填進空格 m 的方法有 $n-(m-1)=n-m+1$ 種. 根據乘法原理，要填完 m 個空格總共有

$$n \cdot (n-1) \cdot (n-2) \cdots (n-m+1)$$

種方法. 因此，我們得到從 n 件不同事物中，任選 m 件排成一列，共有 $n \cdot (n-1) \cdot (n-2) \cdots (n-m+1)$ 種方法. 我們以符號 P^n_m 表示從 n 件不同的事物中任選 m 件 ($m \leq n$) 的排列總數，即

$$P^n_m = n \cdot (n-1) \cdot (n-2) \cdots (n-m+1) \tag{6-3-1}$$

若 $m=n$，則

$$P^n_m = P^n_n = n \cdot (n-1) \cdot (n-2) \cdots 3 \cdot 2 \cdot 1$$

此公式指出，從 n 件不同事物中，全取排成一列的排列總數等於自然數 1 到 n 的連乘積. 自然數 1 到 n 的連乘積，稱為 **n 的階乘**，通常用 $n!$ 表示. 所以，

$$P^n_n = n! \tag{6-3-2}$$

如果我們規定 $0!=1$，則不論 $m<n$ 或 $m=n$，我們都有

$$P_m^n = n \cdot (n-1) \cdot (n-2) \cdots (n-m+1)$$

$$= \frac{n \cdot (n-1) \cdot (n-2) \cdots (n-m+1) \cdot (n-m) \cdots 3 \cdot 2 \cdot 1}{(n-m) \cdots 3 \cdot 2 \cdot 1}$$

$$= \frac{n!}{(n-m)!} \tag{6-3-3}$$

例題 1 計算 P_3^{16} 及 P_6^6．

解 $P_3^{16} = 16 \times 15 \times 14 = 3360$
$P_6^6 = 6! = 6 \times 5 \times 4 \times 3 \times 2 \times 1 = 720$．

例題 2 從字母 A、B、C、D、E 中，任選三個排成一列，問共有多少種排法？

解 此問題為從五個不同事物中任選三個的排列，故排列總數為

$$P_3^5 = \frac{5!}{(5-3)!} = \frac{5!}{2!} = 5 \times 4 \times 3 = 60 \text{ (種)}.$$

例題 3 某段鐵路上有 12 個車站，共需要準備多少種普通車票？

解 因為每一張車票對應著兩個車站的一個排列，所以需要準備的車票種數，就是從 12 個車站中任取 2 個的排列數：

$$P_2^{12} = 12 \times 11 = 132 \text{ (種)}.$$

例題 4 用 0 到 9 這十個數字排成沒有重複數字的三位數，共有多少種排法？

解 從 0、1、2、3、4、5、6、7、8、9 共十個數字中，任選三個數字排成三位數，其排列數為

$$P_3^{10} = 10 \times 9 \times 8 = 720 \text{ (種)}$$

但其中含有百位數字是 0 的數，此種數其實是兩位數，故須除去．就百位數字是 0 的數，它的十位數與個位數均由 1、2、3、4、5、6、7、8、9 等九個數字組成，其方法有

$$P_2^9 = 9 \times 8 = 72 \text{ (種)}$$

故所求的三位數有

$$P_3^{10} - P_2^9 = 720 - 72 = 648 \text{ (種)}.$$

例題 5 從字母 A、B、C、D、E 中，全取排成一列，問共有多少種排法？

解 此問題為從五個不同事物中，全取排成一列的排列，故排列總數為

$$P_5^5 = 5! = 5 \times 4 \times 3 \times 2 \times 1 = 120 \text{ (種)}.$$

例題 6 若 $P_3^{2n} : P_2^{n+1} = 10 : 1$，試求 n 之值．

解 因 $P_3^{2n} = 2n(2n-1)(2n-2)$；$P_2^{n+1} = (n+1) \cdot n$

所以，$\quad 2n(2n-1)(2n-2) = 10 \cdot (n+1) \cdot n$

則 $\quad 4n^2 - 11n - 3 = 0$，即 $(4n+1)(n-3) = 0$，故 $n = 3$.

隨堂練習 4 男生 3 人及女生 2 人排成一列合拍團體照，女生 2 人希望相鄰並排，共有多少種排法？

答案：48 種．

隨堂練習 5 用 0、1、2、3、4、5 六個數字，所有數字不得重複，排列成能以 5 整除的三位數，問共有若干個？

答案：36 個．

二、不盡相異物的排列

假設 n 個元素中有相同元素，亦有相異元素，則稱元素不盡相異；若取其中一部分或全部元素做排列，稱為**不盡相異物的排列**．首先，我們看一下簡單的例子．

例題 7 將大小相同的紅球 3 個、黑球 1 個、白球 1 個排成一列，共有多少種排法？

解 設共有 x 種排法．因"紅黑紅紅白"為其中一種排法，而對此種排法而言，若將 3 個紅球看成不同的球，分別以紅$_1$、紅$_2$、紅$_3$ 表示，則有下面 $3! = 6$ 種不同的排法：

紅₁ 黑 紅₂ 紅₃ 白　　紅₂ 黑 紅₁ 紅₃ 白
紅₃ 黑 紅₁ 紅₂ 白　　紅₁ 黑 紅₃ 紅₂ 白
紅₂ 黑 紅₃ 紅₁ 白　　紅₃ 黑 紅₂ 紅₁ 白

5 個球全排 (將紅球看成不同) 的排列數為 5!，因此，

$$x \times 3! = 5!$$

即

$$x = \frac{5!}{3!} = 5 \times 4 = 20 \text{ (種)}.$$

由例題 7 的討論，我們有下面的結論：

> 設 n 個物件中有 r 個相同，其餘均不同，若全取 n 個排列 (不可重複)，則排列總數為 $\dfrac{n!}{r!}$。

例題 8 將大小相同的 4 個白球、2 個黑球、1 個紅球排成一列，共有多少種排法？

解 設共有 x 種排法．就其中的每種排法而言，將任意兩個同色的球互換位置時，此排列不變．但是，若在每一次排列中，視 4 個白球為不同的球，則 4 個白球的排列應有 4! 種；若視 2 個黑球為不同的球，則 2 個黑球的排列應有 2! 種．又每一個球均不同的總排列數為 7! 種，故

$$x \times 4! \times 2! = 7!$$

即

$$x = \frac{7!}{4!\,2!} = 105 \text{ (種)}.$$

將上述的觀念推廣，可得到下面的結論：

> 設 n 個物件中，共有 k 種不同種類，第一類有 m_1 個相同，第二類有 m_2 個相同，…，第 k 類有 m_k 個相同，且 $n = m_1 + m_2 + \cdots + m_k$，則將此 n 個不完全相異的物件排成一列的排列總數為

$$\frac{n!}{m_1!\,m_2!\cdots m_k!} \tag{6-3-4}$$

以符號 $\begin{pmatrix} n \\ m_1, m_2, \cdots, m_k \end{pmatrix}$ 表示.

例題 9 "banana" 一字的各字母任意排成一列，共有多少種排列法？

解 banana 中有相同字母 "a，a，a" 及 "n，n"，故排列數為

$$\frac{6!}{3!\,2!\,1!}=60\ (種).$$

例題 10 相同的鉛筆 5 枝，與相同的原子筆 3 枝，分給 8 個小孩，每人各得 1 枝，共有多少種分法？

解 此題為有些相同的全排情形，所以共有

$$\frac{8!}{5!\,3!}=56\ (種)$$

分法.

例題 11 設由 A 到 B 的街道，如圖 6-8 所示，今自 A 取捷徑走到 B，共有多少種走法？

解 設向東走一小段（一個街口到下一個街口）用 E 表示，向北走一小段用 N 表示，則每一種走法都是由 4 個 E 與 3 個 N 排列而成，如圖中粗線所示的路徑 ENNENEE 為其中一種走法. 所以，由公式知

$$\frac{(4+3)!}{4!\,3!}=35\ (種).$$

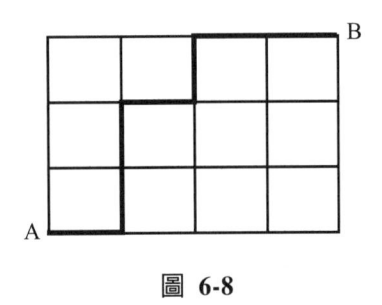

圖 6-8

隨堂練習 6 將 "PIPPEN" 六個英文字母依下列各種排法重新排列，試問有多少種排法？

(1) 任意排列．　　　　　　　　　　　(2) 三個 "P" 字不完全相連．

答案：(1) 120 種，(2) 96 種．

三、重複排列

從 n 個不同物件中，可重複地任選 m 個排成一列，稱為 n 中取 m 的**重複排列**，它也是排列的一種．我們仍然以填空格的方法來說明 n 中取 m 的重複排列的總數，如圖 6-9．

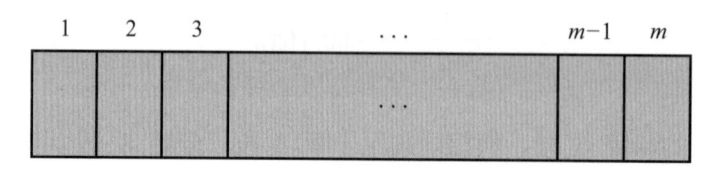

圖 6-9

第一步：從 n 個不同物件中，選取一個填進空格 1 中，有 n 種方法．

第二步：因為可以重複地選取，所以還是從 n 個不同物件中，選取一個填進空格 2 中，有 n 種方法．

依同樣的步驟，連續進行 m 次，就可將 m 個空格填完，且每一次都有 n 種方法．根據乘法原理，可知共有

$$\underbrace{n \cdot n \cdot n \cdots \cdot n}_{m \text{ 個 } n \text{ 相乘}} = n^m$$

種排列法．

例題 12 由 1、2、3、4 這四個數字所組成的三位數有多少個？數字可以重複．

解 百位數可由 1、2、3、4 這四個數字選取，有 4 種方法；十位數也可由 1、2、3、4 這四個數字選取，有 4 種方法；個位數也可由 1、2、3、4 這四個數字選取，有 4 種方法．所以，共有 $4 \times 4 \times 4 = 64$ 個三位數．

例題 13　有 5 種不同的酒及 3 個不同的酒杯，每杯都要倒酒，但只准倒入一種酒，共有多少種倒法？

解　第一個酒杯可從 5 種酒中選一種來倒入，有 5 種方法；同理，第二、第三個酒杯也各有 5 種倒法。所以，共有 $5\times 5\times 5=125$ 種倒法。

隨堂練習 7　將 15 個不同的球放入 4 個箱內，但每箱均可容納 15 個球，求其放法有幾種？

答案：4^{15} 種。

隨堂練習 8　依據隨堂練習 7，將 15 個不同的球放入 4 個箱內，其放法若寫成 $15\times 15\times 15\times 15=15^4$ (種)，此一結果為何不對？

答案：略。

四、環狀排列

將 n 個不同物件，沿著一個圓周而排列，這樣的排列稱為**環狀排列**。這種排列僅考慮此 n 個物件的相關位置，而不在乎各物件所在的實際位置；換句話說，如果將所排成的某一環形任意轉動，則所得到的結果仍然視為同一種環狀排列。例如，甲、乙、丙、丁 4 個人圍著一圓桌而坐，共有幾種不同的坐法？首先將環形看成線形，則 4 個人的直線排列（不重複）有 $P^4_4=4!$ 種，但是，像 (甲, 乙, 丙, 丁) 這種排列在環形中依順時鐘方向每次各移動一位，均視為相同，如圖 6-10 所示。

也就是說，(甲, 乙, 丙, 丁)、(丁, 甲, 乙, 丙)、(丙, 丁, 甲, 乙)、(乙, 丙, 丁, 甲) 4 種排列如果首尾連接形成環狀排列，則視為相同排列，因而每 4 種直線排列作成同一種環狀排列，故環狀排列的總數為

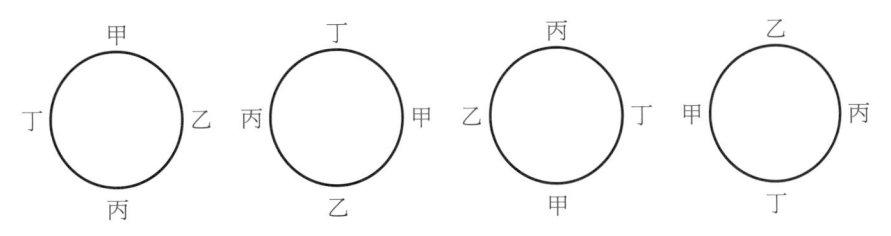

圖 6-10

$$\frac{4!}{4}=3!=6 \text{ (種)}.$$

由上面的例子可知，對於一般的情形，我們有下面的結果：n 個不同物件的環狀排列總數為

$$\frac{P^n_n}{n}=\frac{n!}{n}=(n-1)!. \tag{6-3-5}$$

例題 14 6 個人手拉手圍成一個圓圈，共有多少種不同的排法？

解 由公式知

$$\frac{6!}{6}=5!=120 \text{ (種)}.$$

例題 15 從 7 個人中選出 5 個人圍著圓桌而坐，共有多少種不同的坐法？

解 從 7 個人選出 5 個人的直線排列數為 P^7_5。每次選定 5 個人作環狀排列時，每一種環狀排列對應了 5 種直線排列，故坐法共有

$$\frac{P^7_5}{5}=\frac{7\times 6\times 5\times 4\times 3}{5}=504 \text{ (種)}.$$

一般而言，我們可將例題 15 的結果推廣如下：

> 從 n 個不同物件中任取 m 個（$m \leq n$ 且不重複）作環狀排列，則其排列總數為
>
> $$\frac{P^n_m}{m}=\frac{1}{m}\cdot\frac{n!}{(n-m)!}. \tag{6-3-6}$$

例題 16 夫婦 2 人及子女 5 人圍著圓桌而坐，但夫婦 2 人必須相鄰而坐，共有多少種不同的坐法？

解 因限定夫婦 2 人須相鄰，宛如一人，連同子女 5 人可視為共有 6 人圍著圓桌而坐，可得排列數為 5!，但夫婦 2 人可易位而坐，故總共坐法有

$$5!\times 2!=240 \text{ (種)}.$$

隨堂練習 9 ✎ 16 顆不同的珠子串成一項鍊，可串成多少種不同的項鍊？

答案：$\dfrac{15!}{2}$ 種.

隨堂練習 10 ✎ 4 男 4 女圍著圓桌而坐，若同性不相鄰，則共有幾種坐法？

答案：144 種.

習題 6-3

1. 從 5 位同學中任選 3 人排成一列拍照留念，共有多少種排法？
2. 將 3 封不同的信件投入 5 個郵筒，任兩封不在同一個郵筒，共有多少種投法？
3. 15 本不同的書，10 人去借，每人借 1 本，共有多少種借法？
4. 10 本不同的書，15 人去借，每人至多借 1 本，每次都將書借完，共有多少種借法？
5. 今有 6 種工作分配給 6 人擔任，每個人只擔任一種工作，但某甲不能擔任其中的某兩種工作，問共有幾種分配法？
6. 將不同的鉛筆 10 枝，不同的原子筆 8 枝，不同的鋼筆 10 枝，分給 5 人，每人只能分得鉛筆、原子筆、鋼筆各 1 枝，共有幾種分法？
7. 7 人站成一排照相，求
   (1) 某甲必須站在中間，有多少種站法？
   (2) 某甲、乙兩人必須站在兩端，有多少種站法？
   (3) 某甲既不能站在中間，也不能站在兩端，有多少種站法？
8. 將"SCHOOL"的各字母排成一列，求下列各排列數.
   (1) 全部任意排列　　　(2) 兩個"O"不相鄰
9. 將 2 本相同的書及 3 枝相同的筆分給 7 人，每人至多 1 件，共有多少種分法？
10. 把"庭院深深深幾許"七個字重行排列，使三個"深"字不完全連在一起，其排法共有幾種？
11. 用七個數字 0、1、1、1、2、2、3 作七位整數，共可作幾個？

12. 將 5 封信投入 4 個不同的郵筒，共有多少種投法？

13. 5 個人猜拳，每人可出"剪刀"、"石頭"、"布"之中的任一種，則共有幾種情形？

14. 有 5 類水果，香蕉、梨子、橘子、蘋果、芒果 (每類均有 6 個以上)．今有小朋友 6 位，每人任取一種水果，則取法有若干種？

15. 有 3 種不同的酒及 7 個不同酒杯，每杯倒入一種酒，其方法有幾種？

16. 5 男、5 女圍一圓桌而坐，依下列各種情形，求排列數．

   (1) 5 男全部相鄰　　　(2) 同性不相鄰

17. 5 對夫婦圍著一圓桌而坐，求下列各種坐法．

   (1) 任意圍坐　　　　(2) 每對夫婦相鄰

   (3) 男女相隔　　　　(4) 男女相隔且夫婦相鄰

18. 求下列正整數 n 的值．

   (1) $5P_n^9 = 6P_{n-1}^{10}$　　　(2) $P_3^{2n} = 10P_2^{n+1}$

   (3) $2P_3^n = 3P_2^{n+1} + 6P_1^n$　　(4) $P_3^n : P_3^{n+2} = 5 : 12$

▶▶6-4　組　合

一、不重複組合

　　從 n 個不同物件中，每次不重複地任取 m ($\leq n$) 個不同物件為一組，同一組內的物件若不計其前後順序，就稱為 n 中取 m 的**不重複組合**，其中每一組稱為一種組合，所有組合的總數稱為**組合數**，以符號 C_m^n 或 $\binom{n}{m}$ 表示．例如，今有 1、2、3、4、5 五個數字，每次選取三個數字 (不重複) 作為一組，則 5 個數中取 3 個數的排列數為 $P_3^5 = 60$．在每一種排列中，像 {1, 2, 3} 這一組，若按其前後次序排列，則有 {1, 2, 3}, {1, 3, 2}, {2, 1, 3}, {2, 3, 1}, {3, 1, 2}, {3, 2, 1} 等六種．但是，對這六種組合而言，應視為同一組，所以這六種只能算一種，因而所得的組合數為

$$C_3^5 = \frac{P_3^5}{6} = \frac{P_3^5}{3!} = 10$$

它們是：{1, 2, 3}, {1, 2, 4}, {1, 2, 5}, {1, 3, 4}, {1, 3, 5}, {1, 4, 5}, {2, 3, 4}, {2, 3, 5}, {2, 4, 5}, {3, 4, 5}．

由上面所述的例子可知，n 中取 m 的排列總數 P_m^n，可以分解成下面兩個步驟來求．

1. 先自 n 中選取 m 個出來 (此即組合數 C_m^n)．
2. 然後將取出的 m 個物件任意去排列 (總數為 $m!$)．

根據乘法原理，

$$C_m^n \times m! = P_m^n$$

因此，我們得到組合數公式如下：從 n 個不同物件中，每次不重複地取 m 個為一組，則其組合數為

$$C_m^n = \frac{P_m^n}{m!} = \frac{n!}{m!(n-m)!} \qquad (m \leq n). \tag{6-4-1}$$

定理 6-1

$$C_m^n = C_{n-m}^n, \quad 0 \leq m \leq n.$$

證：$C_m^n = \dfrac{n!}{m!(n-m)!} = \dfrac{n!}{[n-(n-m)]!\,(n-m)!} = C_{n-m}^n$

定理 6-1 告訴我們，從 n 個不同物件中不重複地任意選取 m 個後，則必留下 $n-m$ 個，每次取 m 個的組合數 C_m^n 與每次取 $n-m$ 個的組合數 C_{n-m}^n 相等．

註：當 $m > \dfrac{n}{2}$ 時，通常不直接計算 C_m^n，而是改為計算 C_{n-m}^n，這樣比較簡便．

定理 6-2　巴斯卡定理

$$C_m^n = C_m^{n-1} + C_{m-1}^{n-1}, \quad 1 \leq m \leq n-1.$$

證：$C_m^{n-1} + C_{m-1}^{n-1} = \dfrac{(n-1)!}{m!\,(n-m-1)!} + \dfrac{(n-1)!}{(m-1)!\,(n-m)!}$

$\qquad\quad = (n-1)! \times \dfrac{(m-1)!\,(n-m)! + m!\,(n-m-1)!}{m!\,(n-m-1)!\,(m-1)!\,(n-m)!}$

$$= (n-1)! \times \frac{(m-1)!\,(n-m-1)!\,[(n-m)+m]}{m!\,(n-m-1)!\,(m-1)!\,(n-m)!}$$

$$= \frac{(n-1)! \times n}{m!\,(n-m)!} = \frac{n!}{m!\,(n-m)!}$$

$$= C_m^n.$$

定理 6-2 告訴我們，從 n 個不同物件中不重複地任取 m 個，其組合數 C_m^n 可以視成下列兩種情況的總和：

1. 恰含某一固定事物的組合數 C_{m-1}^{n-1}．
2. 不含某一固定事物的組合數 C_m^{n-1}．

例題 1 計算 C_{198}^{200} 及 $C_3^{99} + C_2^{99}$．

解 $C_{198}^{200} = C_2^{200} = \dfrac{200 \times 199}{2 \times 1} = 19900$

$C_3^{99} + C_2^{99} = C_3^{100} = \dfrac{100 \times 99 \times 98}{3 \times 2 \times 1} = 161700.$

例題 2 平面上有 5 個點，其中任何三點不共線，以這些點為頂點，一共可畫出多少個三角形？又可決定幾條直線？

解 在平面上，不共線的三點可以決定一三角形，所以共有

$$C_3^5 = \frac{5!}{3!\,2!} = \frac{5 \times 4 \times 3!}{3!\,2!} = 10 \text{ 個三角形}$$

因任意兩點可決定一條直線，故共有

$$C_2^5 = \frac{5!}{2!\,3!} = \frac{5 \times 4 \times 3!}{2!\,3!} = 10 \text{ 條直線.}$$

例題 3 某乒乓球校隊共有 8 人，今自該隊遴選 5 人充任國手．

(1) 共有多少種選法？

(2) 若某兩人為當然國手，則有多少種選法？

解 (1) $C_5^8 = C_3^8 = \dfrac{8\times 7\times 6}{3\times 2\times 1} = 56$ (種)．

(2) 因某兩人為當然國手，故只須從剩下的 6 人中任選 3 人即可．所以共有

$$C_3^6 = \dfrac{6\times 5\times 4}{3\times 2\times 1} = 20 \text{ (種)}.$$

隨堂練習 11 由 6 位男教師、5 位女教師中選出一個 5 人口試委員會，規定其中男女教師至少各有 2 人，問有多少種選法？

答案：350 種．

隨堂練習 12 自 5 冊不同的英文書與 4 冊不同的數學書中，取 2 冊英文書與 3 冊數學書排放在書架上，共有多少種排法？

答案：4800 種．

二、重複組合

由 n 件不同的事物中，每次選取 m 件為一組，同一組的事物不計其先後順序，於各組中，每件事物可以重複選取 2 次，3 次，…，或 m 次，則這種組合叫做重複組合，其組合總數常以符號 H_m^n 表示，其值如何呢？首先我們看下面的問題：

今有 5 顆相同的彈珠，分給甲、乙、丙三位小朋友 (每人不一定要分得)，問其可能的分法有幾種？

此問題中的"相同"若換成"不同"，則只要利用乘法原理就可迎刃而解；但是，如今是"相同"的彈珠，問題就不單純了．其方法如下：

我們用 $3-1=2$ 塊隔板 b、b，將 5 顆彈珠隔成 3 堆，左堆給甲，中間堆給乙，右堆給丙，如：

$$\begin{array}{l} \text{o b o b o o o} \leftrightarrow (甲，乙，丙) = (1, 1, 3) \\ \text{o o b b o o o} \leftrightarrow (甲，乙，丙) = (2, 0, 3) \\ \text{b o o o o o b} \leftrightarrow (甲，乙，丙) = (0, 5, 0) \\ \text{o o o b o o b} \leftrightarrow (甲，乙，丙) = (3, 2, 0) \end{array}$$

………………………………………

我們可得 "5 顆彈珠與 2 塊隔板" 形成不完全相異物的直線排列，共有 $\dfrac{(5+2)!}{5!\,2!}$ 種，即，全部的分法有 $\dfrac{(5+2)!}{5!\,2!}$ 種.

這一個問題可以轉換成數學模式：方程式 $x+y+z=5$ 的非負整數解 (x, y, z) 有多少組？例如，甲、乙、丙分得的彈珠數：$(1, 1, 3)$, $(2, 0, 3)$, $(0, 5, 0)$, $(3, 2, 0)$, ⋯ 都是它的解．換句話說，上面問題中不妨設甲、乙、丙分別得到 x 個、y 個、z 個，則 x、y、z 必須滿足：

1. x、y、z 均是非負的整數．
2. $x+y+z=5$．

反之，滿足 1. 與 2. 的任一組解 (x, y, z) 也正好對應上述問題的一種彈珠分法．

現在，我們將上面的結果推廣如下：

方程式 $x_1+x_2+\cdots+x_n=m$ 的非負整數解 $(x_1, x_2, \cdots, x_n)$ 的組數 "等於" m 個相同的彈珠任意分給 n 個人（每人不一定要分得）的分法數：

$$\dfrac{[m+(n-1)]!}{m!\,(n-1)!}=C_m^{n+m-1}$$

類似上面的討論，可得到一般情況：由 n 件不同的事物中，每次選取 m 件為一組之**重複組合**，其組合總數為

$$H_m^n=C_m^{n+m-1}\quad (m、n\in N,\ m\ \text{之值可大於}\ n). \tag{6-4-2}$$

例題 4 5 枚完全相同的硬幣，贈與 4 人，每人均可兼而得之，亦可得不到硬幣，問共有幾種不同的贈法？

解 由於 5 枚硬幣完全相同，故此種贈法不計順序，這是組合問題，又對每種贈法而言，每個人可重複得到硬幣 2 枚、3 枚、4 枚或 5 枚，因此這是重複組合問題，換句話說，本題是由 4 個不同的事物（4 個人）中，任意選取 5 件的重複組合，故有

$$H_5^4=C_5^{4+5-1}=C_5^8=C_3^8=\dfrac{8\times 7\times 6}{1\times 2\times 3}=56\ (\text{種}).$$

例題 5 將 20 本相同的新書贈送給甲、乙、丙三個圖書館，求下列的分配法有多少種？

(1) 每個圖書館至少 2 本.

(2) 甲至少 3 本，乙至少 2 本，丙至少 4 本.

(3) 任意分配.

解 (1) 每個圖書館先各分 2 本，剩下 14 本，可任意分配給甲、乙、丙，共有

$$H_{14}^3 = C_{14}^{16} = C_2^{16} = \frac{16!}{2!\,14!} = \frac{16 \times 15}{2!} = 120 \text{ (種)}.$$

(2) 先給甲 3 本、乙 2 本、丙 4 本，剩下 11 本再任意分給甲、乙、丙，共有

$$H_{11}^3 = C_{11}^{13} = 78 \text{ (種)}.$$

(3) 共有

$$H_{20}^3 = C_{20}^{22} = 231 \text{ (種)}.$$

隨堂練習 13 將 10 個相同的球放進 3 個不同的箱子中，每箱球數不限，共有多少種放法？

答案：66 種.

隨堂練習 14 方程式 $x_1 + x_2 + x_3 + x_4 + x_5 = 14$ 共有多少組非負整數解？

答案：3060 組.

例題 6 將 10 個相同的球放入 3 個不同的箱子中，若每個箱子至少放一個，則共有多少種放法？

解 每個箱子先各放一個球，剩下 10−3＝7 個球再任意放入 3 個箱子中，每箱不限個數，也可不放，故有

$$H_7^3 = C_7^9 = C_2^9 = 36$$

種放法.

例題 7 由 a、b、c 三個變數所成之 5 次齊次多項式共有幾項？

解 由 a、b、c 三個變數所成之 5 次齊次多項式，即多項式之每項均為 5 次式，

例如：

$$a^5,\ b^5,\ c^5,\ a^3b^2,\ abc^3,\ a^2b^2c,\ \cdots$$

即

□	□	□	□	□
↓	↓	↓	↓	↓
a	a	a	a	a
b	b	b	b	b
c	c	c	c	c
3 種	3 種	3 種	3 種	3 種

每個空格均可填入 a、b、c 三種，故為可重複者，又如 $aabbc$ 與 $abacb$ 均表 a^2b^2c，故與順序無關視為組合. 故共有

$$H_5^3 = C_5^{3+5-1} = C_5^7 = \frac{7\cdot 6\cdot 5!}{5!\cdot 2!} = 21\ (項).$$

隨堂練習 15 ✎ $(3a-b+2c)^5$ 之展開式中共有若干相異的項 (不同類項)？

答案：21 種.

習題 6-4

1. 求下列各式中正整數 n 的值.

(1) $12C_4^{n+2} = 7C_3^{n+4}$ (2) $C_3^n = P_2^n$ (3) $C_n^{10} = C_{3n-2}^{10}$

2. 已知 $C_r^n = C_{2r}^n$，$3C_{r+1}^n = 11C_{r-1}^n$，求正整數 n 及 r 的值.

3. 男生 7 名，女生 6 名，從中選 4 名委員，依下列條件有幾種選法？

(1) 男生 2 名，女生 2 名   (2) 女生最少 1 名

4. 正立方體的八個頂點共可決定：

(1) 多少條直線？   (2) 多少個三角形？   (3) 多少個平面？

5. 將 8 本不同的書分給甲、乙、丙三人，甲得 4 本，乙得 2 本，丙得 2 本，共有

若干種分法？

6. 設書架上有 12 本不同的中文書，5 本不同的英文書．若想從書架上選取 6 本書，其中 3 本為中文書，3 本為英文書，問有多少種選法？

7. 自 10 男、8 女中，男、女各 4 人，配成一男一女四對拍擋，則配對法共若干種？

8. 從 1 到 20 的自然數中選出相異三數，依下列各條件求其組合數：
   (1) 和為奇數　　　(2) 積為偶數　　　(3) 恰有一數為 5 的倍數．

9. 如下圖所示，共有多少個矩形？

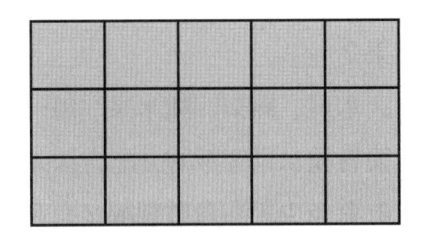

10. 在產品檢驗時，常從產品中抽出一部分進行檢查．今從 100 件產品中任意抽出 3 件．
    (1) 共有多少種不同的抽法？
    (2) 若 100 件產品中有 2 件不良品，則抽出的 3 件中恰有 1 件是不良品的抽法有多少種？
    (3) 若 100 件產品中有 2 件不良品，則抽出的 3 件中至少有 1 件是不良品的抽法有多少種？

11. 設有甲、乙、丙、… 等 9 人分發到基隆、台南、台東三處工作，依下列各情形求其分發之方法數：
    (1) 依 3 人，3 人，3 人分配 (每地人數可依此數互相交換)．
    (2) 依 4 人，3 人，2 人分配 (每地人數可依此數互相交換)．
    (3) 限定基隆 4 人，台南 3 人，台東 2 人．
    (4) 依 4 人，4 人，1 人分配 (每地人數可依此數互相交換)．

12. 將 12 本不同之書分給甲、乙、丙三人，依下列分法各有幾種分法？
    (1) 依 4 本，4 本，4 本分配．

(2) 依 5 本, 5 本, 2 本分配.

(3) 依 3 本, 4 本, 5 本分配.

(4) 依甲 5 本, 乙 5 本, 丙 2 本分配.

(5) 依甲 3 本, 乙 4 本, 丙 5 本分配.

13. 試求下列各值：(1) H_3^5 (2) H_5^5 (3) H_8^5.

14. 將下列各組合式化為重複組合數 H_m^n 之形式.

(1) C_3^5 (2) C_4^8 (3) C_6^6

15. 三粒完全相同的骰子擲一次, 共有多少種結果？

16. 設選舉人有 10 位, 而有 3 人候選, 若採用：(1) 記名投票；(2) 無記名投票. 則選票各有多少種不同的結果？

17. 某水果攤賣有梨子、蘋果、木瓜、鳳梨四種水果, 每一種至少有 10 個, 王先生購買 10 個裝成一籃, 問此籃各種水果個數的分配方法共有多少種？

18. 方程式 $x_1+x_2+x_3+x_4=10$ 有多少組非負整數解？有多少組正整數解？

19. $(x+y+z)^4$ 之展開式中有若干相異之項 (不同類項)？又 x^2yz 項之係數為何？

20. (1) 8 種相同物全部發給甲、乙、丙三人, 每人可兼得或不得, 則給法共有幾種？

(2) 8 種不相同物全部發給甲、乙、丙三人, 每人可兼得或不得, 則給法共有幾種？

▶▶ 6-5 二項式定理

我們已經知道

$$(a+b)^0=1$$
$$(a+b)^1=a+b$$
$$(a+b)^2=a^2+2ab+b^2$$
$$(a+b)^3=a^3+3a^2b+3ab^2+b^3$$

現在, 我們再來研究 $(a+b)^4$ 的展開式的各項, 即

$$(a+b)^4=(a+b)(a+b)(a+b)(a+b)$$

的展開式的各項. 上式右邊的積之展開式的每一項, 是從 4 個括號中的每一個括號裡面任取一個字母的乘積, 因而各項中 a、b 的次數和為 4, 即, 展開式應有下面形式的

各項：
$$a^4,\ a^3b,\ a^2b^2,\ ab^3,\ b^4$$

運用組合的知識，就可以得出展開式各項的係數的規則：

1. 在上面 4 個括號中，都不取 b，共有一種，即 C_0^4 種，所以 b^4 的係數是 C_0^4.

2. 在 4 個括號中，恰有 1 個取 b，共有 C_1^4 種，所以 a^3b 的係數是 C_1^4.

3. 在 4 個括號中，恰有 2 個取 b，共有 C_2^4 種，所以 a^2b^2 的係數是 C_2^4.

4. 在 4 個括號中，恰有 3 個取 b，共有 C_3^4 種，所以 ab^3 的係數是 C_3^4.

5. 在 4 個括號中，4 個都取 b，共有 C_4^4 種，所以 b^4 的係數是 C_4^4.

因此，
$$(a+b)^4 = C_0^4 a^4 + C_1^4 a^3 b + C_2^4 a^2 b^2 + C_3^4 ab^3 + C_4^4 b^4$$

依此，我們有下面的公式，稱為**二項式定理**，它告訴我們如何求 $(a+b)^n$ $(n \in N)$ 之展開式中各項的係數.

定理 6-3　二項式定理

對於任意 $n \in N$，
$$(a+b)^n = C_0^n a^n + C_1^n a^{n-1} b + C_2^n a^{n-2} b^2 + \cdots + C_r^n a^{n-r} b^r$$
$$+ \cdots + C_{n-1}^n ab^{n-1} + C_n^n b^n = \sum_{r=0}^{n} C_r^n a^{n-r} b^r.$$

由上述之定理，得到下列的推論：

1. $(a+b)^n$ 之展開式共有 $n+1$ 項，其第 $r+1$ 項為 $C_r^n a^{n-r} \cdot b^r$.

2. $(pa+qb)^n$ 之展開式，其第 $r+1$ 項為
$$C_r^n (pa)^{n-r} (qb)^r = p^{n-r} \cdot q^r \cdot C_r^n a^{n-r} b^r.$$

例題 1 展開 $(2x+y)^4$.

解 $(2x+y)^4 = \sum\limits_{r=0}^{4} C_r^4 (2x)^{4-r} y^r$

數學 (二)

$$= C_0^4 (2x)^4 + C_1^4 (2x)^3 y + C_2^4 (2x)^2 y^2 + C_3^4 (2x) y^3 + C_4^4 y^4$$
$$= (2x)^4 + 4(2x)^3 y + 6(2x)^2 y^2 + 4(2x) y^3 + y^4$$
$$= 16x^4 + 32x^3 y + 24x^2 y^2 + 8xy^3 + y^4.$$

隨堂練習 16 展開 $(x+2y)^5$.

答案：$x^5 + 10x^4 y + 40x^3 y^2 + 80x^2 y^3 + 80xy^4 + 32y^5.$

例題 2 求 $(x+2y^2)^5$ 展開式中之 $x^3 y^4$ 項的係數.

解 設 $(x+2y^2)^5$ 展開式之第 $r+1$ 項為

$$C_r^5 \cdot x^{5-r} (2y^2)^r = 2^r \cdot C_r^5 \cdot x^{5-r} y^{2r}$$

故 $\begin{cases} 5-r=3 \\ 2r=4 \end{cases} \Rightarrow r=2$

其係數為 $2^2 \cdot C_2^5 = 4 \cdot \dfrac{5 \times 4}{2 \times 1} = 40.$

隨堂練習 17 求 $\left(2x + \dfrac{1}{3x}\right)^6$ 展開式中之常數項.

答案：$\dfrac{160}{27}.$

例題 3 若 $\left(ax^3 + \dfrac{2}{x^2}\right)^4$ 之展開式中 x^2 項之係數為 6，求 a 值.

解 設第 $r+1$ 項為 $C_r^4 (ax^3)^{4-r} \left(\dfrac{2}{x^2}\right)^r$

$$C_r^4 (ax^3)^{4-r} \left(\dfrac{2}{x^2}\right)^r = a^{4-r} \cdot 2^r \cdot C_r^4 \cdot x^{12-5r}$$

故 $\begin{cases} 12-5r=2 \cdots\cdots ① \\ a^{4-r} \cdot 2^r \cdot C_r^4 = 6 \cdots\cdots ② \end{cases}$

由 ① 得 $r=2$ 代入 ② 式中得

$$a^2 \cdot 2^2 \cdot C_r^4 = 6, \quad a^2 = \frac{1}{4}, \quad 故 \quad a = \pm\frac{1}{2}.$$

例題 4 設 $(1+x)^n$ 之展開式中第 5、第 6、第 7 三項的係數成等差數列，求 n 值.

解 第 5、第 6、第 7 項之係數分別為 C_4^n、C_5^n、C_6^n.

故 $2C_5^n = C_4^n + C_6^n$

$$\Rightarrow 2\frac{n!}{(n-5)! \cdot 5!} = \frac{n!}{(n-4)! \cdot 4!} + \frac{n!}{(n-6)! \cdot 6!}$$

$$\Rightarrow \frac{2}{5(n-5)} = \frac{1}{(n-4)(n-5)} + \frac{1}{6 \cdot 5}$$

$$\Rightarrow 12(n-4) = 30 + (n-4)(n-5)$$

$$\Rightarrow n = 7 \quad 或 \quad n = 14.$$

習題 6-5

求下列各式的展開式.

1. $(2x-3y)^4$ **2.** $\left(3x^2+\frac{1}{x}\right)^5$ **3.** $(2x+3y)^4$

求下列各指定項的係數.

4. $\left(x+\frac{1}{x}\right)^{10}$ 中的 x^4 項係數. **5.** $\left(2x-\frac{1}{3x}\right)^8$ 中的 x^2 項係數.

6. $\left(x-\frac{1}{3x^2}\right)^{18}$ 中的 x^6 項係數.

7. 試利用二項式定理證明下列恆等式.

$$C_0^n + C_1^n + C_2^n + C_3^n + \cdots + C_n^n = 2^n$$

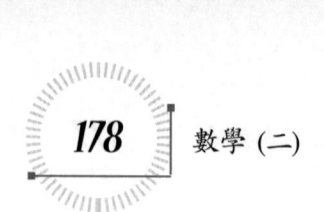

7

機 率

本章學習目標

- 隨機實驗、樣本空間與事件
- 機率的定義與基本定理
- 條件機率與獨立事件
- 重複實驗
- 數學期望值

▶▶ 7-1 隨機實驗、樣本空間與事件

人們常用數學方法來描述一些現象，對於若干問題可以依據已知的條件，列出方程式而求得問題的確實答案．但是有一些現象卻無法以一個適當的等式來說明這現象的因果關係，亦無從得知問題的結果會是什麼．例如，擲一枚結構均勻對稱的硬幣，儘管每次擲出的手法相同，卻會得到有時正面朝上、有時反面朝上的不同結果，顯然沒有一個合適的等式可以說明它的因果關係．因此擲一枚硬幣，到底會是哪面朝上就無法預先求得確定的結果．同樣地，對於一些物理現象、社會現象或商業現象，我們所能探討的是某種結果發生的可能性大小．擲一枚硬幣出現正面的可能性有多大？某公司股票明天的行情可能會漲、會跌、持平而不漲不跌，究竟這股票明天會漲的可能性是多少？對於這些現象有系統的研究，就是所謂的**機率論**．

定義 7-1　隨機試驗

觀察一可產生各種**可能結果**或**出象**的過程，稱為試驗；而若各種可能結果的**出象** (或發生) 具有不確定性，則此一過程便稱為**隨機試驗**．

例題 1　有二袋分別裝黃、紅球，第一袋有 2 黃球 1 紅球，第二袋有 1 黃球 2 紅球，今由二袋任意選取一袋，依次取出一球，共兩次，其結果怎樣？

解　由題意得知，在這種實驗中，假設任意選取一袋是第一袋，而後每次取出一球，共兩次，先是黃球，後也是黃球；或先是黃球，後是紅球；或先是紅球，後是黃球；就有三種不同的結果．如果任意選取一袋是第二袋，而後每次取出一球，共兩次，先是黃球，後是紅球；或先是紅球，後是黃球；或先是紅球，後也是紅球；又有三種不同的結果．這種任意由一袋中，每次取出一球，共兩次，其結果可能是上述六種情形中的一種，這就是隨機實驗．其結果雖然不能確定，但可以推定這實驗的可能結果，今將可能的結果列表如下：

	1	2	3	4	5	6
袋	I	I	I	II	II	II
第一球	黃	黃	紅	黃	紅	紅
第二球	黃	紅	黃	紅	黃	紅

有時，常將這種隨機實驗所經歷的過程，以樹形圖表示出，就很方便地看出其可能的結果．如圖 7-1．

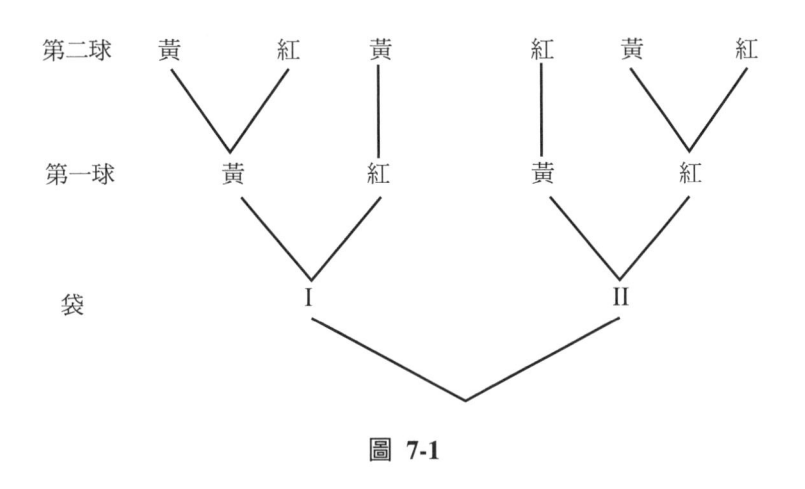

圖 7-1

定義 7-2

一隨機試驗之各種可能結果的集合，稱為此實驗的**樣本空間**，通常以 S 表示之．樣本空間內的每一元素，亦即每一個可能出現的結果，稱為**樣本點**．

定義 7-3 有限樣本空間與無限樣本空間

僅含有限個樣本點的樣本空間，稱為**有限樣本空間**；含有無限多個樣本點的樣本空間，稱為**無限樣本空間**．

例題 2 調查某班級近視人數 (設有 50 名學生)，則其樣本空間為 $S=\{0, 1, 2, 3, \cdots, 50\}$，此一樣本空間為有限樣本空間．

例題 3 觀察某一燈管之使用壽命，其樣本空間為 $S=\{t|t>0\}$，t 表壽命時間，此一樣本空間為無限樣本空間．

定義 7-4 事 件

事件是樣本空間的**子集**；只有一個樣本點的事件稱為**基本事件**或**簡單事件**；而含有兩個以上的樣本點之事件，稱為**複合事件**．

依據上面的定義，**空集合** (ϕ) 與樣本空間本身 (S) 乃是二個特殊的子集，故亦為**事件**，但對此二事件有其特別的涵義．空集合所代表的事件，因它不含任何樣本點，故一般稱為**不可能事件**；而事件 S 包含了樣本空間內的所有樣本點，必然會發生，故一般稱為**必然事件**．

例題 4 擲一骰子，觀察其出現在上方的點數結果，則此隨機實驗的樣本空間為 $S=\{1, 2, 3, 4, 5, 6\}$，而子集

$E_1=\{1, 3, 5\}$ 表出現奇數點的事件．
$E_2=\{2, 4, 6\}$ 表出現偶數點的事件．
$E_3=\{1, 2, 3, 4\}$ 表出現的點數不超過 5 的事件．
$E_4=\{5, 6\}$ 表出現的點數至少為 5 的事件．

例題 5 投擲三枚硬幣，求其樣本空間及出現二正面的事件．

解 (1) 樣本空間為

$S=\{$ (正，正，正), (正，正，反), (正，反，正), (反，正，正), (正，反，反), (反，正，反), (反，反，正), (反，反，反)$\}$．

(2) 出現二正面的事件為

$E=\{$(正，正，反), (正，反，正), (反，正，正)$\}$．

定義 7-5

事件 A 關於 S 的**補集合**，是不在 A 內所有 S 元素的子集. A 的補集合以符號 A′ 表示. 我們稱 A′ 為 A 之**餘事件**，或稱 A 和 A′ 為**互補事件**.

例題 6 若以某公司的所有員工作為樣本空間 S，令所有男性員工所成的子集對應於一事件 A，則對應於另一事件 A′ 表所有女性員工，亦為 S 的一個子集，且為男性員工事件 A 的餘事件.

現在我們考慮對事件來進行運算，使其形成一新的事件. 這些新的事件會跟已知事件一樣是同一個樣本空間的子集. 假設 A 與 B 是兩個與隨機實驗有關的事件，也就是說，A 與 B 是同一樣本空間 S 的子集. 例如擲骰子的時候可以讓 A 是出現奇數點的事件，而 B 是點數大於 2 的事件，則子集 $A=\{1, 3, 5\}$ 與 $B=\{3, 4, 5, 6\}$ 都是同一個樣本空間

$$S=\{1, 2, 3, 4, 5, 6\}$$

的子集. 但讀者應注意：如果出象是子集 $\{3, 5\}$ 的元素之一，A 與 B 兩個事件都會在同一個已知的投擲中發生. 這個子集 $\{3, 5\}$ 就是 A 與 B 的交集.

定義 7-6

事件 A 與 B 的交集是包含 A 與 B 所有共同元素的事件，以符號 $A \cap B$ 表示，稱之為 A 與 B 之**積事件**.

定義 7-7 互斥事件

如果 $A \cap B = \phi$ 的話，事件 A 與 B 就是**互斥**或**不相連**. 也就是說，A 與 B 沒有相同元素.

一般與隨機實驗有關的二個事件中，我們會對其中至少一個事件是否發生感興趣. 因此，在擲骰子的實驗裡，如果

$$A=\{2, 4, 6\} \text{ 且 } B=\{4, 5, 6\}$$

我們想知道的可能是：不是 A 發生就是 B 發生，或者是兩個事件都發生．此類事件叫做 A 和 B 的**聯集**，如果出象是子集 $\{2, 4, 5, 6\}$ 的元素之一的話，即發生這個事件．

定義 7-8 和事件

事件 A 與 B 的聯集是包含所有屬於 A 或 B 或兩者都擁有之元素的事件，以符號 $A\cup B$ 來表示，稱之為 A 與 B 之**和事件**．

定義 7-9 聯合事件

所謂**聯合事件**乃是兩個或以上的事件，透過交集或聯集之運算所構成的事件．

例題 7 擲一骰子，其樣本空間為 $S=\{1, 2, 3, 4, 5, 6\}$．令 A 表示奇數點的事件，B 表示偶數點的事件，C 表示小於 4 點的事件，亦即

$$A=\{1, 3, 5\}, \qquad B=\{2, 4, 6\}, \qquad C=\{1, 2, 3\}$$

於是可得出下列的聯合事件：

$$A\cup B=\{1, 2, 3, 4, 5, 6\}=S$$
$$A\cap B=\phi$$
$$A\cup C=\{1, 2, 3, 5\}$$
$$A\cap C=\{1, 3\}$$
$$B'\cap C'=\{1, 3, 5\}\cap\{4, 5, 6\}=\{5\}.$$

隨堂練習 1 擲一顆骰子，觀察其出現在上方的點數結果，則此隨機實驗的樣本空間為 $S=\{1, 2, 3, 4, 5, 6\}$，而子集 E_1 表出現奇數點的事件，E_2 表出現偶數點的事件，E_3 表出現的點數不超過 5 的事件，亦即

$$E_1=\{1, 3, 5\} \qquad E_2=\{2, 4, 6\} \qquad E_3=\{1, 2, 3, 4\}$$

求下列之聯合事件：

(1) $E_1 \cup E_2$ (2) $E_1 \cap E_2$

(3) $E_1 \cap E_3$ (4) $E_1' \cap E_3'$

答案：(1) $E_1 \cup E_2 = \{1, 2, 3, 4, 5, 6\}$.   (2) $E_1 \cap E_2 = \phi$.

      (3) $E_1 \cap E_3 = \{1, 3\}$.   (4) $E_1' \cap E_3' = \{6\}$.

隨堂練習 2 擲一顆骰子，令 $A = \{1, 2\}$，$B = \{3, 4, 5\}$，$C = \{5, 6\}$ 為三事件，求 (1) 擲此顆骰子出現點數的樣本空間 S 及 A'，(2) $(A \cup B)'$，(3) $(B \cap C)'$.

答案：(1) $S = \{1, 2, 3, 4, 5, 6\}$，$A' = \{3, 4, 5, 6\}$.

      (2) $(A \cup B)' = \{6\}$.

      (3) $(B \cap C)' = \{1, 2, 3, 4, 6\}$.

習題 7-1

1. 試寫出下列隨機實驗的樣本空間：

    (1) 投擲一枚公正的錢幣一次.   (2) 從一副撲克牌中抽出一張牌.

2. (1) 擲一枚硬幣 (有正、反兩面) 兩次，依次觀察其出現正面或反面的結果，試寫出其樣本空間.

    (2) 擲兩枚不同硬幣一次，試寫出其樣本空間.

    (3) 擲兩枚相同硬幣一次，試寫出其樣本空間.

3. 投擲一黑一白兩骰子，試寫出其樣本空間.

4. 在第 3 題中，試描述下列各事件：

    (1) 兩骰子點數和為 7.   (2) 兩骰子點數和大於等於 10.

    (3) 最大點數等於 2.   (4) 最小點數等於 1.

5. 設 A、B、C 表示某隨機實驗的三個事件，試以集合符號表出下列各事件：

    (1) 至少有一事件發生.   (2) 至少有一事件不發生.

6. 設某隨機實驗的樣本空間為 S，而 A、$B \subset S$，若某次實驗產生的樣本為 a. 試解釋下列各問題：
(1) $a \in A'$　　　(2) $a \in A \cup B$　　　(3) $a \in A \cap B$
(4) $A \subset B$　　　(5) $A = \phi$

7. 假設某人射靶三次，我們對於每次是否射中目標感興趣，令事件 E_1 表示三次均未射中，事件 E_2 表示一次射中兩次沒射中，試敘述樣本空間 S 及事件 E_1 和 E_2。

8. 甲、乙、丙、丁四人中，抽籤決定一人為代表，其樣本空間為何？抽籤決定二人為代表之樣本空間為何？

9. 某隨機實驗 E 的樣本空間 S 若包含四個不同的樣本（即 $n(S)=4$），則關於此隨機實驗的所有可能發生的"事件"有多少？

10. 若某隨機實驗共有三種可能的結果（樣本），則此隨機實驗所有可能發生的事件共有多少？

11. 投擲兩顆正常的骰子，點數和為質數的事件與點數和為 8 之倍數的事件是什麼事件？

▶▶ 7-2　機率的定義與基本定理

有了樣本空間與事件的觀念之後，我們再來探討什麼叫做機率。

定義 7-10

機率是衡量某一事件可能發生的程度（機會大小），並針對此一不確定事件發生之可能性賦予一量化的數值。

由以上的定義得知，機率是一個介於 0 和 1 之間的實數，當機率為 0 時，表示這項事件絕不可能發生；而機率為 1 時，則表示這項事件必定發生。

一、機率測度的方法（古典方法的機率測度）

在一有限的樣本空間 S 中，某一事件 E 的機率 $P(E)$ 定義為

$$P(E) = \frac{n(E)}{n(S)} \tag{7-2-1}$$

式中的 $n(S)$ 與 $n(E)$ 分別代表樣本空間與事件所包含的樣本點個數.

例題 1 一袋中有 3 黑球 2 白球，自其中任取 2 球，則此 2 球為一黑、一白的機率為何？

解 自 5 個球 (3 黑，2 白) 中任取 2 球的可能結果有 $C_2^5=10$ 種．故樣本空間 S 之元素個數為 $n(S)=10$.

設取出一黑球、一白球的事件為 E，則因 1 黑球一定是由 3 黑球中取出，故有 $C_1^3=3$ 種可能．同理，1 白球是由 2 白球中取出，故有 $C_1^2=2$ 種可能．由乘法原理知取出一黑球、一白球的可能情形有 $C_1^3 \cdot C_1^2 = 3 \times 2 = 6$ 種，故 $n(E)=6$，因此，

$$P(E)=\frac{n(E)}{n(S)}=\frac{6}{10}=\frac{3}{5}.$$

例題 2 用 teacher 一字的七個字母作種種排列，試求相同二字母相鄰之機率.

解 teacher 一字的字母中有二個 e，所以這七個字母任意排列的所有可能情形共有 $\frac{7!}{2!}=2520$ 種．故樣本空間 S 之元素個數為 $n(S)=2520$.

設相同二字母相鄰之事件為 E．二個字母 e 相鄰的排法有 $6!=720$ 種可能，故

$$P(E)=\frac{n(E)}{n(S)}=\frac{720}{2520}=\frac{2}{7}.$$

隨堂練習 3 一袋中有紅球 5 個，白球 3 個，黑球 2 個，試求任取一球為白球之機率.

答案：$\frac{3}{10}$.

隨堂練習 4 4 個男人、4 個女人圍一圓桌而坐，試問恰好男女相間而坐的機率是多少？

答案：$\frac{1}{35}$.

二、機率之性質

1. $P(\phi)=0$, $P(S)=1$.

證：因 $n(\phi)=0$，故 $P(\phi)=\dfrac{n(\phi)}{n(S)}=\dfrac{0}{n(S)}=0$.

2. 若 $E \subset S$ 為一事件，則 $0 \leq P(E) \leq 1$.

證：$E \subset S \Rightarrow 0 \leq n(E) \leq n(S) \Rightarrow \dfrac{0}{n(S)} \leq \dfrac{n(E)}{n(S)} \leq \dfrac{n(S)}{n(S)} \Rightarrow 0 \leq P(E) \leq 1$

換句話說，每一事件的機率都是介於 0 與 1 之間的某一個實數.

3. 若 $E \subset S$ 為一事件，則 $P(E')=1-P(E)$.

證：設樣本空間 S 有 n 個事件，且每一基本事件出現的機會均等，則

$$P(E')=\dfrac{n(E')}{n}=\dfrac{n-n(E)}{n}=1-\dfrac{n(E)}{n}=1-P(E).$$

4. 加法性 (和事件之機率)：若 A 與 B 為 S 中的兩事件，則

$$P(A \cup B)=P(A)+P(B)-P(A \cap B).$$

證：設樣本空間 S 有 n 個基本事件，且每一基本事件出現的機會均等. 因

$$n(A \cup B)=n(A)+n(B)-n(A \cap B)$$

故

$$P(A \cup B)=\dfrac{n(A \cup B)}{n}=\dfrac{n(A)+n(B)-n(A \cap B)}{n}$$

$$=\dfrac{n(A)}{n}+\dfrac{n(B)}{n}-\dfrac{n(A \cap B)}{n}$$

$$=P(A)+P(B)-P(A \cap B).$$

若將上述性質推廣為 A、B、C 三事件之和事件機率：

$$P(A \cup B \cup C)=P(A)+P(B)+P(C)-P(A \cap B)-P(B \cap C)-P(C \cap A)+P(A \cap B \cap C).$$

5. 單調性：若 A 與 B 為 S 中的兩事件，且 $A \subset B$，則 $P(A) \leq P(B)$.

證：$A \subset B \Rightarrow n(A) \leq n(B) \Rightarrow \dfrac{n(A)}{n(S)} \leq \dfrac{n(B)}{n(S)} \Rightarrow P(A) \leq P(B)$.

6. 互斥事件之加法性：若 A、B 為 S 中的兩事件，且 $A \cap B = \phi$，則
$$P(A \cup B) = P(A) + P(B).$$

證：因 A、B 為 S 中的兩事件，由性質 4. 知
$$P(A \cup B) = P(A) + P(B) - P(A \cap B)$$
又因，$A \cap B = \phi$，則 $P(A \cap B) = P(\phi) = 0$，故
$$P(A \cup B) = P(A) + P(B).$$

7. A、B 為二事件，則 $P(B) = P(A \cap B) + P(A' \cap B)$.

證：因為 $B = S \cap B$，則
$$B = S \cap B = (A \cup A') \cap B = (A \cap B) \cup (A' \cap B)$$
而 $A \cap A' = \phi$，故
$$(A \cap B) \cap (A' \cap B) = \phi$$
由性質 6. 知，
$$P(B) = P((A \cap B) \cup (A' \cap B)) = P(A \cap B) + P(A' \cap B).$$

註：集合的分配律如下：
$$A \cup (B \cap C) = (A \cup B) \cap (A \cup C)$$
$$A \cap (B \cup C) = (A \cap B) \cup (A \cap C).$$

例題 3 設 S 為樣本空間 $A \subset S$，$B \subset S$，$C \subset S$，$P(A) = P(B) = P(C) = \dfrac{1}{4}$，$P(A \cap B) = \dfrac{1}{5}$，$P(A \cap C) = P(B \cap C) = 0$，求：

(1) $P(A \cup B \cup C)$ (2) $P(A' \cap B')$

解 (1) 因 $P(A \cap C) = 0$，$P(B \cap C) = 0$，所以，$P(A \cap B \cap C) = 0$
$$P(A \cup B \cup C) = P(A) + P(B) + P(C) - P(A \cap B) - P(A \cap C)$$
$$- P(B \cap C) + P(A \cap B \cap C)$$

$$= \frac{1}{4} + \frac{1}{4} + \frac{1}{4} - \frac{1}{5} = \frac{11}{20}$$

(2) $P(A' \cap B') = P(A \cup B)' = 1 - P(A \cup B)$
$= 1 - [P(A) + P(B) - P(A \cap B)]$
$= 1 - \left(\frac{1}{4} + \frac{1}{4} - \frac{1}{5}\right) = \frac{7}{10}$.

例題 4 設 A、B 表示兩事件，且 $P(A) = \frac{1}{3}$，$P(B) = \frac{1}{4}$，$P(A \cup B) = \frac{2}{5}$，求

(1) $P(A \cap B)$ (2) $P(A' \cap B)$ (3) $P(A' \cup B)$.

解 (1) 因 $P(A \cup B) = P(A) + P(B) - P(A \cap B)$

則 $P(A \cap B) = P(A) + P(B) - P(A \cup B)$

故 $P(A \cap B) = \frac{1}{3} + \frac{1}{4} - \frac{2}{5} = \frac{11}{60}$.

(2) 由 $P(B) = P(B \cap A) + P(B \cap A')$

則 $P(A' \cap B) = P(B) - P(B \cap A) = \frac{1}{4} - \frac{11}{60} = \frac{1}{15}$.

(3) $P(A' \cup B) = P(A') + P(B) - P(A' \cap B) = (1 - P(A)) + P(B) - P(A' \cap B)$
$= \left(1 - \frac{1}{3}\right) + \frac{1}{4} - \frac{1}{15} = \frac{17}{20}$.

隨堂練習 5 甲、乙兩人以手槍射擊，甲的命中率為 0.8，乙的命中率為 0.7，兩人同時命中的命中率為 0.6，求：

(1) 兩人均未命中的機率. (2) 乙命中但甲未命中的機率.

答案：(1) 0.1，(2) 0.1.

隨堂練習 6 甲袋中有 5 個紅球、4 個白球，乙袋中有 4 個紅球、5 個白球，今從甲、乙兩袋各任取 2 球，求所取得的 4 球均為同色的機率.

答案：$\frac{5}{54}$.

習題 7-2

1. 擲一枚硬幣兩次，求出現兩次正面的機率，及出現至少一次正面的機率.

2. 9 個人圍圓桌而坐，其中甲、乙兩人相鄰的機率為何？

3. 投擲兩顆骰子，求其點數和為 8 的機率.

4. 某公司有二個缺，應徵者有 15 男，17 女，今在此 32 人中任取 2 位，求剛好得到 1 男 1 女的機率.

5. A、B、C、D、E 五個字母中，任取二個 (每字被取之機會均等)，試求：
   (1) 此二字母均為子音的機率.
   (2) 此二字母恰有一個為母音的機率.

6. 某公司現有兩個職位空缺，決定由 7 個人中隨意任用 2 人．已知此 7 人中有一人是經理的女兒，另一人是經理的媳婦，而其它 5 人是一般的應徵者，試問填補這兩個職位空缺的人中至少有一位是經理的女兒或媳婦的機率為多少？

7. 有六對夫婦，自其中任選 2 人，求：
   (1) 此 2 人恰好是夫婦的機率.
   (2) 此 2 人為一男一女的機率.

8. 設 A、B 為兩事件，且 $P(A \cup B) = \dfrac{3}{4}$，$P(A') = \dfrac{2}{3}$，$P(A \cap B) = \dfrac{1}{4}$，求：
   (1) $P(B)$ (2) $P(A-B)$.

9. 擲一顆公正的骰子，E_1 表第一次出現偶數點的事件，E_2 表第二次出現奇數點的事件，求 $P(E_1 \cap E_2)$ 及 $P(E_1 \cup E_2)$.

10. 將 "probability" 的 11 個字母重新排成一列，求相同字母不能排在相鄰位置的機率.

11. 自一副撲克牌中任取 (1) 2 張，(2) 3 張；試問至少取到一張黑桃的機率.

12. 設樣本空間為 S，若二事件 A、$B \subset S$，試證明：
    (1) $P(A \cap B') = P(A) - P(A \cap B)$
    (2) $P((A \cap B') \cup (B \cap A')) = P(A) + P(B) - 2P(A \cap B)$.

▶▶ 7-3 條件機率與獨立事件

一事件發生的機率常因另一事件的發生與否而有所改變．例如：某校學生人數 1000 人中，男生 600 人，近視者 200 人，近視中女生占 50 人．今從全體學生 (看成樣本空間 S) 任選一人，設 B、G、E 分別表示選上 "男生"、"女生"、"近視" 的事件，則選上近視者的機率為 $P(E) = \dfrac{200}{1000} = \dfrac{1}{5}$，但如果已知選上男生 ($B$ 事件已發生)，此人是近視的機率就變成 $\dfrac{150}{600} = \dfrac{1}{4}$ (見圖 7-2)．換句話說，B 事件的發生影響到 E 事件的機率，這就是條件機率的概念．

當樣本空間 S 中某一事件 B 已發生，而欲求事件 A 發生的機率，這種機率稱為事件 A 的**條件機率**，以符號 $P(A|B)$ 表示．條件機率就是要處理 "已得知實驗的部分" 結果 (事件 B 發生) 下，重新估計另一事件 A 發生的機率．

在前例 (圖 7-2) 中，已知選上男生正表示實驗的結果是 B 事件發生，因此樣本空間 S 中的樣本點可以剔除女生，而 B 事件看成新的樣本空間 (該實驗的所有可能結果)，然後在新的樣本空間 B 上求近視的機率，圖 7-2 中只需在 B 的範圍內 (600 人) 挑選近視者 (150 人) 即可．

所以 $P(E|B) = \dfrac{150}{600} = \dfrac{1}{4}$，同理，$P(E|G) = \dfrac{50}{400} = \dfrac{1}{8}$ (在 G 的範圍內求 E 的

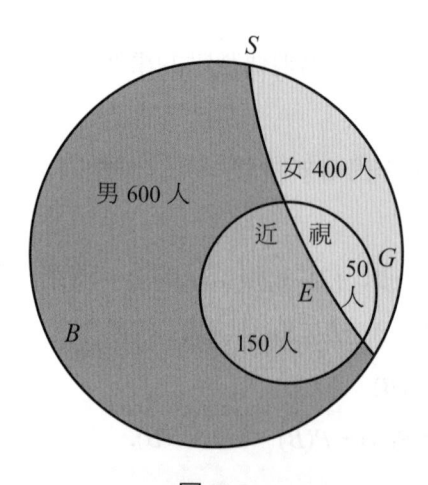

圖 7-2

機率), $P(B|E) = \dfrac{150}{200} = \dfrac{3}{4}$ (在 E 的範圍內求 B 的機率). 又

$$P(E|B) = \dfrac{n(E \cap B)}{n(B)} = \dfrac{\dfrac{n(E \cap B)}{n(S)}}{\dfrac{n(B)}{n(S)}} = \dfrac{P(E \cap B)}{P(B)}.$$

我們現在定義條件機率如下.

定義 7-11

設 A、B 為樣本空間 S 中的兩事件，且 $P(B) > 0$，則在事件 B 發生的情況下，事件 A 的**條件機率** $P(A|B)$ 為

$$P(A|B) = \dfrac{P(A \cap B)}{P(B)}$$

$P(A|B)$ 讀作 "在 B 發生的情況下，A 發生的機率".

事實上，任一事件 A 的機率亦可看成 "在 S 發生的情況下，A 的條件機率"，這是由於

$$P(A|S) = \dfrac{P(A \cap S)}{P(S)} = \dfrac{P(A)}{1} = P(A)$$

的緣故.

例題 1 一個定期飛行的航班準時起飛的機率是 $P(D) = 0.83$，準時到達的機率是 $P(A) = 0.82$，而準時起飛和到達的機率是 $P(D \cap A) = 0.78$. 試求下列機率：

(1) 已知飛機準時起飛後，其準時到達的機率,
(2) 已知它已經準時到達時，其準時起飛的機率.

解 (1) 已知飛機準時起飛後，其準時到達的機率是

$$P(A|D) = \dfrac{P(D \cap A)}{P(D)} = \dfrac{0.78}{0.83} = 0.94.$$

(2) 已知飛機已經準時到達時，其準時起飛的機率是

$$P(A|D)=\frac{P(D\cap A)}{P(A)}=\frac{0.78}{0.82}=0.95.$$

例題 2 擲一枚公正硬幣 3 次，令 A 表示第一次出現正面的事件，B 表示 3 次中至少 2 次出現正面的事件，求 $P(B|A)$ 及 $P(A|B)$。

解　$A=\{$正正正，正正反，正反正，正反反$\}$
$B=\{$正正正，正正反，正反正，反正正$\}$
$A\cap B=\{$正正正，正正反，正反正$\}$

$$P(B|A)=\frac{P(A\cap B)}{P(A)}=\frac{\frac{3}{8}}{\frac{4}{8}}=\frac{3}{4},\quad P(A|B)=\frac{P(A\cap B)}{P(B)}=\frac{\frac{3}{8}}{\frac{4}{8}}=\frac{3}{4}.$$

隨堂練習 7 擲一對公正骰子，在其點數和為 6 的條件下，求其中有一骰子出現 5 點的機率.

答案：$\frac{2}{5}$.

定理 7-1　條件機率之性質

設 A、B、C 為樣本空間 S 中的任意三事件，且 $P(C)>0$，$P(B)>0$，則有

(1) $P(\phi|C)=0$
(2) $P(C|C)=1$
(3) $0\leq P(A|C)\leq 1$
(4) $P(A'|C)=1-P(A|C)$
(5) $P(A\cup B|C)=P(A|C)+P(B|C)-P(A\cap B|C)$
(6) $P(A)=P(A|B)P(B)+P(A|B')P(B')$

證：(3) 因 $(A\cap C)\subset C$，可知，$0\leq n(A\cap C)\leq n(C)$，故

$$0 \leq \frac{n(A \cap C)}{n(C)} \leq 1$$

又
$$0 \leq \frac{\dfrac{n(A \cap C)}{n(S)}}{\dfrac{n(C)}{n(S)}} \leq 1$$

即
$$0 \leq \frac{P(A \cap C)}{P(C)} \leq 1$$

故
$$0 \leq P(A \mid C) \leq 1$$

其餘留給讀者自證.

例題 3 設 A 與 B 為同一樣本空間的兩事件，且 $P(A)=\dfrac{1}{3}$，$P(B)=\dfrac{1}{4}$，$P(A \cap B)=\dfrac{1}{6}$. 求 (1) $P(A \mid B)$ (2) $P(B \mid A)$ (3) $P(A' \mid B')$ (4) $P(B' \mid A')$.

解

(1) $P(A \mid B) = \dfrac{P(A \cap B)}{P(B)} = \dfrac{\dfrac{1}{6}}{\dfrac{1}{4}} = \dfrac{2}{3}$

(2) $P(B \mid A) = \dfrac{P(B \cap A)}{P(A)} = \dfrac{\dfrac{1}{6}}{\dfrac{1}{3}} = \dfrac{1}{2}$

(3) 因 $P(A' \cap B') = P((A \cup B)') = 1 - P(A \cup B)$
$= 1 - [P(A) + P(B) - P(A \cap B)]$
$= 1 - \left(\dfrac{1}{3} + \dfrac{1}{4} - \dfrac{1}{6}\right) = \dfrac{7}{12}$

故 $P(A'|B') = \dfrac{P(A' \cap B')}{P(B')} = \dfrac{\frac{7}{12}}{1-\frac{1}{4}} = \dfrac{7}{9}$.

(4) $P(B'|A') = \dfrac{P(B' \cap A')}{P(A')} = \dfrac{\frac{7}{12}}{1-\frac{1}{3}} = \dfrac{7}{8}$.

隨堂練習 8 擲一骰子（各點出現機會均等），若出現 1、2 點，則自 {a, b, c, d, e} 中任取一字母；若出現 3、4、5、6 點，則自 {f, g, h, i} 中任取一字母，求取到子音字母之機率.

答案：$\dfrac{7}{10}$.

設 A、B 為任意兩事件，若 $P(A) > 0$，$P(B) > 0$，則條件機率的式子可以寫成：

$$P(A \cap B) = P(A)P(B|A) = P(B)P(A|B) \qquad (7\text{-}3\text{-}1)$$

此式稱為條件機率的乘法公式，它告訴我們如何去求兩個事件 A 與 B 同時發生的機率.

定理 7-2

若 $P(A) > 0$，$P(A \cap B) > 0$，則

$$P(A \cap B \cap C) = P(A)P(B|A)P(C|A \cap B).$$

證：由條件機率定義可得

$$P(C|A \cap B) = \dfrac{P(A \cap B \cap C)}{P(A \cap B)}$$

$$P(B|A) = \dfrac{P(A \cap B)}{P(A)}$$

故 $P(A \cap B \cap C) = P(A \cap B)P(C|A \cap B)$
$= P(A)P(B|A)P(C|A \cap B).$

一般而言，我們可將定理 7-2 推廣到 n 個事件，而得到下面的定理，稱為條件機率的乘法定理，它告訴我們如何去求 n 個事件同時發生的機率．

定理 7-3　條件機率的乘法定理

設 A_i，$i = 1, 2, 3, \cdots, n$，為 n 個事件，且已知 $P(A_1) > 0$，$P(A_1 \cap A_2) > 0$，$\cdots$，$P(A_1 \cap A_2 \cap A_3 \cap \cdots \cap A_{n-1}) > 0$，則

$$P(A_1 \cap A_2 \cap A_3 \cap \cdots \cap A_n) = P(A_1)P(A_2|A_1)P(A_3|A_1 \cap A_2)\cdots$$
$$P(A_n|A_1 \cap A_2 \cap A_3 \cap \cdots \cap A_{n-1}).$$

下面的例題就是有關條件機率乘法定理的應用．

例題 4　袋中有 7 個紅球、4 個白球、2 個黑球．若各球被抽中的機會均等，試求第一、二、三次均抽到白球的機率 (設取出三球不放回)．

解　設 A_1、A_2、A_3 分別表第一、二、三次抽到白球的事件，依機會均等及條件機率之定義，得

$$P(A_1) = \frac{4}{13}, \quad P(A_2|A_1) = \frac{3}{12}, \quad P(A_3|A_1 \cap A_2) = \frac{2}{11}$$

由定理 7-2 知

$$P(A_1 \cap A_2 \cap A_3) = P(A_1)P(A_2|A_1)P(A_3|A_1 \cap A_2)$$
$$= \frac{4}{13} \cdot \frac{3}{12} \cdot \frac{2}{11} = \frac{2}{143}.$$

隨堂練習 9　甲袋中有 5 個白球、3 個紅球，乙袋中有 2 個白球、4 個紅球．今任選一袋取出 1 球，放入另一袋中，再由其中取出 1 球．若選取袋與選取袋中每一球的機會均等，求兩次取出的球均為白球的機率．

答案：$\dfrac{247}{1008}$.

如果在一隨機實驗中，有 A、B 兩個事件，可能"事件 A 的發生既不減少也不增加事件 B 發生的機會"，換句話說，"A 與 B 兩事件無關"。

設 A 與 B 為樣本空間 S 中的任二事件，且 $P(A) > 0$，$P(B) > 0$. 若 $P(A) = P(A|B)$，則稱 A 與 B 無關. 若 A 與 B 無關，則

$$P(A) = P(A|B)$$

即

$$P(A) = \dfrac{P(A \cap B)}{P(B)}$$

$$P(A \cap B) = P(A)P(B)$$

$$P(B) = \dfrac{P(A \cap B)}{P(A)}$$

即

$$P(B) = P(B|A)$$

因此 B 與 A 無關.

定義 7-12

若且唯若

$$P(B|A) = P(B) \text{ 且 } P(A|B) = P(A)$$

則二事件 A 與 B 為**獨立事件**，否則為**相關事件**.

定理 7-4　獨立事件之機率乘法法則

若 A 和 B 為二獨立事件，則

$$P(A \cap B) = P(A) \cdot P(B|A) = P(A) \cdot P(B).$$

證：因 A、B 為二獨立事件，則

$$P(A|B) = P(A)$$

由條件機率定義知

$$P(A|B) = \frac{P(A \cap B)}{P(B)}, \quad P(B) \neq 0$$

故得

$$\frac{P(A \cap B)}{P(B)} = P(A)$$

即

$$P(A \cap B) = P(A) \cdot P(B).$$

綜合上述，欲判斷兩事件 A 和 B 是否獨立，則可驗證下列三式中是否有任一式成立

1. $P(A|B) = P(A)$
2. $P(B|A) = P(B)$ (7-3-2)
3. $P(A \cap B) = P(A) \cdot P(B)$

在此，特別提醒讀者切勿將"互斥事件"與"獨立事件"混淆，這是兩個完全不相同的觀念．當事件 A 與 B 之交集為空集合，即 $P(A \cap B) = 0$ 時，我們稱 A 與 B 為互斥事件．然而，如果 A 與 B 為獨立事件，則 $P(A \cap B) = P(A) \cdot P(B)$．

由此可知，只要事件 A 與 B 其中任一事件之機率不為 0，則此兩種特性不可能同時存在．故式 (7-3-2) 之第 3 式為 A、B 二事件為獨立事件之充分必要條件．

例題 5 某公司徵求一位職員，有 18 位應徵者，其中有 6 位是女性，9 位至少有三年工作經驗，女性應徵者中有 3 位至少有三年工作經驗，該公司決定由這 18 位應徵者中隨意任用一位，試問任用女性的事件與任用至少有三年工作經驗的事件是否獨立？

解 設 A 為任用至少有三年工作經驗的事件，B 為任用女性的事件，則

$$P(A) = \frac{9}{18} = \frac{1}{2} \qquad P(B) = \frac{6}{18} = \frac{1}{2}$$

$$P(A \cap B) = \frac{3}{18} = \frac{1}{6}$$

因此 $P(A|B) = \dfrac{P(A \cap B)}{P(B)} = \dfrac{\frac{1}{6}}{\frac{1}{3}} = \dfrac{1}{2} = P(A)$

所以，A 與 B 為獨立事件，但讀者亦可利用

$$P(A \cap B) = \dfrac{1}{6} = P(A) \cdot P(B)$$

來判斷 A、B 為獨立事件．

隨堂練習 10 一個小鎮有一輛消防車和一輛救護車可供發生緊急事件使用．需要消防車的時候其可用機率為 0.98，需要救護車時其可用機率是 0.92，假設大樓火災裡有一人受傷，試求救護車和消防車都立即可用的機率．

答案：0.9016．

由 A、B 二事件獨立之條件，我們可以推廣到 A、B、C 三事件獨立之條件如下．

定義 7-13

設 A、B、C 均為同一樣本空間的三個事件，若
(1) $P(A \cap B) = P(A)P(B)$
(2) $P(B \cap C) = P(B)P(C)$
(3) $P(C \cap A) = P(C)P(A)$
(4) $P(A \cap B \cap C) = P(A)P(B)P(C)$

則稱 A、B、C 三事件獨立．

例題 6 袋中有 60 個同樣的球，分別記以 1，2，3，⋯，60 號．自袋中任取一球，設每球被取到的機會均等，且設 A、B、C 分別表示取出球號為 2 的倍數、3 的倍數、5 的倍數的事件，試證 A、B、C 為獨立事件．

解 $P(A) = \dfrac{30}{60} = \dfrac{1}{2}$，$P(B) = \dfrac{20}{60} = \dfrac{1}{3}$，$P(C) = \dfrac{12}{60} = \dfrac{1}{5}$

(i) $P(A \cap B) = \dfrac{10}{60} = \dfrac{1}{6} = P(A)P(B)$

(ii) $P(B \cap C) = \dfrac{4}{60} = \dfrac{1}{15} = P(B)P(C)$

(iii) $P(C \cap A) = \dfrac{6}{60} = \dfrac{1}{10} = P(C)P(A)$

(iv) $P(A \cap B \cap C) = \dfrac{2}{60} = \dfrac{1}{30} = P(A)P(B)P(C)$

故 A、B、C 為獨立事件.

隨堂練習 11 設袋中有紅、白、藍、黃四個球，今任取一球，每球被取中的機會均等. 令 $A = \{$紅, 白$\}$, $B = \{$紅, 藍$\}$, $C = \{$紅, 黃$\}$. 試證：

(1) A、B、C 三事件當中任二事件為獨立.

(2) $P(A \cap B \cap C) \neq P(A)P(B)P(C)$.

答案：(2) $P(A \cap B \cap C) = \dfrac{1}{4}$, $P(A)P(B)P(C) = \dfrac{1}{2} \times \dfrac{1}{2} \times \dfrac{1}{2} = \dfrac{1}{8}$.

利用獨立事件機率之乘法法則，可將 A 與 B 聯集之機率以下列定理表示.

定理 7-5

設 A 與 B 為樣本空間中的兩個獨立事件，則

$$P(A \cup B) = P(A) + P(B) - P(A) \cdot P(B).$$

證：因 A 與 B 為獨立事件，得

$$P(A \cap B) = P(A) \cdot P(B)$$

又由和事件之機率知

$$P(A \cup B) = P(A) + P(B) - P(A \cap B)$$

故得

$$P(A \cup) = P(A) + P(B) - P(A) \cdot P(B).$$

例題 7 某零售商向日光燈製造商購買兩箱 120 支裝的日光燈，每箱都有 6 個不良品．該零售商的購買人決定由每箱各隨意取出一支日光燈出來檢查，問至少有一個是不良品的機率為多少．

解 設 A 與 B 分別代表由第一箱與第二箱抽出的日光燈為不良品的事件．由於從第一箱抽出與從第二箱抽出互不影響，所以 A 與 B 為獨立事件，故

$$P(A) = P(B) = \frac{6}{120}$$

因此，此問題的機率為

$$P(A \cup B) = P(A) + P(B) - P(A)P(B)$$
$$= \frac{6}{120} + \frac{6}{120} - \frac{6}{120} \cdot \frac{6}{120}$$
$$= 0.0975.$$

如果 A 與 B 為兩獨立事件，則事件 A、B 與它們的餘事件或兩餘事件 A'、B' 之間是否獨立呢？可由下述定理得知．

定理 7-6

設 A 與 B 為獨立事件，則
(1) A 與 B' 亦為獨立事件，同理，A' 與 B 亦為獨立事件．
(2) A' 與 B' 亦為獨立事件．

證：(1) 因 $A = (A \cap B) \cup (A \cap B')$，而 $A \cap B$ 與 $A \cap B'$ 互斥，故

$$P(A) = P(A \cap B) + P(A \cap B') = P(A)P(B) + P(A \cap B')$$

即

$$P(A \cap B') = P(A) - P(A)P(B) = P(A)[1 - P(B)]$$
$$= P(A)P(B')$$

所以 A 與 B' 為獨立事件．

(2) $P(A' \cap B') = P[(A \cup B)'] = 1 - P(A \cup B) = 1 - [P(A) + P(B) - P(A \cap B)]$
$$= 1 - P(A) - P(B) + P(A)P(B) = [1 - P(A)][1 - P(B)]$$
$$= P(A')P(B').$$

例題 8 甲、乙兩人各進行一次射擊,如果兩人的命中率均為 0.6,計算

(1) 兩人均命中的機率.

(2) 恰有一人命中的機率.

(3) 至少有一人命中的機率.

解 以 A 表示甲命中的事件,以 B 表示乙命中的事件.

(1) 兩人均命中的事件為 $A \cap B$,又 A 與 B 為獨立事件,故所求機率為

$$P(A \cap B) = P(A)P(B) = 0.6 \times 0.6 = 0.36.$$

(2) "兩人各射擊一次,恰有一人命中"包括兩種情況:一種是甲命中、乙未命中 (事件 $A \cap B'$ 發生);另一種是甲未命中、乙命中 (事件 $A' \cap B$ 發生). 根據題意,這兩種情況在各射擊一次時不可能同時發生,即 $A \cap B'$ 與 $A' \cap B$ 互斥,故所求機率為

$$\begin{aligned} P(A \cap B') + P(A' \cap B) &= P(A)P(B') + P(A')P(B) \\ &= 0.6 \times (1-0.6) + (1-0.6) \times 0.6 \\ &= 0.24 + 0.24 \\ &= 0.48. \end{aligned}$$

(3) 兩人均未命中的機率為

$$P(A' \cap B') = P(A')P(B') = (1-0.6) \times (1-0.6) = 0.16$$

因此,至少有一人命中的機率為

$$P(A \cup B) = 1 - P(A' \cap B') = 1 - 0.16 = 0.84.$$

隨堂練習 12 設病人對某種藥物會出現皮膚過敏的機率為 0.1,若有三位病人服用此種藥物,且他們是否會出現皮膚過敏的事件為獨立事件,求至少有一位病人會出現皮膚過敏的機率.

答案:0.271.

習題 7-3

1. 設 A 與 B 為兩事件，$P(A)=\dfrac{1}{3}$，$P(B)=\dfrac{1}{5}$，$P(A\cup B)=\dfrac{1}{2}$．求

   (1) $P(B|A)$ (2) $P(A|B)$ (3) $P(A|B')$

2. 設 A 與 B 為兩事件，$P(A')=\dfrac{1}{3}$，$P(B)=\dfrac{1}{4}$，$P(A\cup B)=\dfrac{3}{5}$，求 $P(A|B')$．

3. 擲一公正骰子兩次，以 A 表示第一次點數大於第二次點數的事件，B 表示兩次點數和為偶數的事件，求 $P(B|A)$ 及 $P(A|B)$．

4. 擲一公正硬幣三次，以 A 表示第一次出現正面的事件，B 表示三次中至少兩次出現正面的事件，求 $P(B|A)$ 及 $P(A|B)$．

5. 擲一公正骰子兩次，以 A 表示第一次出現的點數為偶數的事件，B 表示兩次點數和為 8 點的事件，求 $P(B|A)$ 及 $P(A|B)$．

6. 由 1 到 60 的自然數中任取一數，以 A、B、C 分別表示取到的數為 2 的倍數、3 的倍數、5 的倍數的事件，求 $P(B|A)$ 及 $P(C|A\cap B)$．

7. 擲三枚均勻的硬幣，求至少出現兩正面的事件下，第一個出現正面的機率為多少？

8. 設某班級共有 100 人，其中有色盲者 20 人，100 人中有男生 70 人，女生 30 人，而有色盲之女生共 5 人．求下列各機率．

   (1) 100 人中選一人，求選中女生的條件下，被選者有色盲之機率．

   (2) 100 人中選一人，求選中男生的條件下，被選者無色盲之機率．

9. 設一袋中有 7 個紅球、5 個白球、4 個黃球，今連續取三次，每次取一球，若取後再放回袋中，求依次取得紅球、白球、黃球之機率．

10. 將 "seesaw" 一字任意排成一列，已知 s 排在最左邊，求 2 個 e 相鄰的機率．

11. 將 5 個球任意放入 A、B、C 三個袋子中，在 A、B 兩袋總共放入 3 個球的條件下，求 A 袋中恰好放入 1 個球的機率．

12. 擲一公正硬幣 6 次，令 A 表示 6 次中至少 4 次出現正面的事件，B 表示 6 次中至少 4 次連續出現正面的事件．求

(1) 事件 A 發生的機率.

(2) 在事件 A 發生的條件下,事件 B 發生的機率.

13. 袋中有 7 個紅球、4 個白球、2 個黑球,每次任取一球,取後不放回,共取三次,求三次均抽到白球的機率.

14. 袋中有 3 個紅球、4 個白球、5 個黃球,共 12 個球,每次任取一球,取後不放回,共取三次. 求

    (1) 取出的球依次為紅、白、黃色的機率.

    (2) 第二次取出白球的機率.

15. A 袋中有 1 個黃球、2 個白球,B 袋中有 2 個黃球、3 個白球,C 袋中有 3 個黃球、5 個白球. 今自各袋中任取一球. 求

    (1) 3 個球均為黃球的機率.

    (2) 3 個球中恰有 1 個黃球的機率.

16. 甲袋中有 3 個白球、2 個紅球,乙袋中有 2 個白球、4 個紅球,丙袋中有 1 個白球、2 個紅球,今任選一袋,再自袋中任取一球,求取得白球的機率.

17. 一袋中裝有紅、黃、藍、白四球,今由袋中任取一球,設 A 表取到紅球或藍球之事件,B 表取到紅球或白球之事件. 若各球被取到之機會均等,試問 A 與 B 為獨立事件抑或相依事件?

18. 由一副撲克牌中隨機抽取一張,令 A 代表抽出黑桃的事件,B 代表抽出老 K 的事件,試問 A 與 B 是否為統計獨立?

19. 某君平時均固定搭乘公司的交通車上班,該交通車每次會準時到達候車處的機率為 80%,而此君會準時趕到候車處的機率為 60%. 若交通車與此君均同時準時到達的機率為 48%,試問該交通車準時到達的現象與此君準時到達是否為獨立事件?

20. 設 A 表示一家庭中有男孩也有女孩的事件,B 表示至多有一男孩的事件,若孩子出生的各種情形機會均等. 試證:若家庭中有三個孩子時,則 A、B 為二統計獨立事件.

21. 設 A、B 為二統計獨立事件,且 $P(A)=\dfrac{1}{2}$,$P(A \cup B)=\dfrac{2}{3}$. 試求

    (1) $P(B)$ (2) $P(A|B)$ (3) $P(B'|A)$

22. 設 A 與 B 分別表示甲、乙活過十年以上的事件,且 $P(A)=\dfrac{1}{4}$,$P(B)=\dfrac{1}{3}$. 若 A

與 B 為獨立事件，求

(1) 兩人都活十年以上的機率.

(2) 至少有一人活十年以上的機率.

(3) 沒有一人活十年以上的機率.

23. 設 A 與 B 為獨立事件，$P(A)=0.4$，$P(A' \cap B')=0.18$，求 $P(B)$.

24. 甲生解出某題的機率為 0.8，乙生為 0.6，兩人解題時互不影響，求此題

(1) 只被一人解出的機率。

(2) 被解出的機率。

25. 某人向水果店購買兩盒各裝有 40 個奇異果的禮盒，每盒中均有 3 個不良品，他決定從每盒隨意取出 1 個出來檢查，問

(1) 至少有 1 個是不良品的機率為多少？

(2) 取出的 2 個均非不良品的機率為多少？

26. 甲、乙、丙三人參加某次考試，及格的機率分別為 $\dfrac{2}{3}$、$\dfrac{1}{2}$、$\dfrac{2}{5}$，求三人之中恰有二人及格的機率.

▸▸ 7-4 重複實驗

對於一個隨機實驗，在完全相同的環境條件下若重複 n 次，由於各次的結果與其它 $n-1$ 次的結果互不影響，即是 n 個實驗互相獨立. 設每次實驗中，事件 A 發生的機率為 p，則事件 A 不發生之機率為 $1-p$。

我們先看下面的問題：

某射手射擊一次，擊中目標的機率是 p，且各次射擊是否擊中相互之間沒有影響，那麼，他射擊四次恰好擊中三次的機率是多少？

設此射手在第一、二、三、四次射擊中，擊中目標的事件分別記為 A_1、A_2、A_3、A_4，則未擊中目標的事件為 A_1'、A_2'、A_3'、A_4'。他射擊四次恰好擊中三次，共有下面四種情況：

$$A_1 \cap A_2 \cap A_3 \cap A_4', \quad A_1 \cap A_2 \cap A_3' \cap A_4,$$
$$A_1 \cap A_2' \cap A_3 \cap A_4, \quad A_1' \cap A_2 \cap A_3 \cap A_4$$

上述每一種情況都可看成是在四個位置上選三個寫上 A，另一個寫上 A'，所以這些情況的總數等於從四個元素中取出三個的組合數 C_3^4，即 4 個.

由於各次射擊是否擊中相互之間沒有影響，故

$$P(A_1 \cap A_2 \cap A_3 \cap A_4') = P(A_1)P(A_2)P(A_3)P(A_4')$$
$$= p \times p \times p \times (1-p) = p^3(1-p)$$

$$P(A_1 \cap A_2 \cap A_3' \cap A_4) = P(A_1)P(A_2)P(A_3')P(A_4)$$
$$= p \times p \times (1-p) \times p = p^3(1-p)$$

$$P(A_1 \cap A_2' \cap A_3 \cap A_4) = P(A_1)P(A_2')P(A_3)P(A_4)$$
$$= p \times (1-p) \times p \times p = p^3(1-p)$$

$$P(A_1' \cap A_2 \cap A_3 \cap A_4) = P(A_1')P(A_2)P(A_3)P(A_4)$$
$$= (1-p) \times p \times p \times p = p^3(1-p)$$

這就是說，在上面射擊四次恰好擊中三次的情況中，每一種情況發生的機率均是 $p^3(1-p)$. 因這四種情況彼此互斥，故所求的機率為

$$P(A_1 \cap A_2 \cap A_3 \cap A_4') + P(A_1 \cap A_2 \cap A_3' \cap A_4) + P(A_1 \cap A_2' \cap A_3 \cap A_4)$$
$$+ P(A_1' \cap A_2 \cap A_3 \cap A_4)$$
$$= 4p^3(1-p)$$
$$= C_3^4 p^3(1-p)$$

在上面的例子中，四次射擊可以看成是進行四次獨立重複實驗。

一般而言，在一隨機實驗中，設事件 A 發生的機率為 p，若 n 次實驗互不影響，則在此 n 次實驗中，

1. 事件 A 恰好發生 k 次的機率為 $C_k^n p^k (1-p)^{n-k}$ $(0 \le k \le n)$.
2. 事件 A 至少發生 k 次的機率為 $C_k^n p^k (1-p)^{n-k} + C_{k+1}^n p^{k+1}(1-p)^{n-k-1} + \cdots + C_n^n p^n$.

例題 1 袋中有 2 個白球、3 個紅球，今自袋中每次任取 1 球，取後放回，連續取五次，求：

(1) 恰有三次取得白球的機率；

(2) 三次取得白球 (但最後一次是白球) 的機率.

解 每次取得白球的機率為 $\dfrac{2}{5}$，取得紅球的機率為 $\dfrac{3}{5}$.

(1) 所求的機率為 $C_3^5 \left(\dfrac{2}{5}\right)^3 \left(\dfrac{3}{5}\right)^2 = \dfrac{144}{625}$.

(2) 所求的機率為 $C_2^4 \left(\dfrac{2}{5}\right)^2 \left(\dfrac{2}{5}\right)^2 \left(\dfrac{2}{5}\right) = \dfrac{432}{3125}$.

例題 2 某人射擊的命中率為 0.4，今射擊四次，求至少命中三次的機率.

解 所求的機率為 $C_3^4 (0.4)^3 (1-0.4) + C_4^4 (0.4)^4 = 0.1536 + 0.0256 = 0.1792$.

隨堂練習 13 重複擲一顆公正骰子 50 次，求：

(1) 出現 10 個么點的機率；

(2) 恰好在第 50 次時出現第 10 個么點的機率.

答案：(1) $C_{10}^{50} \left(\dfrac{1}{6}\right)^{10} \left(\dfrac{5}{6}\right)^{40}$　(2) $C_9^{49} \left(\dfrac{1}{6}\right)^{10} \left(\dfrac{5}{6}\right)^{40}$.

隨堂練習 14 某氣象台天氣預報的準確率為 80%，求：

(1) 五次預報中恰有四次準確的機率；

(2) 五次預報中至少有四次準確的機率.

答案：(1) 0.4096　(2) 0.73728.

隨堂練習 15 某廠商推出某項新產品，特別做了一次市場調查，發現有 60% 的顧客比較喜歡使用這項新產品.

(1) 任意 5 位顧客中恰好有 3 位比較喜歡使用這項新產品的機率為多少？

(2) 5 位顧客中至少有 3 位比較喜歡使用這項新產品的機率為多少？

答案：(1) 0.3456　(2) 0.68256.

習題 7-4

1. 連投一顆骰子 5 次，求么點出現 3 次的機率.

2. 連投一顆骰子 5 次，求么點至少出現 3 次的機率.

3. 投擲一枚公正硬幣，依下列各情形求正面與反面出現次數相等之機率：

   (1) 投 2 次　　(2) 投 4 次　　(3) 投 6 次.

4. 一人先擲一骰子，若出現點數 K，$K \in \{4, 5, 6\}$，則得再擲 K 個銅幣，當銅幣出現正面，則銅幣歸此人，今此人擲一骰子一次後恰得 4 個銅幣的機率為何？

5. 擲一枚公正硬幣 4 次，求各種出現結果的機率分別是多少？

6. 重複擲一個公正的骰子 60 次，求：

   (1) 出現 10 個么點的機率.

   (2) 求恰好在第 60 次時出現第 10 個么點的機率.

7. 假定某公司推出一種新產品，特別舉辦了一次市場調查，發現有 60% 的顧客比較喜歡使用這項新產品. 問任意 5 位顧客中恰好有 3 位較喜歡使用新產品的機率為多少？

8. 上題中，問至少有 3 位顧客較喜歡使用新產品的機率為多少？

▸▸ 7-5 數學期望值

為了說明數學期望值這個觀念，我們先考慮下面的例子：假設投擲一顆骰子，出現了 2 點得 20 元，出現其它的點失去 1 元，試問投擲一次的得失情形. 事實上，投擲骰子一次，可能得 20 元，亦可能失去 1 元，究竟是得 20 元還是失去 1 元，並不清楚，但將這個試驗做 100 次，假如 2 點出現了 15 次，其它點出現了 85 次，所得的結果是 $20 \times 15 - 1 \times 85 = 215$ 元，即平均每次約得 2 元左右. 這種平均值就是投擲骰子一次的期望值. 當試驗 N 的次數增大，期望值就愈穩定，在 N 次試驗中，2 點出現了 a 次，其它點出現了 b 次，則一次的平均得失是

$$\frac{20a - b}{N} = 20 \left(\frac{a}{N} \right) - 1 \cdot \left(\frac{b}{N} \right)$$

如果骰子點數出現的機會均等，當 N 增大時，$\dfrac{a}{N} \to \dfrac{1}{6}$，$\dfrac{b}{N} \to \dfrac{5}{6}$，即

$$20 \times \dfrac{1}{6} - 1 \times \dfrac{5}{6} = 2.5$$

這個值就稱為**數學期望值**．

定義 7-14

設一實驗的樣本空間為 S，$\{A_1, A_2, A_3, \cdots, A_n\}$ 為 S 的一個分割，若事件 A_i 發生，可得 m_i 元，$i=1, 2, 3, \cdots, n$，則稱 $\sum_{i=1}^{n} m_i P(A_i)$，為此實驗的**數學期望值**，簡稱為**期望值**．

例題 1 擲一顆公正骰子，出現么點可得 300 元，出現偶數點可得 200 元，出現其它各點可得 60 元，求擲一次骰子所得金額的期望值．

解 擲一顆骰子，出現么點的機率為 $\dfrac{1}{6}$，出現偶數點的機率為 $\dfrac{1}{2}$，出現 3 點、5 點的機率為 $\dfrac{1}{3}$，故所求的期望值為

$$300 \text{ 元} \times \dfrac{1}{6} + 200 \text{ 元} \times \dfrac{1}{2} + 60 \text{ 元} \times \dfrac{1}{3} = 170 \text{ 元．}$$

隨堂練習 16 袋中有五十元、十元硬幣各 3 枚，今自袋中任取 2 枚，求所得總金額之期望值．

答案：60 元．

習題 7-5

1. 丟一枚均勻硬幣，若得正面即可得 2 元，求其期望值為多少？
2. 某公司發行每張 100 元的彩券 2000 張，其中有 2 張獎金各 50000 元，有 8 張

獎金各 10000 元，有 10 張獎金各 1000 元．試問購買此彩券是否有利？

3. 假設某期愛國獎券發行 1000 萬張，每張 10 元，獎額分配如下：

第一特獎	1 張	獎金 2000 萬元
頭　　獎	1 張	獎金 100 萬元
二　　獎	1 張	獎金 50 萬元
三　　獎	100 張	獎金 10 萬元
四　　獎	1000 張	獎金 1 萬元
五　　獎	10000 張	獎金 1000 元

問買一張獎券的期望值有多少？購買此獎券是否有利？

4. 某保險公司銷售一年期的人壽保險給 25 歲的年輕人，保險額為 1000 元，保險費為 10 元．依照過去資料顯示，25 歲的年輕人活到 26 歲的機率為 0.992，求該公司的期望利潤．

5. 同時擲三枚公正硬幣一次，若出現三個正面可得 5 元，出現二個正面可得 3 元，出現一個正面可得 2 元，全部出現反面可得 1 元，試問同時擲三個硬幣一次，可期望得多少元？

6. 同時擲兩顆公正的骰子，所得點數和的期望值為多少？

8 向量、直線與平面

本章學習目標

- 直角坐標系
- 向量的定義與性質
- 向量的內積
- 直線方程式
- 平面方程式

▶▶ *8-1* 直角坐標系

我們在數學 (一) 第 5-1 節中，已經介紹過平面 (即二維空間) 直角坐標系，而平面上任何一點可用實數序對 (a, b) 表示. 在三維空間中，我們將用有序實數三元組表出任意點.

首先，我們選取一個定點 O (稱為**原點**)，通過 O 作兩兩互相垂直的三條直線，在這三條直線上，各取一個方向作為正方向，這樣每一條直線就變成以 O 為原點的數線，分別為 x-軸、y-軸與 z-軸，通稱為**坐標軸**，如圖 8-1 所示. 三個坐標軸構成一個三維**直角坐標系**，它分成右手系與左手系，如圖 8-2 所示. 往後，我們將採用右手系坐標.

每一對坐標軸決定一平面，稱為**坐標平面**. x-軸與 y-軸所決定的坐標平面稱為 xy-

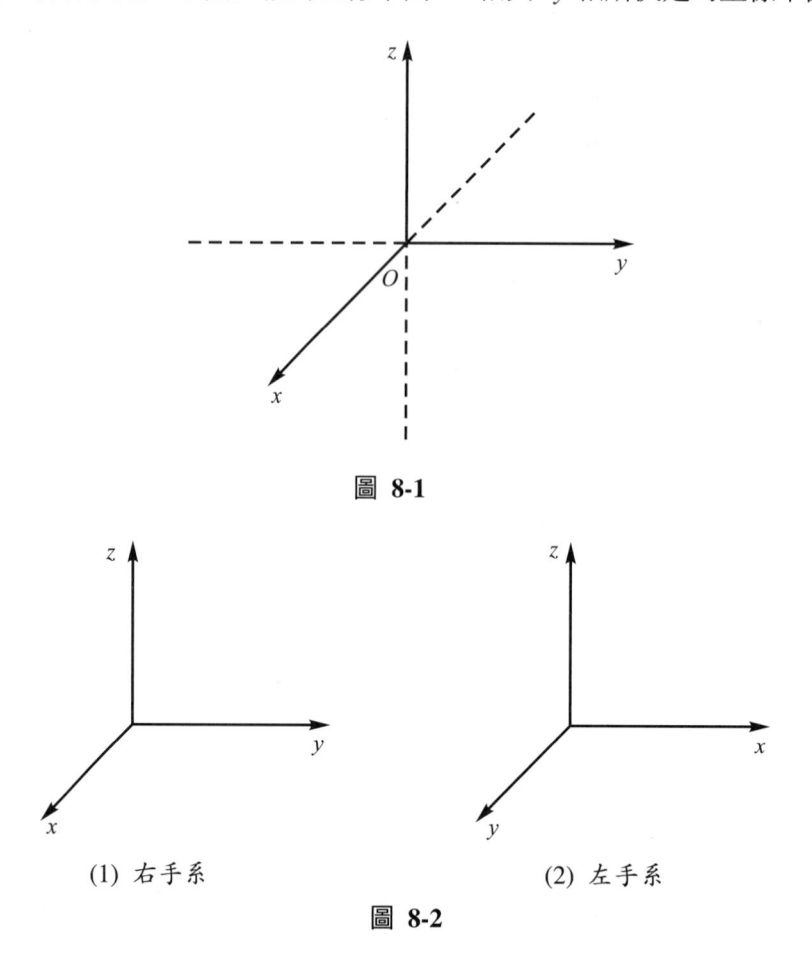

圖 8-1

(1) 右手系　　　　　　(2) 左手系

圖 8-2

圖 8-3

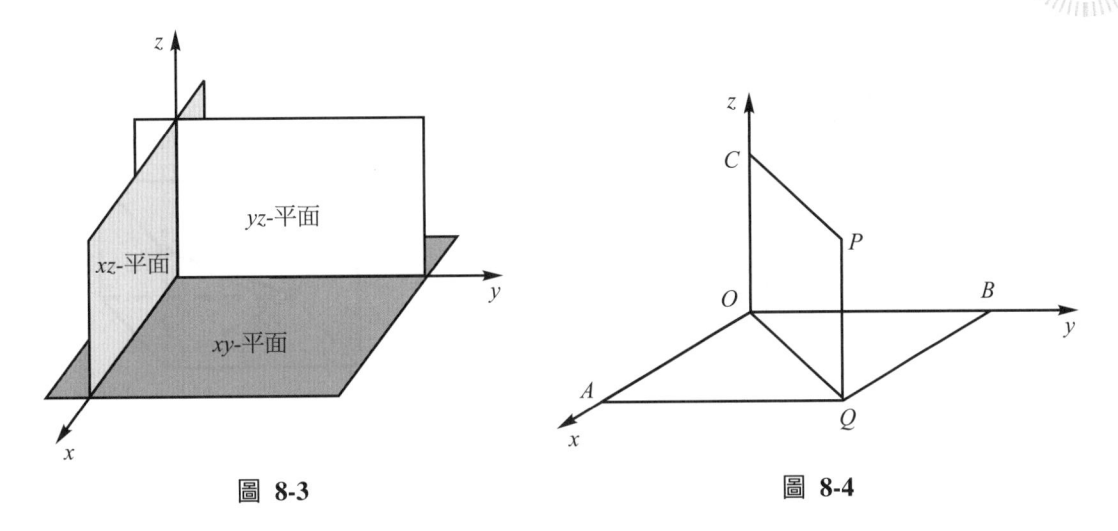

圖 8-4

平面；y-軸與 z-軸所決定的坐標平面稱為 yz-平面；x-軸與 z-軸所決定的坐標平面稱為 xz-平面；這三個坐標平面將整個三維空間分成八個立體區域，稱為**卦限**，如圖 8-3 所示．

設 P 為三維空間中的一點，通過 P 作 xy-平面的垂線，交 xy-平面於 Q 點，再通過 Q 分別作 x-軸與 y-軸的垂線，交於 A 與 B，如圖 8-4 所示．

以 $\overline{QO}$ 及 $\overline{QP}$ 為兩鄰邊作一個矩形 $OQPC$，則 C 在 z-軸上．設 A、B、C 在數線 x-軸、y-軸、z-軸上的坐標分別為 a、b、c，則 P 點的坐標為 (a, b, c) 或寫成 $P(a, b, c)$，a、b、c 分別稱為 P 點的 x-坐標、y-坐標、z-坐標．反之，如果先有一有序實數三元組 (a, b, c)，我們可以在數線 x-軸、y-軸、z-軸上分別找到以 a、b、c 為坐標的三點 A、B、C，然後以 $\overline{OA}$、$\overline{OB}$、$\overline{OC}$ 為三鄰邊作出矩形體，可得 O 的對頂點 P，則 P 的坐標即為 (a, b, c)，如圖 8-5 所示．

定理 8-1

兩點 $P_1(x_1, y_1, z_1)$ 與 $P_2(x_2, y_2, z_2)$ 之間的距離為

$$\overline{P_1P_2} = \sqrt{(x_2-x_1)^2 + (y_2-y_1)^2 + (z_2-z_1)^2}.$$

證：如圖 8-6 所示，$\overline{P_1A} = |x_2-x_1|$，$\overline{AB} = |y_2-y_1|$，$\overline{BP_2} = |z_2-z_1|$，且三角形 P_1BP_2 與三角形 P_1AB 皆為直角三角形，故利用畢氏定理可得

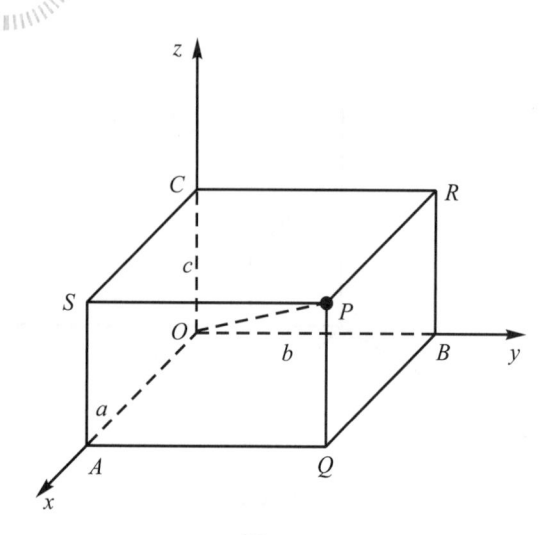

圖 8-5

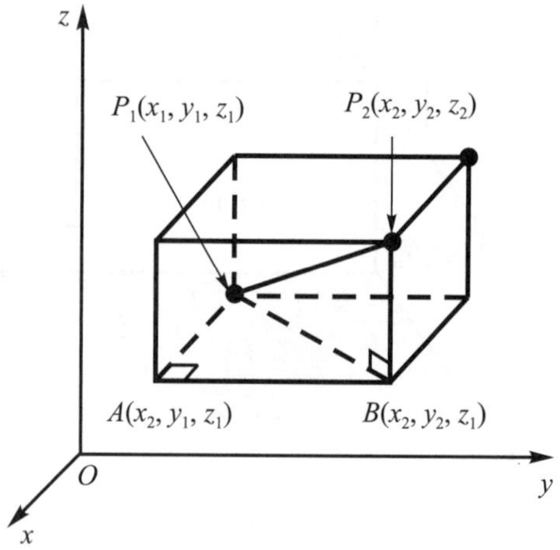

圖 8-6

$$\overline{P_1P_2}^2 = \overline{P_1B}^2 + \overline{BP_2}^2, \quad \overline{P_1B}^2 = \overline{P_1A}^2 + \overline{AB}^2$$

即,
$$\overline{P_1P_2}^2 = \overline{P_1A}^2 + \overline{AB}^2 + \overline{BP_2}^2$$
$$= |x_2-x_1|^2 + |y_2-y_1|^2 + |z_2-z_1|^2$$
$$= (x_2-x_1)^2 + (y_2-y_1)^2 + (z_2-z_1)^2$$

故
$$\overline{P_1P_2} = \sqrt{(x_2-x_1)^2 + (y_2-y_1)^2 + (z_2-z_1)^2}.$$

例題 1 求空間中點 $P(-2, -1, 7)$ 與點 $Q(1, -3, 5)$ 之間的距離.

解 $\overline{PQ} = \sqrt{(1-2)^2 + (-3+1)^2 + (5-7)^2} = \sqrt{1+4+4} = 3.$

例題 2 若 △ABC 的頂點坐標分別為 $A(2, 1, 3)$、$B(0, 1, 2)$、$C(1, 3, 0)$, 則此三角形是何種三角形？

解
$$\overline{AB}^2 = (2-0)^2 + (1-1)^2 + (3-2)^2 = 5$$
$$\overline{BC}^2 = (0-1)^2 + (1-3)^2 + (2-0)^2 = 9$$
$$\overline{AC}^2 = (2-1)^2 + (1-3)^2 + (3-0)^2 = 14$$

因 $\overline{AB}^2 + \overline{BC}^2 = \overline{AC}^2$

故此三角形為直角三角形.

隨堂練習 1 ✎ 求空間中點 $P(-1, 4, 5)$ 與 $Q(2, 2, 2)$ 之間的距離.

答案：$\sqrt{22}$.

隨堂練習 2 ✎ 若 △ABC 的頂點坐標分別為 $A(3, 2, 0)$、$B(6, 0, 1)$ 與 $C(4, 1, 2)$,
則此三角形是何種三角形？

答案：等腰三角形.

習題 8-1

1. 試將下列各點描繪出來.
   (1) $(-4, 0, 0)$　　(2) $(2, 0, 3)$　　(3) $(0, 4, 0)$
   (4) $(2, 0, -5)$　　(5) $(\sqrt{2}, -2, 2)$

2. 試對下列各點集合給予一適當名稱：
   (1) $\{P:(x, y, z) | x=0\}$
   (2) $\{P:(x, y, z) | x=0, y=0\}$
   (3) $\{P:(x, y, z) | x<0, y=0, z=0\}$

3. 通過 $P(2, 4, 3)$ 及 $Q(2, -5, 3)$ 兩點的直線是否平行某一坐標軸？並求線段長 $|PQ|$.

4. 試求下列各組點間之距離.
   (1) $(-1, 3, 2)$ 及 $(4, 0, -5)$　　(2) $(\sqrt{2}, 0, \sqrt{3})$ 及 $(0, 2, 0)$

5. 試證：三點 $A(-4, 3, 2)$、$B(0, 1, 4)$ 與 $C(-6, 4, 1)$ 在同一直線上.

6. 試證：$P_1(4, 5, 2)$、$P_2(1, 7, 3)$ 與 $P_3(2, 4, 5)$ 為一等邊三角形的三頂點.

▶▶ 8-2 向量的定義與性質

一個量若僅具有大小，像面積、體積、長度、質量與溫度等，則稱為**純量**. 具有大小與方向的量稱為**向量**. 例如，颱風的動向通常用速率與方向來描述，如每小時 20 公里向西北方前進．颱風的速率與其方向一同構成向量，稱為颱風的速度．向量的其它例子是力與位移．在本節中，我們將詳述向量的基本數學性質．

　　向量在平面或三維空間幾何裡可表成有向線段或箭頭；箭頭的方向指定向量的方向而箭頭的長度描述其大小．箭頭尾端稱為向量的**始點**，箭頭的尖端稱為**終點**．我們用小寫粗體字，像 **a**, **b**, **c**, …, **k**, …, **v**, **w** 等，來表示向量．

　　若向量 **a** 的始點為 P 且終點為 Q，則寫成 $\mathbf{a}=\overrightarrow{PQ}$，長度與方向均相同的向量稱為**相等**．因向量是由其長度與方向來決定，故相等向量可視為相同，即使它們位於不同的位置，若 **a** 與 **b** 相等，則寫成 **a**=**b**．

定義 8-1

若 **a** 與 **b** 為任意兩向量，則其和為向量，決定如下：放置 **b** 使其始點與 **a** 的終點重合，向量 **a**+**b** 是用由 **a** 的始點到 **b** 的終點的箭頭表示 (圖 8-7)．

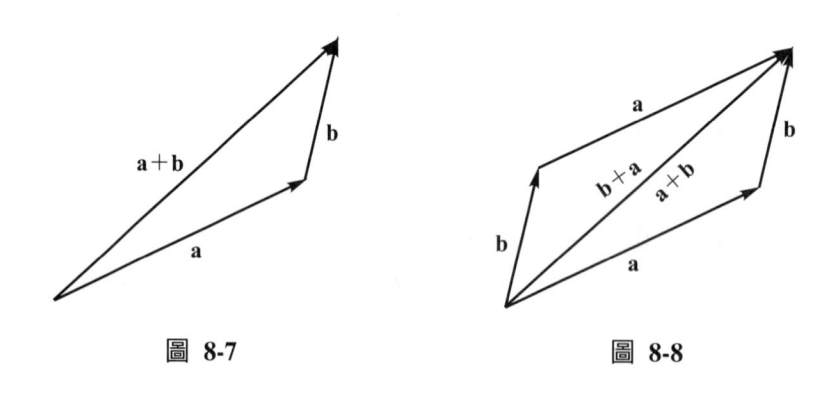

圖 8-7　　　　　　　　　圖 8-8

　　在圖 8-8 中，我們已作出兩個和：**a**+**b** 與 **b**+**a**．顯然，

$$\mathbf{a}+\mathbf{b}=\mathbf{b}+\mathbf{a}$$

且當放置 **a** 與 **b** 使它們有相同始點時，該和與由它們所決定平行四邊形的對角線重合．

　　長度為零的向量稱為**零向量**，記為 **0**．我們定義

$$\mathbf{0}+\mathbf{a}=\mathbf{a}+\mathbf{0}=\mathbf{a}$$

因零向量無與生俱來的方向，故為了方便起見，它可被指定任何方向．

　　若 **a** 為任意非零向量，則 **a** 的**逆向量**定義為與 **a** 的大小相同但方向相反的向

量，如圖 8-9 所示．於是，a+(−a)=0．

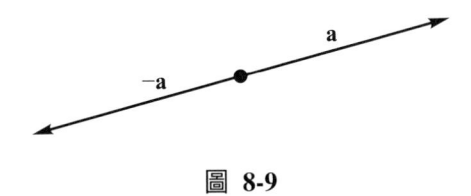

圖 8-9

定義 8-2

若 **a** 與 **b** 為任意兩向量，則 **a** 減 **b** 定義為 **a**−**b**=**a**+(−**b**)．

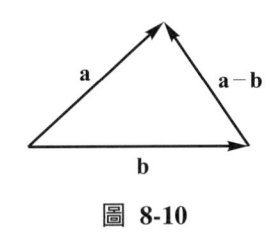

欲得到 **a**−**b**，我們放置 **a** 與 **b** 使它們的始點重合，然後由 **b** 的終點到 **a** 的終點所作出的向量為 **a**−**b**，如圖 8-10 所示．

圖 8-10

定義 8-3

若 **a** 為非零向量且 k 為非零純量，則積 k**a** 定義為向量．它的長度是 **a** 之長度的 $|k|$ 倍，它的方向在 $k>0$ 時與 **a** 同向，而在 $k<0$ 時與 **a** 反向．若 $k=0$ 或 **a**=**0**，定義 k**a**=**0**．

一般而言，涉及到向量的問題，通常可引進直角坐標系來化簡．為了此目的，我們需要平面上的向量以及三維空間中的向量．

若 **a** 是平面上或三維空間中的向量，它的始點在直角坐標系的原點，如圖 8-11 所示，則終點的坐標 (a_1, a_2) 或 (a_1, a_2, a_3) 稱為 **a** 的分量，寫成

$$\mathbf{a}=<a_1,\ a_2> \quad \text{或} \quad \mathbf{a}=<a_1,\ a_2,\ a_3>$$

所予向量是在平面上或三維空間中有關．

因零向量 **0** 的長度為零，故它的終點與始點重合．於是，

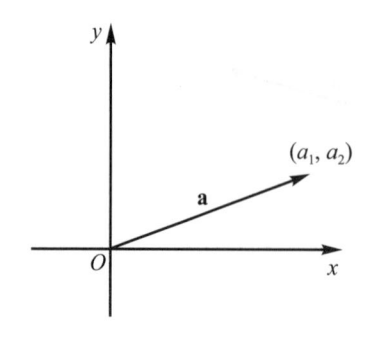

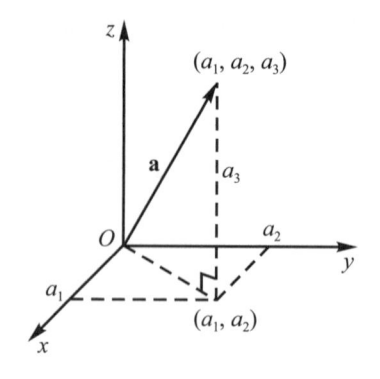

圖 8-11

$$\mathbf{0} = <0, 0> \quad \text{(在平面上)}$$
$$\mathbf{0} = <0, 0, 0> \quad \text{(在三維空間中)}$$

若相等向量 **a** 與 **b** 的始點放在原點，則它們的終點必定重合；於是，它們有相同的分量。反之，具有相同分量的兩向量必相等。換句話說，在平面上，兩向量

$$\mathbf{a} = <a_1, a_2> \quad \text{與} \quad \mathbf{b} = <b_1, b_2>$$

相等，若且唯若 $a_1 = b_1$, $a_2 = b_2$。

在三維空間中，兩向量

$$\mathbf{a} = <a_1, a_2, a_3> \quad \text{與} \quad \mathbf{b} = <b_1, b_2, b_3>$$

相等，若且唯若 $a_1 = b_1$, $a_2 = b_2$, $a_3 = b_3$。

下面定理說明如何利用分量去從事向量的算術運算。

定理 8-2

若 $\mathbf{a} = <a_1, a_2>$ 與 $\mathbf{b} = <b_1, b_2>$ 為平面上的兩向量，且 k 為任意純量，則

$$\mathbf{a} + \mathbf{b} = <a_1 + b_1, a_2 + b_2>$$
$$\mathbf{a} - \mathbf{b} = <a_1 - b_1, a_2 - b_2>$$
$$k\mathbf{a} = <ka_1, ka_2>$$

同理，若 $\mathbf{a} = <a_1, a_2, a_3>$ 與 $\mathbf{b} = <b_1, b_2, b_3>$ 為三維空間中的兩向量，且 k 為任意純量，則

$$\mathbf{a}+\mathbf{b} = <a_1+b_1, \ a_2+b_2, \ a_3+b_3>$$
$$\mathbf{a}-\mathbf{b} = <a_1-b_1, \ a_2-b_2, \ a_3-b_3>$$
$$k\mathbf{a} = <ka_1, \ ka_2, \ ka_3>.$$

有時候，向量的始點並非在原點．若已知向量的始點及終點的坐標，則該向量的分量可由下面定理求得．

定理 8-3

在平面上，若 $\overrightarrow{P_1P_2}$ 的始點為 $P_1(x_1, y_1)$ 終點為 $P_2(x_2, y_2)$ 則

$$\overrightarrow{P_1P_2} = <x_2-x_1, \ y_2-y_1>$$

即，$\overrightarrow{P_1P_2}$ 的 x-分量、y-分量分別為 x_2-x_1、y_2-y_1．

同理，在三維空間中，若 $\overrightarrow{P_1P_2}$ 的始點為 $P_1(x_1, y_1, z_1)$，終點為 $P_2(x_2, y_2, z_2)$，則

$$\overrightarrow{P_1P_2} = <x_2-x_1, \ y_2-y_1, \ z_2-z_1>$$

即，$\overrightarrow{P_1P_2}$ 的 x-分量、y-分量、z-分量分別為 x_2-x_1、y_2-y_1、z_2-z_1．

證：我們僅給出在平面上的證明，而在三維空間中的證明類似．$\overrightarrow{P_1P_2}$ 為 $\overrightarrow{OP_2}$ 與 $\overrightarrow{OP_1}$ 的差，如圖 8-12 所示，於是，

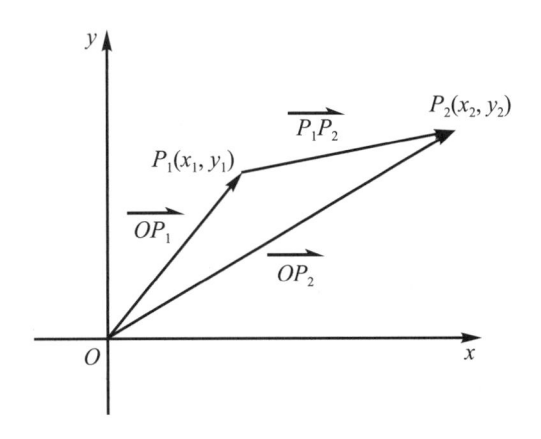

圖 8-12

$$\overrightarrow{P_1P_2} = \overrightarrow{OP_2} - \overrightarrow{OP_1} = <x_2, y_2> - <x_1, y_1>$$
$$= <x_2-x_1, y_2-y_1>.$$

註：定理 8-3 的結果為：任意向量的分量為它的終點坐標減去始點坐標.

定理 8-4

對於任意向量 **a**、**b**、**c** 與任意純量 k、l，下列關係式成立：

(1) **a**+**b**=**b**+**a**　　（交換律）

(2) (**a**+**b**)+**c**=**a**+(**b**+**c**)　　（結合律）

(3) **a**+**0**=**0**+**a**=**a**

(4) **a**+(−**a**)=**c**

(5) $k(l\mathbf{a})=(kl)\mathbf{a}=l(k\mathbf{a})$

(6) $k(\mathbf{a}+\mathbf{b})=k\mathbf{a}+k\mathbf{b}$

(7) $(k+l)\mathbf{a}=k\mathbf{a}+l\mathbf{a}$

(8) $1\mathbf{a}=\mathbf{a}$

證：我們僅給出 (2) 的證明，其餘證明留給讀者.

1. 解析法

令 $\mathbf{a}=<a_1, a_2>$，$\mathbf{b}=<b_1, b_2>$，$\mathbf{c}=<c_1, c_2>$，則

$$\begin{aligned}(\mathbf{a}+\mathbf{b})+\mathbf{c} &= (<a_1, a_2>+<b_1, b_2>)+<c_1, c_2> \\ &= <a_1+b_1, a_2+b_2>+<c_1, c_2> \\ &= <(a_1+b_1)+c_1, (a_2+b_2)+c_2> \\ &= <a_1+(b_1+c_1), a_2+(b_2+c_2)> \\ &= <a_1, a_2>+<b_1+c_1, b_2+c_2> \\ &= <a_1, a_2>+(<b_1, b_2>+<c_1, c_2>) \\ &= \mathbf{a}+(\mathbf{b}+\mathbf{c})\end{aligned}$$

2. 幾何法

令 **a**、**b** 與 **c** 分別表示 $\overrightarrow{PQ}$、$\overrightarrow{QR}$ 與 $\overrightarrow{RS}$，如圖 8-13 所示，則

第八章 向量、直線與平面

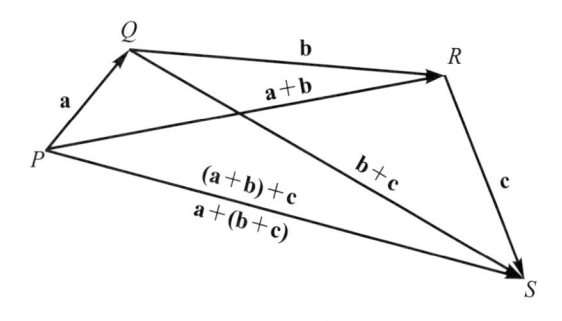

圖 8-13

$$\mathbf{a}+\mathbf{b}=\overrightarrow{PR}, \quad (\mathbf{a}+\mathbf{b})+\mathbf{c}=\overrightarrow{PS}$$
$$\mathbf{b}+\mathbf{c}=\overrightarrow{QS}, \quad \mathbf{a}+(\mathbf{b}+\mathbf{c})=\overrightarrow{PS}$$

故
$$(\mathbf{a}+\mathbf{b})+\mathbf{c}=\mathbf{a}+(\mathbf{b}+\mathbf{c}).$$

在幾何上，向量 $\mathbf{a}$ 的長度是其始點與終點之間的距離，記為 $|\mathbf{a}|$，我們由距離公式，可得平面上向量 $\mathbf{a}=<a_1, a_2>$ 的長度為

$$|\mathbf{a}|=\sqrt{a_1^2+a_2^2}$$

在三維空間中，$\mathbf{a}=<a_1, a_2, a_3>$ 的長度為

$$|\mathbf{a}|=\sqrt{a_1^2+a_2^2+a_3^2}.$$

長度為 1 的向量稱為**單位向量**. 任一向量 $\mathbf{a}$ 皆可用與 $\mathbf{a}$ 同向的單位向量 $\mathbf{u}$ 表出，即，$\mathbf{u}=\dfrac{\mathbf{a}}{|\mathbf{a}|}$.

在平面上，兩個**基本單位向量**為

$$\mathbf{i}=<1, 0>, \mathbf{j}=<0, 1>$$

在三維空間中，三個**基本單位向量**為

$$\mathbf{i}=<1, 0, 0>, \mathbf{j}=<0, 1, 0>, \mathbf{k}=<0, 0, 1>$$

如圖 8-14 所示.

在平面上，每一個向量 $\mathbf{a}=<a_1, a_2>$ 可用 $\mathbf{i}$ 與 $\mathbf{j}$ 表出，

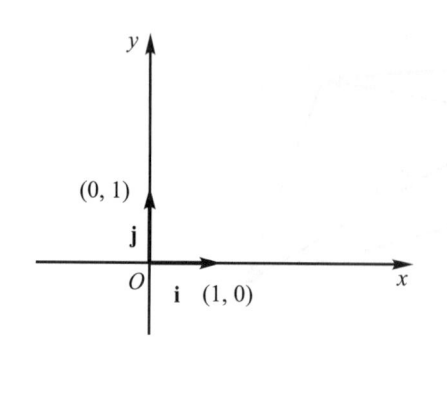

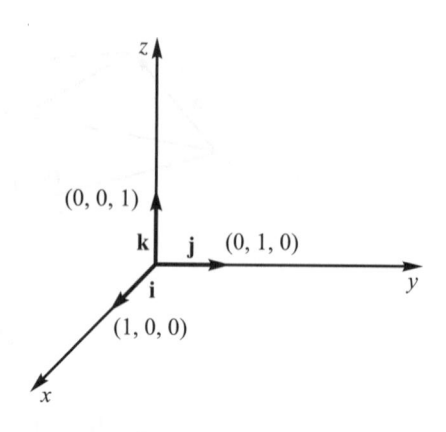

圖 8-14

$$\mathbf{a} = <a_1, a_2> = <a_1, 0> + <0, a_2>$$
$$= a_1<1, 0> + a_2<0, 1> = a_1\mathbf{i} + a_2\mathbf{j}$$

同理，在三維空間中，每一個向量 $\mathbf{a} = <a_1, a_2, a_3>$ 可用 $\mathbf{i}$、$\mathbf{j}$ 與 $\mathbf{k}$ 表出，

$$\mathbf{a} = <a_1, a_2, a_3> = a_1<1, 0, 0> + a_2<0, 1, 0> + a_3<0, 0, 1>$$
$$= a_1\mathbf{i} + a_2\mathbf{j} + a_3\mathbf{k}.$$

例題 1 設 $A(-1, 4)$ 與 $B(2, 2)$ 為二維空間中的兩點，求 $\overrightarrow{AB}$ 及其長度．

解 $\overrightarrow{AB} = <2-(-1), 2-4> = <3, -2> = 3\mathbf{i} - 2\mathbf{j}$

$$|\overrightarrow{AB}| = \sqrt{3^2 + (-2)^2} = \sqrt{13}.$$

例題 2 設 $\mathbf{a} = 2\mathbf{i} - 5\mathbf{j}$，$\mathbf{b} = -3\mathbf{i} + 3\mathbf{j}$，求 $|2\mathbf{a} + 3\mathbf{b}|$．

解 因 $2\mathbf{a} + 3\mathbf{b} = 2(2\mathbf{i} - 5\mathbf{j}) + 3(-3\mathbf{i} + 3\mathbf{j})$
$= (4-9)\mathbf{i} + (-10+9)\mathbf{j} = -5\mathbf{i} - \mathbf{j}.$

所以，$|2\mathbf{a} + 3\mathbf{b}| = \sqrt{(-5)^2 + (-1)^2} = \sqrt{26}.$

例題 3 試求出與向量 $3\mathbf{i} + \mathbf{j}$ 有相同方向的單位向量．

解 令 $\mathbf{a} = 3\mathbf{i} + \mathbf{j}$，則

$$|\mathbf{a}| = \sqrt{3^2 + 1^2} = \sqrt{10}$$

與 $\mathbf{a}$ 有相同方向之單位向量為

$$\mathbf{u} = \frac{\mathbf{a}}{|\mathbf{a}|} = \frac{3\mathbf{i}+\mathbf{j}}{\sqrt{10}} = \frac{3}{\sqrt{10}}\mathbf{i} + \frac{1}{\sqrt{10}}\mathbf{j}.$$

隨堂練習 3 設 $P(-1, 4, 5)$ 與 $Q(2, 2, 2)$ 為三維空間中的兩點，求 $\overrightarrow{PQ}$ 及其長度.

答案：$\overrightarrow{PQ} = 3\mathbf{i} - 2\mathbf{j} - 3\mathbf{k}$，$|\overrightarrow{PQ}| = \sqrt{22}$.

隨堂練習 4 設 $\mathbf{a} = 2\mathbf{i} - 5\mathbf{j} + \mathbf{k}$，$\mathbf{b} = -3\mathbf{i} + 3\mathbf{j} + 2\mathbf{k}$，$\mathbf{c} = 5\mathbf{i} + 3\mathbf{j}$，求 $|2\mathbf{a} + 3\mathbf{b} - \mathbf{c}|$.

答案：$6\sqrt{5}$.

隨堂練習 5 試求出與向量 $3\mathbf{i} + \mathbf{j} - 7\mathbf{k}$ 有相同方向的單位向量.

答案：$\mathbf{u} = \frac{3}{\sqrt{59}}\mathbf{i} + \frac{1}{\sqrt{59}}\mathbf{j} - \frac{7}{\sqrt{59}}\mathbf{k}$.

習題 8-2

1. 設 $\mathbf{a} = <1, 3>$，$\mathbf{b} = <2, 1>$，$\mathbf{c} = <4, -1>$，求
   (1) $7\mathbf{b} + 3\mathbf{c}$ (2) $3(\mathbf{a} - 7\mathbf{b})$ (3) $2\mathbf{b} - (\mathbf{a} + \mathbf{c})$

2. 設 $\mathbf{a} = 3\mathbf{i} - \mathbf{k}$，$\mathbf{b} = \mathbf{i} - \mathbf{j} + 2\mathbf{k}$，$\mathbf{c} = 3\mathbf{j}$，求
   (1) $\mathbf{c} - \mathbf{b}$ (2) $6\mathbf{a} + 4\mathbf{c}$
   (3) $-8(\mathbf{b} + \mathbf{c}) + 2\mathbf{a}$ (4) $3\mathbf{c} - (\mathbf{b} - \mathbf{c})$

3. 設 $\mathbf{a} = \mathbf{i} - 3\mathbf{j} + 2\mathbf{k}$，$\mathbf{b} = \mathbf{i} + \mathbf{j}$，$\mathbf{c} = 2\mathbf{i} + 2\mathbf{j} - 4\mathbf{k}$，求
   (1) $|\mathbf{a} + \mathbf{b}|$ (2) $|3\mathbf{a} - 5\mathbf{b} + \mathbf{c}|$
   (3) $\frac{1}{|\mathbf{c}|}\mathbf{c}$ (4) $\left|\frac{1}{|\mathbf{c}|}\mathbf{c}\right|$

4. 設 $\mathbf{a} = <1, 3>$，$\mathbf{b} = <2, 1>$，$\mathbf{c} = <4, -1>$，求向量 $\mathbf{x}$ 使其滿足 $2\mathbf{a} - \mathbf{b} + \mathbf{x} = 7\mathbf{x} + \mathbf{c}$.

5. 若 $\mathbf{a}+2\mathbf{b}=3\mathbf{i}-\mathbf{k}$ 且 $3\mathbf{a}-\mathbf{b}=\mathbf{i}+\mathbf{j}+\mathbf{k}$，求 $\mathbf{a}$ 與 $\mathbf{b}$。

6. 設 $\mathbf{a}=<1, 0, 1>$，$\mathbf{b}=<3, 2, 0>$，$\mathbf{c}=<0, 1, 1>$，求純量 c_1、c_2 與 c_3 使得 $c_1\mathbf{a}+c_2\mathbf{b}+c_3\mathbf{c}=<-1, 1, 5>$。

7. 求一單位向量使它與自點 $A(-1, 0, 2)$ 至點 $B(3, 1, 1)$ 的向量同向。

8. 令 $\mathbf{v}=<-1, 2, 5>$，試求所有滿足 $|k\mathbf{v}|=4$ 的 k 值。

9. (1) 試證：若 $\mathbf{v}$ 不為零向量，則 $\dfrac{1}{|\mathbf{v}|}\mathbf{v}$ 為單位向量。

   (2) 以 (1) 之結果，試求與 $\mathbf{v}=<3, 4>$ 同向的單位向量。

   (3) 以 (1) 之結果，試求與 $\mathbf{v}=<-2, 3, -6>$ 反向的單位向量。

10. 試求 c_1、c_2、c_3 使得 $c_1<1, 2, 0>+c_2<2, 1, 1>+c_3<0, 3, 1>=<0, 0, 0>$。

▶▶ 8-3 向量的內積

在本節中，我們將介紹向量的另一種運算，並給出該運算的一些性質。

令 $\mathbf{a}$ 與 $\mathbf{b}$ 均為平面上或三維空間中的兩非零向量，並假定已置妥這些向量使它們的始點重合，$\mathbf{a}$ 與 $\mathbf{b}$ 之間的夾角意指由 $\mathbf{a}$ 與 $\mathbf{b}$ 決定且滿足 $0\leq\theta\leq\pi$ 的角 θ，如圖 8-15 所示。

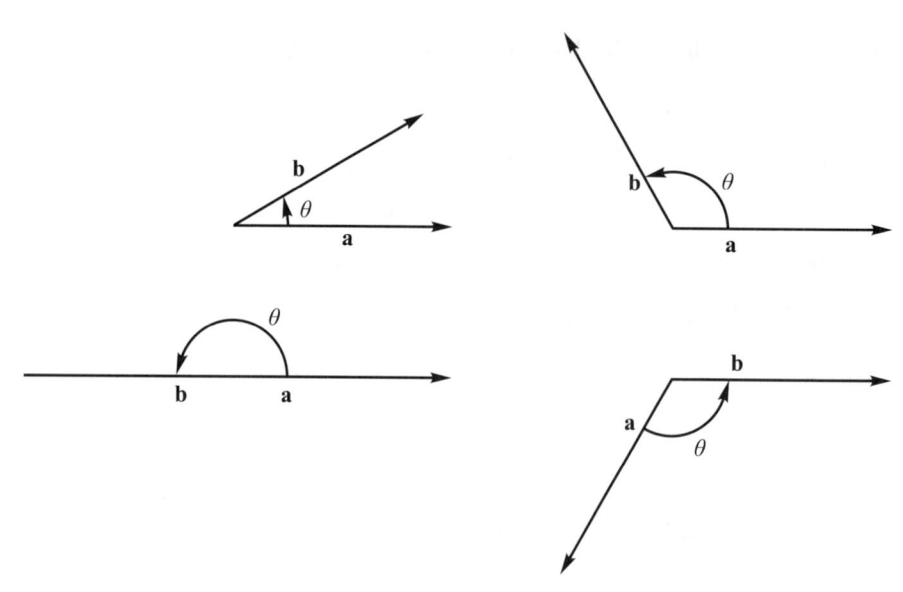

圖 8-15

定義 8-4

若 **a** 與 **b** 均為平面上或三維空間中的向量，θ 為 **a** 與 **b** 之間的夾角，且 $0 \leq \theta \leq \pi$，則 **a** 與 **b** 的**內積** (或稱**點積**、**純量積**) 定義為

$$\mathbf{a} \cdot \mathbf{b} = \begin{cases} |\mathbf{a}||\mathbf{b}| \cos \theta, & \text{若 } \mathbf{a} \neq \mathbf{0} \text{ 且 } \mathbf{b} \neq \mathbf{0} \\ 0, & \text{若 } \mathbf{a} = \mathbf{0} \text{ 或 } \mathbf{b} = \mathbf{0}. \end{cases}$$

為了計算的目的，我們需要有一個公式將兩向量的內積用向量的分量表示．我們將對三維空間中的向量導出這樣的公式，並對平面上的向量敘述對應的公式．

令 $\mathbf{a} = <a_1, a_2, a_3>$ 與 $\mathbf{b} = <b_1, b_2, b_3>$ 為兩非零向量，θ 為 **a** 與 **b** 之間的夾角 (圖 8-16)，則由餘弦定理可得

$$|\overrightarrow{AB}|^2 = |\mathbf{a}|^2 + |\mathbf{b}|^2 - 2|\mathbf{a}||\mathbf{b}| \cos \theta \tag{8-3-1}$$

因 $\overrightarrow{AB} = \mathbf{b} - \mathbf{a}$，故式 (8-3-1) 化成

$$|\mathbf{a}||\mathbf{b}| \cos \theta = \frac{1}{2}(|\mathbf{a}|^2 + |\mathbf{b}|^2 - |\mathbf{b} - \mathbf{a}|^2)$$

或

$$\mathbf{a} \cdot \mathbf{b} = \frac{1}{2}(|\mathbf{a}|^2 + |\mathbf{b}|^2 - |\mathbf{b} - \mathbf{a}|^2)$$

代換

$$|\mathbf{a}|^2 = a_1^2 + a_2^2 + a_3^2, \quad |\mathbf{b}|^2 = b_1^2 + b_2^2 + b_3^2$$

與

$$|\mathbf{b} - \mathbf{a}|^2 = (b_1 - a_1)^2 + (b_2 - a_2)^2 + (b_3 - a_3)^2$$

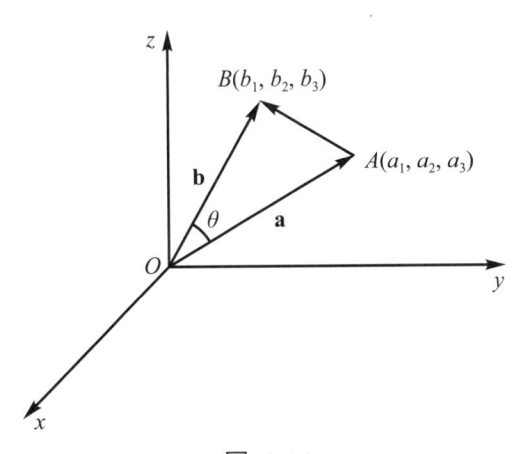

圖 8-16

化簡後，可得

$$\mathbf{a} \cdot \mathbf{b} = a_1 b_1 + a_2 b_2 + a_3 b_3. \tag{8-3-2}$$

若 $\mathbf{a} = \langle a_1, a_2 \rangle$ 與 $\mathbf{b} = \langle b_1, b_2 \rangle$ 均為平面上的向量，則對應於式 (8-3-2) 的公式為

$$\mathbf{a} \cdot \mathbf{b} = a_1 b_1 + a_2 b_2. \tag{8-3-3}$$

若 $\mathbf{a}$ 與 $\mathbf{b}$ 均為非零向量，則

$$\cos \theta = \frac{\mathbf{a} \cdot \mathbf{b}}{|\mathbf{a}||\mathbf{b}|}.$$

例題 1 若 $\mathbf{a} = 2\mathbf{i} - \mathbf{j} + \mathbf{k}$，$\mathbf{b} = -\mathbf{i} + \mathbf{j}$，求 $\mathbf{a} \cdot \mathbf{b}$，並決定 $\mathbf{a}$ 與 $\mathbf{b}$ 之間的夾角 θ．

解 $\mathbf{a} \cdot \mathbf{b} = a_1 b_1 + a_2 b_2 + a_3 b_3 = (2)(-1) + (-1)(1) + (1)(0) = -3$

$$|\mathbf{a}| = \sqrt{4+1+1} = \sqrt{6}, \quad |\mathbf{b}| = \sqrt{1+0+1} = \sqrt{2}$$

$$\cos \theta = \frac{\mathbf{a} \cdot \mathbf{b}}{|\mathbf{a}||\mathbf{b}|} = \frac{-3}{(\sqrt{6})(\sqrt{2})} = -\frac{\sqrt{3}}{2}$$

因 $0 \leq \theta \leq \pi$，故 $\theta = \dfrac{5\pi}{6}$．

隨堂練習 6 設 $\triangle ABC$ 三頂點之坐標分別為 $A(1, 1)$、$B(4, 5)$ 與 $C(8, 2)$，試求 $\triangle ABC$ 之三內角．

答案：三內角為 $\beta = \dfrac{\pi}{2}$，$\gamma = \dfrac{\pi}{4}$，$\alpha = \dfrac{\pi}{4}$．

內積的正負號提供有關兩向量之間夾角的有用訊息．設 $\mathbf{a}$ 與 $\mathbf{b}$ 均為平面上或三維空間中的非零向量，且 θ 為它們之間的夾角．

1. θ 為銳角 $\Leftrightarrow \mathbf{a} \cdot \mathbf{b} > 0$
2. θ 為鈍角 $\Leftrightarrow \mathbf{a} \cdot \mathbf{b} < 0$
3. $\theta = 90°$ ($\mathbf{a}$ 與 $\mathbf{b}$ 垂直) $\Leftrightarrow \mathbf{a} \cdot \mathbf{b} = 0$
4. $\theta = 0°$ 或 $180°$
   $\Leftrightarrow \mathbf{a} \cdot \mathbf{b} = |\mathbf{a}||\mathbf{b}|$ ($\mathbf{a}$ 與 $\mathbf{b}$ 平行且同方向)

$\Leftrightarrow \mathbf{a} \cdot \mathbf{b} = -|\mathbf{a}||\mathbf{b}|$　　　　　　　　($\mathbf{a}$ 與 $\mathbf{b}$ 平行但方向相反)

垂直向量又稱為**正交向量**．兩非零向量正交，若且唯若它們的內積為零．當 $\mathbf{a}$ 與 $\mathbf{b}$ 中任一者或兩者均為 $\mathbf{0}$ 時，我們視 $\mathbf{a}$ 與 $\mathbf{b}$ 互相垂直，因此，$\mathbf{a}$ 與 $\mathbf{b}$ 為正交（垂直），若且唯若 $\mathbf{a} \cdot \mathbf{b} = 0$．

例題 2　試證 $\mathbf{a} = <1, 2, -3>$ 與 $\mathbf{b} = <2, 2, 2>$ 互相垂直．

解　因 $\mathbf{a} \cdot \mathbf{b} = (1)(2) + (2)(2) + (-3)(2) = 0$，故 $\mathbf{a}$ 與 $\mathbf{b}$ 互相垂直．

例題 3　試利用向量的方法證明：$P(2, -3, 1)$、$Q(-5, 1, 7)$ 及 $R(6, 1, 3)$ 為一直角三角形的三頂點，並求其面積．

解　$\overrightarrow{PQ} = <(-5)-2, 1-(-3), 7-1> = <-7, 4, 6>$
$\overrightarrow{PR} = <6-2, 1-(-3), 3-1> = <4, 4, 2>$
因 $\overrightarrow{PQ} \cdot \overrightarrow{PR} = (-7)(4) + (4)(4) + (6)(2) = -28 + 16 + 12 = 0$
故知，$\overrightarrow{PQ} \perp \overrightarrow{PR}$，故 P、Q、R 為一直角三角形之三頂點．

該三角形之面積為

$$\frac{1}{2}|\overrightarrow{PQ}||\overrightarrow{PR}| = \frac{1}{2}\sqrt{(-7)^2 + 4^2 + 6^2}\sqrt{4^2 + 4^2 + 2^2}$$

$$= \frac{1}{2}\sqrt{101}\sqrt{36} = 3\sqrt{101}.$$

例題 4　試證：在平面上，向量 $a\mathbf{i} + b\mathbf{j}$ 垂直於直線 $ax + by + c = 0$．

解　令 $P_1(x_1, y_1)$ 與 $P_2(x_2, y_2)$ 為直線 $ax + by + c = 0$ 上兩相異點，則

$$ax_1 + by_1 + c = 0 \cdots\cdots ①$$
$$ax_2 + by_2 + c = 0 \cdots\cdots ②$$

因 $\overrightarrow{P_1P_2} = (x_2 - x_1)\mathbf{i} + (y_2 - y_1)\mathbf{j}$ 沿著該直線前進，故需要證明 $a\mathbf{i} + b\mathbf{j}$ 與 $\overrightarrow{P_1P_2}$ 垂直．

②－① 可得

$$a(x_2 - x_1) + b(y_2 - y_1) = 0$$

數學 (二)

此式可以表成
$$(a\mathbf{i}+b\mathbf{j}) \cdot [(x_2-x_1)\mathbf{i}+(y_2-y_1)\mathbf{j}]=0$$
或
$$(a\mathbf{i}+b\mathbf{j}) \cdot \overrightarrow{P_1P_2}=0$$
故 $a\mathbf{i}+b\mathbf{j}$ 與 $\overrightarrow{P_1P_2}$ 垂直.

隨堂練習 7 ✎　設 $\mathbf{a}=2\mathbf{i}-2\mathbf{j}-3\mathbf{k}$, $\mathbf{b}=-4\mathbf{i}+4\mathbf{j}+6\mathbf{k}$, 試證 $\mathbf{a}$ 與 $\mathbf{b}$ 平行且方向相反.
答案：略

非零向量 $\mathbf{a}=a_1\mathbf{i}+a_2\mathbf{j}+a_3\mathbf{k}$ 與正 x-軸、正 y-軸及正 z-軸所形成的角 α、β 及 γ (α, β, $\gamma \in [0, \pi]$) 稱為**方向角** (圖 8-17), $\cos\alpha$、$\cos\beta$ 與 $\cos\gamma$ 稱為 $\mathbf{a}$ 的**方向餘弦**.

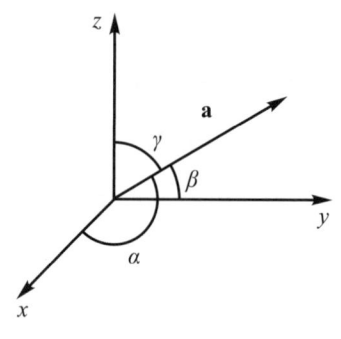

圖 8-17

利用定義 8-4, 可得
$$\cos\alpha=\frac{\mathbf{a}\cdot\mathbf{i}}{|\mathbf{a}||\mathbf{i}|}=\frac{a_1}{|\mathbf{a}|}$$
同理,
$$\cos\beta=\frac{a_2}{|\mathbf{a}|}, \quad \cos\gamma=\frac{a_3}{|\mathbf{a}|}$$
由上面可知
$$\cos^2\alpha+\cos^2\beta+\cos^2\gamma=1$$
因而
$$\mathbf{a}=<a_1, a_2, a_3>=<|\mathbf{a}|\cos\alpha, |\mathbf{a}|\cos\beta, |\mathbf{a}|\cos\gamma>$$
$$=|\mathbf{a}|<\cos\alpha, \cos\beta, \cos\gamma>$$
所以
$$\frac{1}{|\mathbf{a}|}\mathbf{a}=<\cos\alpha, \cos\beta, \cos\gamma>$$

換句話說，**a** 的方向餘弦為 **a** 的單位向量的分量.

例題 5 求向量 **a**＝**i**＋2**j**＋3**k** 的方向角.

解 $|\mathbf{a}|=\sqrt{1+4+9}=\sqrt{14}$

$$\cos\alpha=\frac{1}{\sqrt{14}},\ \cos\beta=\frac{2}{\sqrt{14}},\ \cos\gamma=\frac{3}{\sqrt{14}}$$

故 $\alpha\approx 74°$，$\beta\approx 58°$，$\gamma\approx 37°$.

隨堂練習 8 若三個非零數 l、m、n 與方向餘弦成比例，即存在一正數 k 使得 $l=k\cos\alpha$，$m=k\cos\beta$，$n=k\cos\gamma$. 若 l、m、n 皆為 **a** 的方向數且 $d=(l^2+m^2+n^2)^{1/2}$，試證：$\cos\alpha=\dfrac{l}{d}$，$\cos\beta=\dfrac{m}{d}$，$\cos\gamma=\dfrac{n}{d}$.

答案：略.

向量的內積具有下列的性質：

定理 8-5

設 **a**、**b** 與 **c** 為平面上或三維空間中的任意向量，且 k 為純量，則
(1) **a**・**b**＝**b**・**a**
(2) **a**・(**b**＋**c**)＝**a**・**b**＋**a**・**c**
(3) (**a**＋**b**)・**c**＝**a**・**c**＋**b**・**c**
(4) $k(\mathbf{a}\cdot\mathbf{b})=(k\mathbf{a})\cdot\mathbf{b}=\mathbf{a}\cdot(k\mathbf{b})$
(5) $\mathbf{a}\cdot\mathbf{a}=|\mathbf{a}|^2$
(6) $|\mathbf{a}\cdot\mathbf{b}|\leq|\mathbf{a}||\mathbf{b}|$ (柯西-希瓦茲不等式)
(7) $|\mathbf{u}+\mathbf{v}|\leq|\mathbf{u}|+|\mathbf{v}|$ 及 $|\mathbf{u}-\mathbf{v}|\leq|\mathbf{u}|+|\mathbf{v}|$ (此不等式稱為**三角不等式**)

利用向量內積的定義可求得一向量在另一向量上的正投影長度. 向量 **a** 在向量 **b** 之方向上的正投影長度 $=||\mathbf{a}|\cos\theta|=\left|\mathbf{a}\dfrac{\mathbf{a}\cdot\mathbf{b}}{|\mathbf{a}||\mathbf{b}|}\right|=\dfrac{|\mathbf{a}\cdot\mathbf{b}|}{|\mathbf{b}|}$，此結果的幾何解釋如圖 8-18 所給.

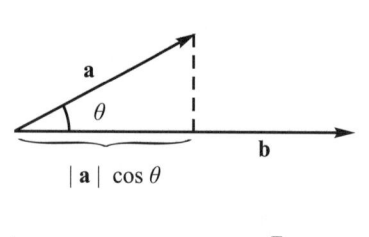

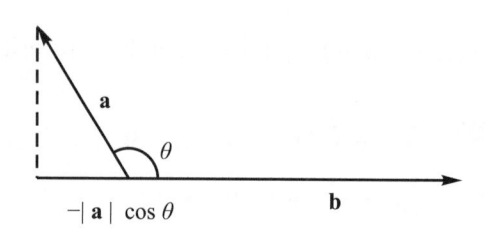

(1) $0 \leq \theta \leq \dfrac{\pi}{2}$ (2) $\dfrac{\pi}{2} \leq \theta \leq \pi$

圖 8-18

例題 6 試證：$|\mathbf{a}-\mathbf{b}| \geq |\mathbf{a}| - |\mathbf{b}|$．

解 令 $\mathbf{a}=\mathbf{b}+(\mathbf{a}-\mathbf{b})$，利用三角不等式

$$|\mathbf{a}| = |\mathbf{b}+(\mathbf{a}-\mathbf{b})| \leq |\mathbf{b}| + |\mathbf{a}-\mathbf{b}|$$

故 $|\mathbf{a}-\mathbf{b}| \geq |\mathbf{a}| - |\mathbf{b}|$．

例題 7 求向量 $\mathbf{a}=2\mathbf{i}-\mathbf{j}+\mathbf{k}$ 在向量 $\mathbf{b}=\mathbf{i}+\mathbf{j}+\mathbf{k}$ 之方向上的正投影長度．

解 投影長度 $= \dfrac{\mathbf{a} \cdot \mathbf{b}}{|\mathbf{b}|} = \dfrac{(2)(1)+(-1)(1)+(1)(1)}{\sqrt{3}} = \dfrac{2}{\sqrt{3}}$．

隨堂練習 9 求向量 $\mathbf{b}=2\mathbf{i}+\mathbf{j}+2\mathbf{k}$ 在向量 $\mathbf{a}=-2\mathbf{i}+3\mathbf{j}+\mathbf{k}$ 之方向上的正投影長度．

答案：$\dfrac{1}{\sqrt{14}}$．

我們現在利用向量方法導出自平面上一點至一直線的距離公式．

設平面上有一直線 L，其方程式為 $ax+by+c=0$，而 $P_0(x_0, y_0, z_0)$ 為 L 外一點．令 $Q(x_1, y_1)$ 為 L 上任一點，並放置向量 $\mathbf{n}=a\mathbf{i}+b\mathbf{j}$ 使其始點在 Q．依例題 4，向量 $\mathbf{n}$ 垂直於 L，如圖 8-19 所示．距離 D 即為 $\overrightarrow{QP_0}$ 在 $\mathbf{n}$ 上之正投影的長度，於是，

$$D = \dfrac{|\overrightarrow{QP_0} \cdot \mathbf{n}|}{|\mathbf{n}|}$$

但

$$\overrightarrow{QP_0} = <x_0-x_1,\ y_0-y_1>$$

$$\overrightarrow{QP_0} \cdot \mathbf{n} = a(x_0-x_1)+b(y_0-y_1)$$

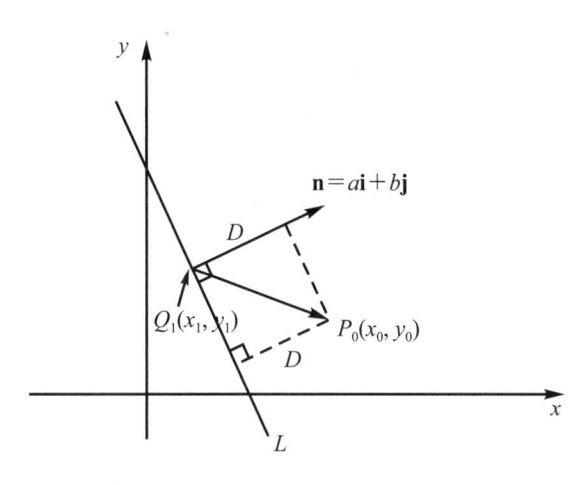

圖 8-19

$$|\mathbf{n}|=\sqrt{a^2+b^2}$$

可得
$$D=\frac{|a(x_0-x_1)+b(y_0-y_1)|}{\sqrt{a^2+b^2}}=\frac{|ax_0+by_0-ax_1-by_1|}{\sqrt{a^2+b^2}}$$

因 $Q(x_1,\ y_1)$ 在 L 上，可知 $ax_1+by_1+c=0$，故

$$D=\frac{|ax_0+by_0+c|}{\sqrt{a^2+b^2}}.$$

例題 8 求點 $(1,\ -2)$ 到直線 $3x+4y-6=0$ 的距離.

解 所求距離為

$$D=\frac{|(3)(1)+(4)(-2)-6|}{\sqrt{3^2+4^2}}=\frac{|-11|}{5}=\frac{11}{5}.$$

隨堂練習 10 試求點 $(3,\ 4)$ 到直線 $2x+y=8$ 的距離.

答案：$\dfrac{2\sqrt{5}}{5}$.

習題 8-3

1. 若 (1) **a**=＜－7，－3＞，**b**=＜0，1＞
    (2) **a**=**i**－3**j**+7**k**，**b**=8**i**－2**j**－2**k**

   試求 **a**·**b**.

2. 試判斷 **a** 與 **b** 間之夾角是否形成銳角、鈍角，抑或正交？
    (1) **a**=6**i**+**j**+3**k**，**b**=4**i**－6**k**
    (2) **a**=**i**+**j**+**k**，**b**=－**i**
    (3) **a**=＜4，1，6＞，**b**=＜－3，0，2＞

3. 令 **a**=k**i**+**j**，且 **b**=4**i**+3**j**，求 k 使
    (1) **a** 與 **b** 正交
    (2) **a** 與 **b** 之間的夾角為 $\frac{\pi}{4}$
    (3) **a** 與 **b** 平行．

4. 設 $\vec{A}=\frac{2}{5}\mathbf{a}+\frac{1}{5}\mathbf{b}$，$\vec{B}=\frac{1}{5}\mathbf{a}-\frac{2}{5}\mathbf{b}$，且 $|\vec{A}|=1$，$|\vec{B}|=1$．$\vec{A}$ 與 $\vec{B}$ 垂直，試求 **a** 與 **b**.

5. 設 $|\mathbf{a}|=2$，$\mathbf{b}=<\frac{1}{\sqrt{2}}, \frac{1}{\sqrt{2}}>$，其夾角是 $\frac{\pi}{4}$，求 **a**.

6. 已知平面上三點 $O(0, 0)$、$A(1, 2)$ 和 $B(3, 4)$，試求 $\triangle AOB$ 的面積．

7. 試求向量 **a**=－3**i**+**j**－2**k** 在向量 **b**=2**i**+4**j**－5**k** 之方向上的正投影長度．

8. 試求向量 **a**=2**i**+3**j**+**k** 在向量 **b**=**i**+2**j**－6**k** 上之投影．

9. 試證三角不等式 $|\mathbf{u}+\mathbf{v}| \leq |\mathbf{u}| + |\mathbf{v}|$．

10. 試求點 $(2, 6)$ 到直線 $2x+y-8=0$ 的距離．

8-4 直線方程式

在平面上，$P_0(x_0, y_0)$ 為一已知點，若點 $P(x, y)$ 位於通過 P_0 的直線 L 上，且 $\overrightarrow{P_0P}$ 平行於非零向量 $\mathbf{v} = <a, b>$，如圖 8-20(1) 所示，則我們必有下面的關係：

$$\overrightarrow{P_0P} = t\mathbf{v}, \quad t \in \mathbb{R} \tag{8-4-1}$$

同理，在三維空間中，$P_0(x_0, y_0, z_0)$ 為一已知點，若點 $P(x, y, z)$ 位於通過 P_0 的直線 L 上，且 $\overrightarrow{P_0P}$ 平行於非零向量 $\mathbf{v} = <a, b, c>$，如圖 8-20(2) 所示，則

$$\overrightarrow{P_0P} = t\mathbf{v}, \quad t \in \mathbb{R} \tag{8-4-2}$$

在平面上，引進

$$\mathbf{r} = \overrightarrow{OP} = <x, y>, \quad \mathbf{r}_0 = \overrightarrow{OP_0} = <x_0, y_0>$$

在三維空間中，引進

$$\mathbf{r} = \overrightarrow{OP} = <x, y, z>, \quad \mathbf{r}_0 = \overrightarrow{OP_0} = <x_0, y_0, z_0>$$

分別代入式 (8-4-1) 與 (8-4-2) 中，在此兩種情形，可得方程式

$$\mathbf{r} = \mathbf{r}_0 + t\mathbf{v}, \quad t \in \mathbb{R} \tag{8-4-3}$$

在平面上或三維空間中，我們稱式 (8-4-3) 為直線 L 的向量方程式.

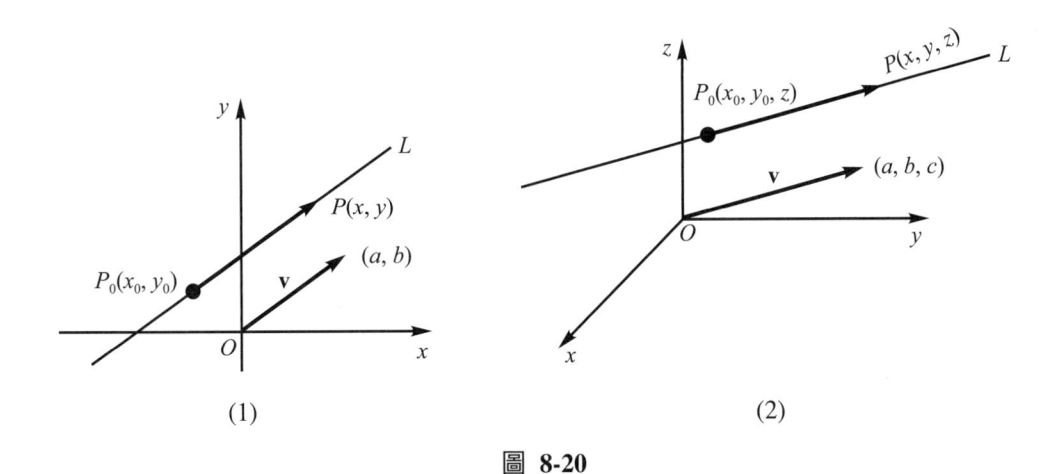

圖 8-20

例題 1 在平面上求通過兩點 $P_1(2, -1)$ 與 $P_2(-5, 3)$ 之直線的向量方程式.

解 向量 $\overrightarrow{P_1P_2} = <-7, 4>$ 平行於直線,可作為式 (8-4-3) 中的 **v**. 對於 $\mathbf{r}_0$ 而言,利用自原點至 P_1 的向量,可得 $\mathbf{r}_0 = <2, -1>$,於是,通過 P_1 與 P_2 之直線的向量方程式為

$$<x, y> = <2, -1> + t<-7, 4>, \quad t \in \mathbb{R}.$$

例題 2 求通過兩點 $P_1(2, 4, -1)$ 與 $P_2(5, 0, 7)$ 之直線的向量方程式.

解 $\overrightarrow{P_1P_2} = <3, -4, 8>$ 平行於直線,可作為式 (8-4-3) 中的 **v**. 對於 $\mathbf{r}_0$ 而言,利用自原點至 P_1 的向量,可得

$$\mathbf{r}_0 = <2, 4, -1>$$

於是,通過 P_1 與 P_2 之直線的向量方程式為

$$<x, y, z> = <2, 4, -1> + t<3, -4, 8>, \quad t \in \mathbb{R}.$$

隨堂練習 11 求通過兩點 $P_1(2, -1, 8)$ 與 $P_2(5, 6, -3)$ 之直線的向量方程式.

答案:$<x, y, z> = <2, -1, 8> + t<3, 7, -11>, \quad t \in \mathbb{R}.$

有關直線的方程式除了前面所述之向量方程式外,尚有直線的**參數方程式**. 我們利用下面的例題來說明直線的**參數方程式**.

例題 3 向量方程式

$$<x, y> = <-3, 2> + t<1, 1>, \quad 0 \leq t \leq 3$$

代表在平面上通過點 $(-3, 2)$ 且平行於 $\mathbf{v} = <1, 1>$ 之直線的一段. 因為若 $t = 0$,則 $<x, y> = <-3, 2>$;若 $t = 3$,則 $<x, y> = <-3, 2> + <3, 3> = <0, 5>$. 依此,方程式代表直線在兩點 $(-3, 2)$ 與 $(0, 5)$ 之間的部分 (圖 8-21).

圖 8-21

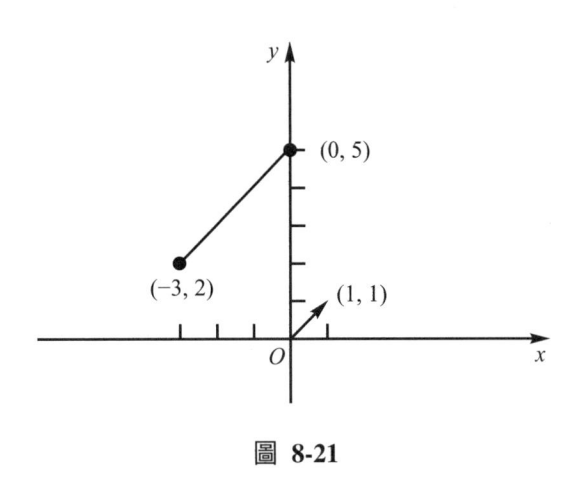

式 (8-4-1) 可以寫成

$$<x-x_0,\ y-y_0> = <ta,\ tb>$$

$$x-x_0 = ta,\ y-y_0 = tb$$

故

$$\begin{cases} x = x_0 + at \\ y = y_0 + bt \end{cases},\ t \in \mathbb{R} \tag{8-4-4}$$

式 (8-4-4) 稱為平面上直線 L 的**參數方程式**. 式 (8-4-2) 可以寫成

$$<x-x_0,\ y-y_0,\ z-z_0> = <ta,\ tb,\ tc>$$

即,

$$x-x_0 = ta,\ y-y_0 = tb,\ z-z_0 = tc$$

故

$$\begin{cases} x = x_0 + at \\ y = y_0 + bt \\ z = z_0 + ct \end{cases},\ t \in \mathbb{R} \tag{8-4-5}$$

式 (8-4-5) 稱為三維空間中直線 L 的**參數方程式**.

例題 4 求 (1) 通過點 $(4, 2)$ 且平行於 $\mathbf{v} = <-1, 5>$；

(2) 通過點 $(1, 2, -3)$ 且平行於 $\mathbf{v} = 4\mathbf{i} + 5\mathbf{j} - 7\mathbf{k}$

之直線的參數方程式.

解 (1) 我們從式 (8-4-4)，令 $x_0=4$，$y_0=2$，$a=-1$，$b=5$，可得

$$\begin{cases} x=4-t \\ y=2+5t \end{cases}, \; t \in \mathbb{R}$$

(2) 由式 (8-4-5) 可得

$$\begin{cases} x=1+4t \\ y=2+5t \\ z=-3-7t \end{cases}, \; t \in \mathbb{R}$$

例題 5 求通過兩點 $(2, -1, 8)$ 與 $(5, 6, -3)$ 之直線的參數方程式．

解 因 $\mathbf{v}=<5-2, \; 6-(-1), \; -3-8>=<3, \; 7, \; -11>$，
故直線的參數方程式為

$$\begin{cases} x=2+3t \\ y=-2+7t \\ z=8-11t \end{cases}, \; t \in \mathbb{R}$$

另一組參數方程式可寫成

$$\begin{cases} x=5-3t \\ y=6-7t \\ z=-3+11t \end{cases}, \; t \in \mathbb{R}$$

例題 6 通過兩點 $(2, 4, -1)$ 與 $(5, 0, 7)$ 的直線交 xy-平面於何處？

解 此直線的參數方程式為

$$\begin{cases} x=2+3t \\ y=4-4t \\ z=-1+8t \end{cases}, \; t \in \mathbb{R}$$

因直線與 xy-平面相交，故令 $z=0$，即，$-1+8t=0$，可得 $t=\dfrac{1}{8}$．

於是，交點為 $\left(\dfrac{19}{8}, \; \dfrac{7}{2}, \; 0\right)$．

例題 7 求連接兩點 $P_1(2, 4, -1)$ 與 $P_2(5, 0, 7)$ 之線段的參數方程式.

解 由例題 6 知，通過 P_1 與 P_2 之直線的參數方程式為

$$\begin{cases} x = 2 + 3t \\ y = 4 - 4t \\ z = -1 + 8t \end{cases}$$

利用這些方程式，P_1 符合 $t=0$，P_2 符合 $t=1$. 於是，自 P_1 至 P_2 的線段為

$$\begin{cases} x = 2 + 3t \\ y = 4 - 4t \quad , \quad 0 \leq t \leq 1. \\ z = -1 + 8t \end{cases}$$

隨堂練習 12 求過空間上一點 $(3, 2, -1)$ 且平行於向量 $\mathbf{v} = <1, -2, -1>$ 的直線之參數方程式.

答案：$\begin{cases} x = 3 + t \\ y = 2 - 2t \quad , \quad t \in \mathbb{R}. \\ z = -1 - t \end{cases}$

隨堂練習 13 已知空間上兩點 $(1, 2, 3)$ 與 $(4, -1, 0)$.

(1) 試求通過 $(1, 2, 3)$ 與 $(4, -1, 0)$ 之直線的參數方程式.

(2) 通過兩點 $(1, 2, 3)$ 與 $(4, -1, 0)$ 的直線交 xy-平面於何處？

(3) 求連接兩點 $P_1(1, 2, 3)$ 與 $P_2(4, -1, 0)$ 之線段的參數方程式.

答案：(1) $\begin{cases} x = 1 + 3t \\ y = 2 - 3t \quad , \quad t \in \mathbb{R} \\ z = 3 - 3t \end{cases}$ 或 $\begin{cases} x = 4 - 3t \\ y = -2 + 3t, \quad t \in \mathbb{R} \\ z = 3t \end{cases}$

(2) 交點為 $(4, -1, 0)$

(3) $\begin{cases} x = 1 + 3t \\ y = 2 - 3t \quad , \quad 0 \leq t \leq 1 \\ z = 3 - 3t \end{cases}$

若 a、b 與 c 均為非零之實數，$\mathbf{v}=<a, b, c>$，則通過 $P_0(x_0, y_0, z_0)$ 且平行於 $\mathbf{v}$ 之直線 L 的參數方程式為

$$\begin{cases} x=x_0+at \\ y=y_0+bt \\ z=z_0+ct \end{cases}, \quad t \in \mathbb{R}$$

從上式中消去參數，可得

$$\frac{x-x_0}{a}=\frac{y-y_0}{b}=\frac{z-z_0}{c} \tag{8-4-6}$$

式 (8-4-6) 稱為直線 L 的**對稱方程式**.

例題 8 求通過點 $(1, -1, 2)$ 且平行於 $5\mathbf{i}-2\mathbf{j}+3\mathbf{k}$ 之直線的對稱方程式.

解 在式 (8-4-6) 中，令 $a=5, b=-2, c=3, x_0=1, y_0=-1, z_0=2$，可得對稱方程式

$$\frac{x-1}{5}=\frac{y+1}{-2}=\frac{z-2}{3}.$$

有關直線的對稱方程式並非唯一．例如，由於向量 $-10\mathbf{i}+4\mathbf{j}-6\mathbf{k}$ 平行於 $5\mathbf{i}-2\mathbf{j}+3\mathbf{k}$，我們可將上式的對稱方程式寫成

$$\frac{x-1}{-10}=\frac{y+1}{4}=\frac{z-2}{-6}.$$

例題 9 求包含兩點 $P_1(3, -2, 1)$ 與 $P_2(1, -5, 2)$ 之直線 L 的對稱方程式.

解 我們必須求一向量 $\mathbf{v}$ 平行於 L. 因 P_1 與 P_2 為位於 L 上的相異點，故 $\overrightarrow{P_1P_2}$ 可用來視作 $\mathbf{v}$. 所以 $\mathbf{v}=-2\mathbf{i}-3\mathbf{j}+\mathbf{k}$，如果我們用 P_1 的坐標代入式 (8-4-6) 中，可得對稱方程式

$$\frac{x-3}{-2}=\frac{y+2}{-3}=\frac{z-1}{1}.$$

如果我們用 $P_2=(1, -5, 2)$ 代替 P_1，則得另外一組對稱方程式

$$\frac{x-3}{-2}=\frac{y+2}{-3}=\frac{z-1}{1}.$$

以上任一式皆為正確.

例題 10 求通過點 $(5,-2,3)$ 且平行於 $3\mathbf{j}-2\mathbf{k}$ 之直線的對稱方程式.

解 因 $a=0$，$b=3$，$c=-2$，故直線的對稱方程式為

$$x=5, \quad \frac{y+2}{3}=\frac{z-3}{-2}.$$

隨堂練習 14 求包含點 $P_1(1,2,3)$ 與 $P_2(4,-1,0)$ 之直線 L 的對稱方程式.

答案：$\dfrac{x-1}{3}=\dfrac{y-2}{-3}=\dfrac{z-3}{-3}$ 及 $\dfrac{x-4}{3}=\dfrac{y+1}{-3}=\dfrac{z}{-3}$.

隨堂練習 15 下面二組參數式所表的二直線是否相交？若相交，則求其交點.

$$\begin{cases} x=3-2t \\ y=t \\ z=2+4t \end{cases}, t\in\mathbb{R}\,; \quad \begin{cases} x=t \\ y=3+t \\ z=6-4t \end{cases}, t\in\mathbb{R}$$

答案：$(-1,2,10)$.

習題 8-4

1. 求通過兩點 $P_1(0,3)$ 與 $P_2(4,3)$ 之直線的向量方程式.
2. 求通過兩點 $P_1(3,-1,2)$ 與 $P_2(0,1,1)$ 之直線的向量方程式.
3. 求通過兩點 $P_1(2,4,1)$ 與 $P_2(2,-1,1)$ 之直線的向量方程式.
4. 描述以向量方程式 $<x,y>=<1,0>+t<-2,3>$ $(0\leq t\leq 2)$ 表示的線段.
5. 描述以向量方程式 $<x,y,z>=<-2,1,4>+t<3,0,-1>$ $(0\leq t\leq 3)$ 表示的線段.
6. 求通過點 $(-1,2,4)$ 且平行於 $3\mathbf{i}-4\mathbf{j}+\mathbf{k}$ 之直線的參數方程式.

在 7～10 題中，求通過 P_1 與 P_2 之直線的參數方程式.

7. $P_1(3, -2)$, $P_2(5, 1)$　　　　　8. $P_1(4, 1)$, $P_2(4, 3)$

9. $P_1(5, -2, 1)$, $P_2(2, 4, 2)$　　10. $P_1(4, 0, 7)$, $P_2(-1, -1, 2)$

在 11～13 題中，求連接 P_1 與 P_2 之線段的參數方程式．

11. $P_1(3, -2)$, $P_2(5, 1)$　　　　12. $P_1(-1, 3, 5)$, $P_2(-1, 3, 2)$

13. $P_1(4, 0, 7)$, $P_2(-1, -1, 2)$

14. 求通過點 $(-2, 0, 5)$ 且平行於直線

$$\begin{cases} x=1+2t \\ y=4-t \\ z=6+2t \end{cases}$$

之直線的參數方程式．

15. 直線 $x=-1+2t$, $y=3+t$, $z=4-t$ 交 (1) xy-平面，(2) xz-平面，(3) yz-平面，於何處？

16. 求通過兩點 (x_0, y_0, z_0) 與 (x_1, y_1, z_1) 之直線的參數方程式．

▶▶ 8-5　平面方程式

　　在三維空間中，假設直線 L 與平面 E 相交於 P 點，而在平面 E 上通過 P 點的任何直線均與 L 垂直，那麼直線 L 就與平面 E 垂直，我們稱直線 L 是平面 E 的一條法線，如圖 8-22 所示．例如，z-軸垂直於 xy-平面，所以 z-軸是 xy-平面的一條法

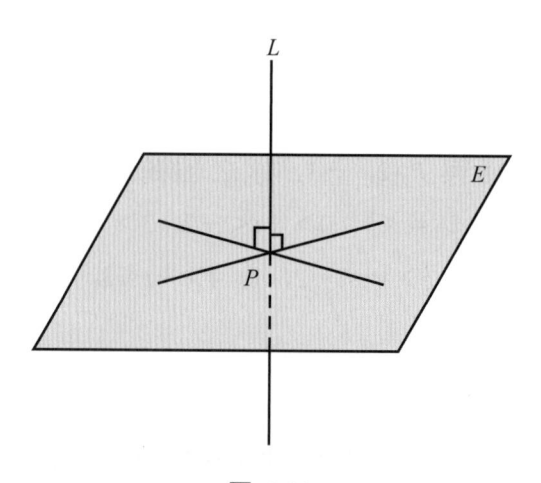

圖 8-22

圖 8-23

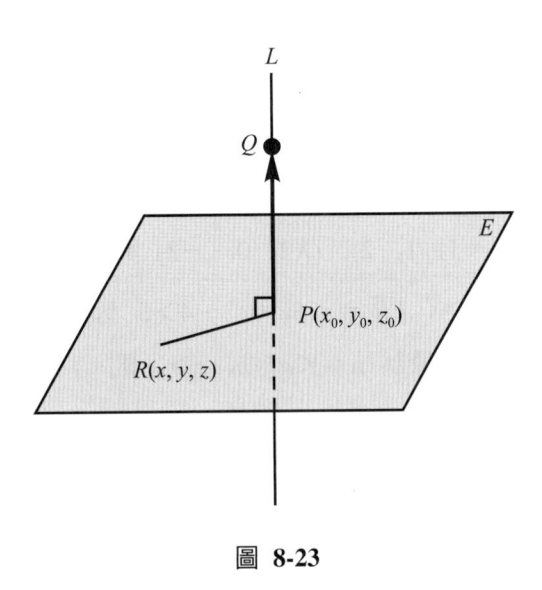

線；同理，y-軸是 xz-平面的一條法線，x-軸是 yz-平面的一條法線.

設 L 為平面 E 的一條法線，且交平面 E 於 P 點，在 L 上另取一點 Q，可作向量 $\overrightarrow{PQ}$，我們稱 $\overrightarrow{PQ}$ 為平面 E 的一個法線向量，或簡稱法向量，如圖 8-23 所示. 設 $\overrightarrow{PQ} = <a, b, c>$，$a$、$b$ 與 c 不全為零，P 點的坐標為 (x_0, y_0, z_0)，在平面 E 上任取一點 $R(x, y, z)$，如圖 8-23 所示，則 $\overrightarrow{PR} = <x-x_0, y-y_0, z-z_0>$. 因為 $\overrightarrow{PQ}$ 與 $\overrightarrow{PR}$ 垂直，所以

$$\overrightarrow{PQ} \cdot \overrightarrow{PR} = a(x-x_0) + b(y-y_0) + c(z-z_0) = 0$$

即

$$ax + by + cz = ax_0 + by_0 + cz_0$$

若令 $d = ax_0 + by_0 + cz_0$，則上式化為

$$ax + by + cz = d \tag{8-5-1}$$

換句話說，已知一個平面的法向量為 $<a, b, c>$，則該平面上任意點 (x, y, z) 都須滿足方程式 (8-5-1)；反之，滿足方程式 (8-5-1) 的點 (x, y, z) 都在該平面上. 所以式 (8-5-1) 是表示該平面的方程式，而我們稱式 (8-5-1) 為平面方程式的**點法式**.

例題 1 求通過點 $(3, -1, 7)$ 而以 $\mathbf{n} = <4, 2, -5>$ 為法向量的平面方程式.

解 所求的平面方程式為

$$4(x-3)+2(y+1)-5(z-7)=0$$

化簡得

$$4x+2y-5z+25=0.$$

例題 2 求通過三點 $P(-1, 1, 2)$、$Q(2, 0, -3)$ 與 $R(5, 1, -2)$ 的平面方程式.

解 $\vec{PQ}=<3, -1, -5>$，$\vec{PR}=<6, 0, -4>$．因為 $\vec{PQ}$ 與 $\vec{PR}$ 均與平面的法向量垂直．設一法向量為 $\mathbf{n}=<a, b, c>$，則

$$\vec{PQ}\cdot\mathbf{n}=0, \vec{PR}\cdot\mathbf{n}=0$$

即

$$\begin{cases} 3a-b-5c=0 & \cdots\cdots① \\ 6a-4c=0 & \cdots\cdots② \end{cases}$$

由 ② 可得 $a=\dfrac{2}{3}c$，代入 ① 式，可得 $b=-3c$．因此，

$$\mathbf{n}=<\dfrac{2}{3}c, -3c, c>$$

又因所求平面通過 $P(-1, 1, 2)$，故其方程式為

$$\dfrac{2}{3}c(x+1)-3c(y-1)+c(z-2)=0$$

消去 c 後，可化為

$$2x-9y+3z+5=0．$$

隨堂練習 16 試求通過點 $P(5, -2, 4)$ 且法向量為 $\mathbf{i}+2\mathbf{j}+3\mathbf{k}$ 之平面的方程式.

答案：$x+2y+3z=13$.

隨堂練習 17 求通過點 $P(-2, 1, 5)$ 且與平面 $4x-2y+2z=-1$ 平行之平面方程式.

答案：$2x-y+z=0$

三維空間中的兩相異平面如果相交，則它們的交集是一直線．如圖 8-24 所示，設

第八章 向量、直線與平面

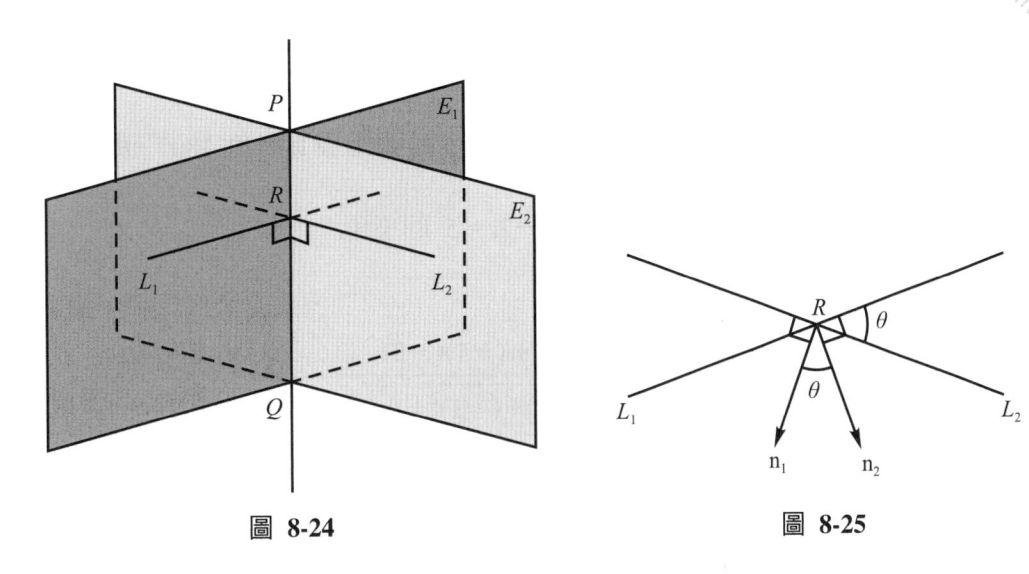

圖 8-24

圖 8-25

兩平面 E_1 與 E_2 的交線為直線 PQ，在直線 PQ 上取一點 R，過 R 在 E_1 上作一直線 L_1 垂直於直線 PQ，在 E_2 上作一直線 L_2 垂直於直線 PQ，則 L_1 與 L_2 的夾角即為 E_1 與 E_2 的夾角．在圖 8-24 中，L_1 與直線 PQ 都在 E_1 上，若 E_1 的法向量為 $\mathbf{n}_1$，則 $\mathbf{n}_1$ 同時與 L_1 及直線 PQ 垂直；同理，E_2 的法向量 $\mathbf{n}_2$ 同時與 L_2 及直線 PQ 垂直．換句話說，$\mathbf{n}_1$ 與 $\mathbf{n}_2$ 都與 L_1、L_2 所決定的平面平行或落在該平面上 (該平面與直線 PQ 垂直)．又因 $\mathbf{n}_1$ 垂直於 L_1，$\mathbf{n}_2$ 垂直於 L_2，故可由圖 8-25 得知，$\mathbf{n}_1$ 與 $\mathbf{n}_2$ 的夾角等於 L_1 與 L_2 的一個夾角．因此，我們可以利用 $\mathbf{n}_1$ 與 $\mathbf{n}_2$ 的夾角求法，求得兩平面 E_1 與 E_2 的夾角．

假設兩平面 E_1 與 E_2 的方程式分別為

$$E_1 : a_1x + b_1y + c_1z = d_1$$
$$E_2 : a_2x + b_2y + c_2z = d_2$$

則

$$\mathbf{n}_1 = \langle a_1, \ b_1, \ c_1 \rangle$$
$$\mathbf{n}_2 = \langle a_2, \ b_2, \ c_2 \rangle$$

分別為其一法向量．若 $\mathbf{n}_1$ 與 $\mathbf{n}_2$ 的夾角為 θ，則 E_1 與 E_2 的一個夾角也為 θ，可得

$$\cos\theta = \frac{a_1a_2 + b_1b_2 + c_1c_2}{\sqrt{a_1^2 + b_1^2 + c_1^2}\sqrt{a_2^2 + b_2^2 + c_2^2}}$$

因此，E_1 與 E_2 互相垂直 $\Leftrightarrow a_1a_2+b_1b_2+c_1c_2=0$.

註：兩相交平面決定兩個交角，即，銳角 θ $(0 \leq \theta \leq 90°)$ 與其補角 $180°-\theta$.

例題 3 求兩平面 $2x+y-z=3$ 與 $x-y-2z=5$ 的夾角.

解 設夾角為 θ，則

$$\cos\theta = \frac{(2)(1)+(1)(-1)+(-1)(-2)}{\sqrt{2^2+1^2+(-3)^2}\sqrt{1^2+(-1)^2+(-2)^2}} = \frac{3}{6} = \frac{1}{2}$$

所以 $\theta = \frac{\pi}{3}$，而另一夾角為 $\pi - \frac{\pi}{3} = \frac{2\pi}{3}$.

隨堂練習 18 求兩平面 $2x-y+z=3$ 與 $x+y+2z=6$ 的夾角.

答案：$\frac{\pi}{3}$，另一夾角為 $\frac{2\pi}{3}$.

例題 4 試證下列三平面兩兩互相垂直.

$$E_1 : x+y-z=3$$
$$E_2 : x+4y+5z=2$$
$$E_3 : 3x-2y+z=1$$

解 $\mathbf{n}_1 = <1, 1, -1>$、$\mathbf{n}_2 = <1, 4, 5>$ 與 $\mathbf{n}_3 = <3, -2, 1>$ 分別為 E_1、E_2 與 E_3 的一法向量. 因

$$\mathbf{n}_1 \cdot \mathbf{n}_2 = 1+4-5 = 0$$
$$\mathbf{n}_2 \cdot \mathbf{n}_3 = -8+5 = 0$$
$$\mathbf{n}_1 \cdot \mathbf{n}_3 = -2-1 = 0$$

故 E_1、E_2、E_3 兩兩互相垂直.

三維空間中的兩平面若不相交，則稱為互相平行. 當平面 E_1 與平面 E_2 平行時，與 E_1 垂直的直線必定與 E_2 垂直，與 E_2 垂直的直線也必定與 E_1 垂直. 因此，兩個互相平行的平面必有相同的法線，因而有相同的法向量.

設兩平面 E_1 與 E_2 的方程式分別為

$$E_1：a_1x+b_1y+c_1z=d_1$$
$$E_2：a_2x+b_2y+c_2z=d_2$$

則 $\mathbf{n}_1=<a_1, b_1, c_1>$ 為 E_1 的一法向量，$\mathbf{n}_2=<a_2, b_2, c_2>$ 為 E_2 的一法向量．若 E_1 與 E_2 平行，則 $\mathbf{n}_2$ 也是 E_1 的法向量．換句話說，$\mathbf{n}_1$ 與 $\mathbf{n}_2$ 均為 E_1 的法向量，因而 $\mathbf{n}_1$ 與 $\mathbf{n}_2$ 必定互為實數倍數，即，存在一實數 $k \neq 0$，使得 $\mathbf{n}_1=k\mathbf{n}_2$，可知

$$a_1=ka_2, \ b_1=kb_2, \ c_1=kc_2$$

因此，若 $E_1：a_1x+b_1y+c_1z=d_1$ 與 $E_2：a_2x+b_2y+c_2z=d_2$ 平行，則

$$a_1：b_1：c_1=a_2：b_2：c_2$$

反之，若 $a_1：b_1：c_1=a_2：b_2：c_2$，則存在一實數 $k \neq 0$，使得 $\mathbf{n}_1=k\mathbf{n}_2$．於是，$\mathbf{n}_1$ 也是 E_2 的法向量，即，E_1 與 E_2 有相同的法向量，因而法線也相同．所以，E_1 與 E_2 必定平行或重合．

綜上討論，我們可得下面的結果：

> 平面 $E_1：a_1x+b_1y+c_1z=d_1$ 與平面 $E_2：a_2x+b_2y+c_2z=d_2$ 平行或重合
> $\Leftrightarrow a_1：b_1：c_1=a_2：b_2：c_2$．

瞭解了平面方程式之後，我們要討論的是平面 E 外一點 P_0 到此平面之距離．

設平面 E 的方程式為 $ax+by+cz+d=0$，而 $P_0(x_0, y_0, z_0)$ 為平面 E 外的一點．令 $Q(x_1, y_1, z_1)$ 為 E 上任一點，並放置 E 的法向量 $\mathbf{n}=<a, b, c>$ 使其始點在 Q，如圖 8-26 所示，則 D 等於 $\overrightarrow{QP_0}$ 在 $\mathbf{n}$ 上的正投影長度，也就是 P_0 到 E 的距離．於是，

$$D=\frac{|\overrightarrow{QP_0} \cdot \mathbf{n}|}{|\mathbf{n}|}$$

但
$$\overrightarrow{QP_0}=<x_0-x_1, y_0-y_1, z_0-z_1>$$

$$\overrightarrow{QP_0} \cdot \mathbf{n}=a(x_0-x_1)+b(y_0-y_1)+c(z_0-z_1)$$

$$|\mathbf{n}|=\sqrt{a^2+b^2+c^2}$$

可得

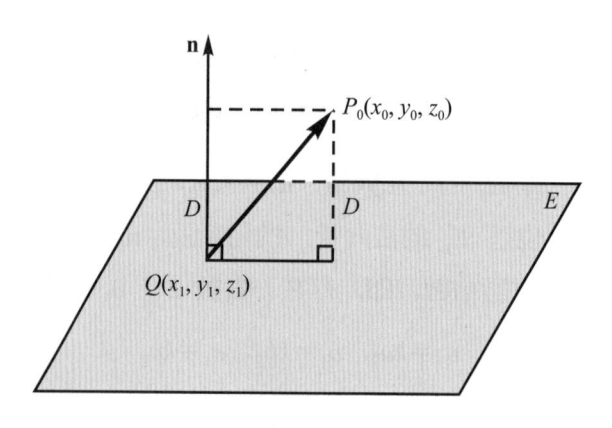

圖 8-26

$$D = \frac{|a(x_0-x_1)+b(y_0-y_1)+c(z_0-z_1)|}{\sqrt{a^2+b^2+c^2}} = \frac{|ax_0+by_0+cz_0-ax_1-by_1-cz_1|}{\sqrt{a^2+b^2+c^2}}$$

因 $Q(x_1, y_1, z_1)$ 在 E 上，可知 $ax_1+by_1+cz_1+d=0$，故

$$D = \frac{|ax_0+by_0+cz_0+d|}{\sqrt{a^2+b^2+c^2}}. \tag{8-5-2}$$

例題 5 求點 $(1, -4, -3)$ 到平面 $2x-3y+6z+1=0$ 的距離．

解 所求距離為

$$D = \frac{|(2)(1)+(-3)(-4)+(6)(-3)+1|}{\sqrt{2^2+(-3)^2+6^2}} = \frac{|-3|}{7} = \frac{3}{7}.$$

例題 6 求兩平面 $x+2y-2z=3$ 與 $2x+4y-4z=7$ 的距離．

解 此兩平面互相平行，而欲求此兩平面的距離，我們可以選取其中一平面上的任一點，並計算它到另一平面的距離．在方程式 $x+2y-2z=3$ 中令 $y=z=0$，可得此平面上的點 $(3, 0, 0)$，故由此點到平面 $2x+4y-4z=7$ 的距離為

$$D = \frac{|(2)(3)+(4)(0)+(-4)(0)-7|}{\sqrt{2^2+4^2+(-4)^2}} = \frac{1}{6}.$$

隨堂練習 19 求空間上一點 $P_0(1, -1, 2)$ 至平面：$4x-2y+6z=7$ 之距離.

答案：$\dfrac{11}{\sqrt{56}}$.

習題 8-5

1. 設平面 Γ 之方程式為 $2x+4y-3z=12$，試求此平面之法向量 **N**.

2. 求通過點 $P(-11, 4, -2)$ 且法向量為 $6\mathbf{i}-5\mathbf{j}-\mathbf{k}$ 之平面的方程式.

3. 試求滿足下列已知條件之平面的方程式.

    (1) 通過 $P(6, -7, 4)$ 平行於：(a) xy-平面；(b) yz-平面

    (2) 通過 $P(-2, 5, -8)$ 且法向量為 $\mathbf{j}$

    (3) 通過 $P(4, 2, -9)$ 且法向量為 $\overrightarrow{OP}$

4. 試求通過 $P(2, 5, -6)$ 且平行於平面 $3x-y+2z=10$ 之平面方程式.

5. 試求通過原點且平行於平面 $x-6y+4z=7$ 之平面方程式.

6. 試求通過原點及兩點 $P(0, 2, 5)$ 與 $Q(1, 4, 0)$ 之平面方程式.

7. 試求兩平面 $\Gamma_1: 4x+3y-5z+6=0$ 與平面 $\Gamma_2: 3x-4y+5z-1=0$ 之夾角.

8. 試求點 $Q(4, 3, -2)$ 到平面 $\Gamma: 5x-4y+3z+3=0$ 的距離.

習題答案

第 1 章 三角函數

習題 1-1

1. $\sin\theta=\dfrac{\sqrt{3}}{2}$, $\tan\theta=\sqrt{3}$, $\cot\theta=\dfrac{\sqrt{3}}{3}$, $\sec\theta=2$, $\csc\theta=\dfrac{2\sqrt{3}}{3}$

2. $\sin\theta=\dfrac{2\sqrt{3}}{3}$, $\cos\theta=\dfrac{1}{3}$, $\cot\theta=\dfrac{1}{2\sqrt{2}}$, $\sec\theta=3$, $\csc\theta=\dfrac{3}{2\sqrt{2}}$

3. 略 4. (1) $\dfrac{3}{8}$ (2) $\dfrac{\sqrt{7}}{2}$ (3) $\dfrac{8}{3}$ 5. (1) $\dfrac{1}{3}$ (2) $\dfrac{\sqrt{15}}{3}$

6. $\sin\theta=\dfrac{\tan\theta}{\sqrt{1+\tan^2\theta}}$, $\cos\theta=\dfrac{1}{\sqrt{1+\tan^2\theta}}$

7. (1) 2 (2) 4 (3) 1 8. 略 9. 略 10. 略 11. 略 12. 略 13. 略

14. 略 15. 0 16. $\dfrac{1}{4}$

習題 1-2

1. (1) 第二象限 (2) 第三象限

2. 最大負角為 $-304°$，且為第一象限角 3. $\phi=-1045°$

4. (1) 最小正同界角為 $315°$，最大負同界角為 $-45°$

   (2) 最小正同界角為 $280°$，最大負同界角為 $-80°$

(3) 最小正同界角為 327°，最大負同界角為 $-33°$

(4) 最小正同界角為 92°，最大負同界角為 $-268°$

5. (1) $\sin\theta=\dfrac{4}{5}$, $\cos\theta=\dfrac{3}{5}$, $\tan\theta=\dfrac{4}{3}$, $\cot\theta=\dfrac{3}{4}$, $\sec\theta=\dfrac{5}{3}$, $\csc\theta=\dfrac{5}{4}$

(2) $\sin\theta=-\dfrac{1}{\sqrt{17}}$, $\cos\theta=-\dfrac{4}{\sqrt{17}}$, $\tan\theta=\dfrac{1}{4}$, $\cot\theta=4$,

$\sec\theta=-\dfrac{\sqrt{17}}{4}$, $\csc\theta=-\sqrt{17}$

(3) $\sin\theta=\dfrac{2}{\sqrt{5}}$, $\cos\theta=-\dfrac{1}{\sqrt{5}}$, $\tan\theta=-2$, $\cot\theta=-\dfrac{1}{2}$,

$\sec\theta=-\sqrt{5}$, $\csc\theta=\dfrac{\sqrt{5}}{2}$

6. $\sin\theta=\dfrac{\sqrt{10}}{10}$, $\cos\theta=-\dfrac{3}{10}\sqrt{10}$, $\cot\theta=3$, $\sec\theta=-\dfrac{\sqrt{10}}{3}$, $\csc\theta=-\sqrt{10}$

7. $\sin\theta=-\dfrac{5}{13}$, $\tan\theta=-\dfrac{5}{12}$, $\cot\theta=-\dfrac{12}{5}$, $\sec\theta=\dfrac{13}{12}$, $\csc\theta=-\dfrac{13}{5}$

8. $\sin\theta=\dfrac{7}{25}$, $\cos\theta=\dfrac{24}{25}$ 或 $\sin\theta=-\dfrac{7}{25}$, $\cos\theta=-\dfrac{24}{25}$

9. $\sin\theta=\dfrac{1}{2}$, $\cos\theta=-\dfrac{\sqrt{3}}{2}$, $\cot\theta=-\sqrt{3}$, $\sec\theta=-\dfrac{2}{\sqrt{3}}$, $\csc\theta=2$ 或

$\sin\theta=-\dfrac{1}{2}$, $\cos\theta=\dfrac{\sqrt{3}}{2}$, $\cot\theta=-\sqrt{3}$, $\sec\theta=\dfrac{2}{\sqrt{3}}$, $\csc\theta=-2$

10. $\dfrac{10}{13-2\sqrt{13}}$ 11. $-\dfrac{3\sqrt{40}}{31}$

12. (1) $\dfrac{\sqrt{3}}{2}$ (2) $-\dfrac{1}{2}$ (3) $-\dfrac{1}{\sqrt{3}}$ (4) $-\dfrac{1}{2}$ (5) 1 (6) $-\dfrac{\sqrt{3}}{2}$

(7) $-\sqrt{3}$ (8) $\dfrac{1}{\sqrt{2}}$ (9) $-\dfrac{\sqrt{3}}{2}$ (10) $-\sqrt{3}$

13. $-\dfrac{1+4\sqrt{3}}{4}$ **14.** 略   **15.** 略   **16.** $\dfrac{\sqrt{1-t^2}}{t}$ **17.** $\sin\theta$

習題 1-3

1. (1) $\dfrac{\pi}{12}$ (2) $\dfrac{4}{5}\pi$ (3) 3π (4) 0.2519π

2. (1) $126°$ (2) $315°$ (3) $33°45'$ (4) $75°$ (5) $171°53'15''$

3. 最小正同界角為 $\dfrac{2\pi}{3}$，最大負同界角為 $-\dfrac{4\pi}{3}$

4. $\dfrac{3\sqrt{3}}{2}$ **5.** $\dfrac{\sqrt{2}}{4}$ **6.** 12.57 **7.** 42.7π 平方公分

8. $\theta\approx 36°40'$，$A\approx 200$ 平方公分   **9.** $s\approx 15.7$ 公分，$A\approx 117.81$ 平方公分

10. 60π 公尺   **11.** $-\dfrac{2\sqrt{3}}{3}$ **12.** 1 **13.** $-\dfrac{3}{2}$ **14.** 0 **15.** 1

習題 1-4

1. 4π **2.** $\dfrac{\pi}{2}$ **3.** π **4.** $\dfrac{\pi}{3}$ **5.** $\dfrac{\pi}{2}$ **6.** π **7.** $\dfrac{2\pi}{3}$

8. π **9.** $\dfrac{\pi}{2}$ **10.** π **11.** $\dfrac{2\pi}{5}$ **12.** $\dfrac{\pi}{4}$ **13.** 6π **14.** π

15.

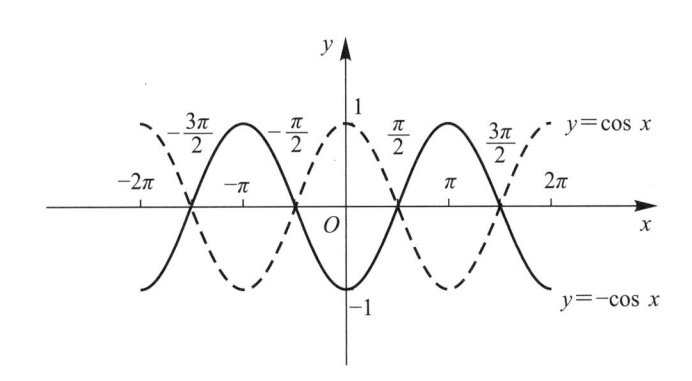

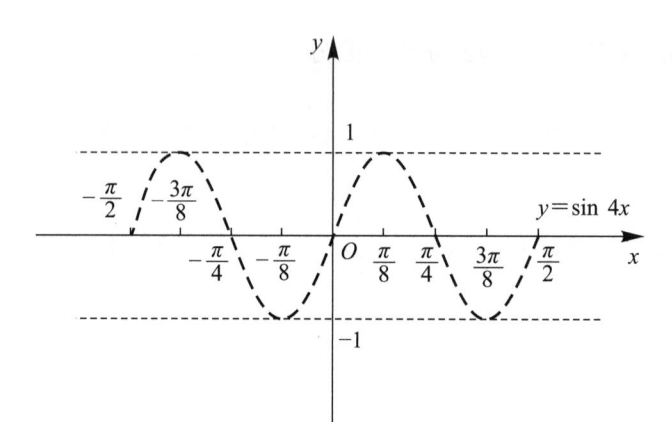

16.

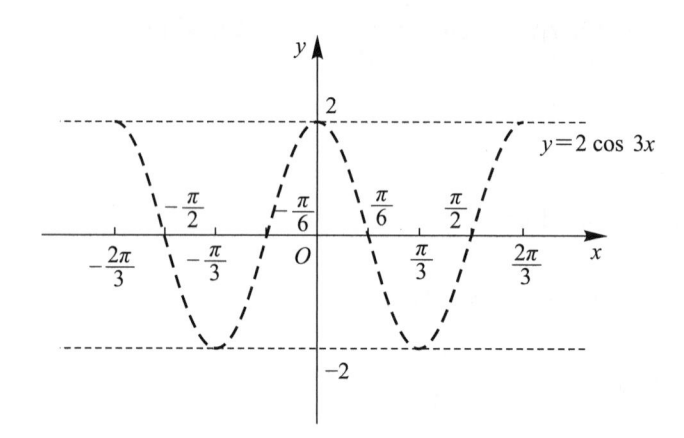

$y = 2\cos 3x$

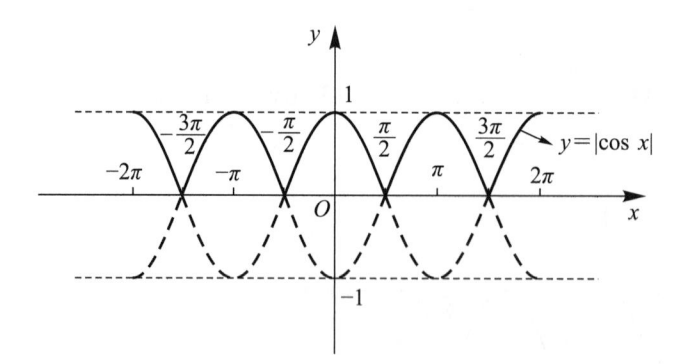

17.

$y = \sin 4x$

18.

$y = |\cos x|$

19.

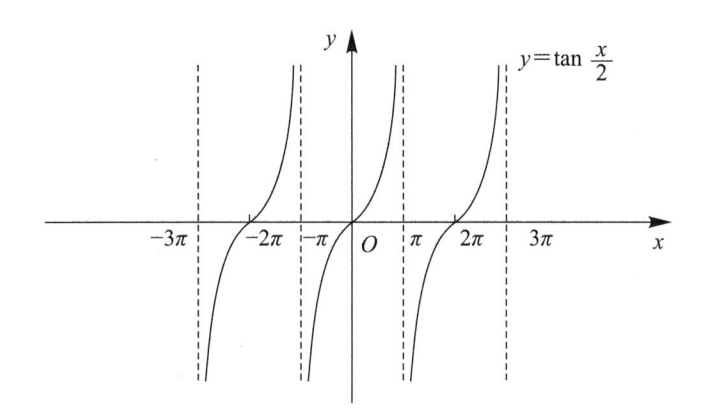

20.

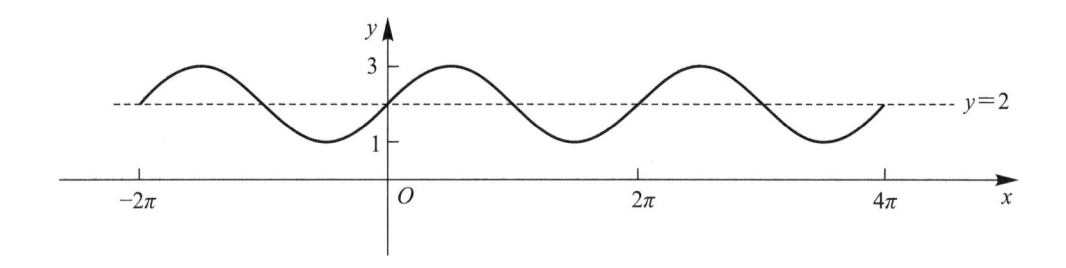

習題 1-5

1. $13:11:(-7)$ **2.** 3 **3.** $\sqrt{6}:\sqrt{3}:\sqrt{2}$ **4.** $25\sqrt{3}$ **5.** $\sqrt{3}$

6. $12:9:2$ **7.** 1 **8.** $3:2:4$ **9.** $\overline{BC}=\sqrt{2}$，$\angle C=\dfrac{\pi}{4}$

10. (1) 直角三角形 (2) 正三角形

習題 1-6

1. (1) $2+\sqrt{3}$ (2) $2-\sqrt{3}$ **2.** $\dfrac{\sqrt{2}}{2}$ **3.** $\dfrac{56}{65}$ **4.** 1，$\dfrac{\pi}{4}$ **5.** 2

6. 1 **7.** 4 **8.** $\tan\alpha=\sqrt{2}$，$\sin\alpha=\dfrac{\sqrt{6}}{3}$ **9.** $\dfrac{\pi}{4}$ **10.** 略 **11.** 1

12. -1 **13.** $2-\sqrt{3}$ **14.** $-\dfrac{33}{65}$ **15.** $\sqrt{3}$ **16.** 略 **17.** 略

習題 1-7

1. $\pm\sqrt{\dfrac{5}{3}}$ 2. $-\dfrac{24}{25}, \dfrac{\sqrt{10}}{10}$ 3. $-\dfrac{1}{2}\sqrt{2-\sqrt{3}}$

4. $\dfrac{4\sqrt{5}}{9}, \dfrac{7\sqrt{5}}{27}$ 5. $\dfrac{3}{5}, -\dfrac{4}{5}, -\dfrac{3}{4}$ 6. $-\dfrac{3\sqrt{3}+4\sqrt{2}}{5}$

7. $\dfrac{\sqrt{5}+1}{4}, \dfrac{1}{4}\sqrt{10-2\sqrt{5}}$ 8. $-\dfrac{4}{5}, \dfrac{3}{5}$ 9. $-\dfrac{7}{25}$

10. $\dfrac{1}{2}$ 11. $-\dfrac{3}{\sqrt{10}}$ 12. $\dfrac{1}{64}$ 13. (1) $-\dfrac{24}{25}$ (2) $\dfrac{7}{25}$ (3) $-\dfrac{24}{7}$

14. $k=1$ 15. 略   16. 略   17. $\dfrac{1}{16}$

第 2 章 反三角函數

習題 2-1

1. $\dfrac{\pi}{6}$ 2. $\dfrac{\pi}{3}$ 3. $\dfrac{5\pi}{6}$ 4. $-\dfrac{1}{2}$ 5. -1 6. $\dfrac{3\pi}{7}$ 7. $\dfrac{2\pi}{3}$

8. $\sqrt{1-x^2}$ 9. $\dfrac{\pi}{7}$ 10. $\dfrac{2\pi}{7}$ 11. $\dfrac{2\pi}{7}$ 12. $\dfrac{24}{25}$

13. $\dfrac{2(1+\sqrt{10})}{9}$ 14. $\sqrt{1-x^2},\ |x|\leq 1$ 15. $\dfrac{\sqrt{1-x^2}}{x},\ |x|\leq 1,\ x\neq 0$

16. $D_f=\left[-\dfrac{1}{3}, \dfrac{1}{3}\right],\ R_f=\left[-\dfrac{\pi}{2}, \dfrac{\pi}{2}\right]$ 17. $D_f=[0,\ 2],\ R_f=\left[-\dfrac{\pi}{6}, \dfrac{\pi}{6}\right]$

18. $D_f=[1,\ 3],\ R_f=\left[-\dfrac{3\pi}{10}, \dfrac{3\pi}{10}\right]$ 19. $D_f=[-2,\ 2],\ R_f=[0,\ \pi]$

20. $D_f=\left[-\dfrac{1}{2}, \dfrac{3}{2}\right],\ R_f=[0,\ \pi]$ 21. $\cos\theta=\dfrac{1}{2},\ \tan\theta=-\sqrt{3},\ \csc\theta=-\dfrac{2}{\sqrt{3}}$

習題 2-2

1. 0 2. $-\dfrac{\pi}{3}$ 3. $-\dfrac{\pi}{4}$ 4. $\dfrac{5\pi}{6}$ 5. $\dfrac{\pi}{3}$ 6. $-\dfrac{1}{2}$ 7. 10 8. $\dfrac{\pi}{4}$

9. $-\dfrac{\pi}{3}$ 10. 2000π 11. 無意義 12. -3 13. $\dfrac{\pi}{6}$ 14. $-\dfrac{16}{63}$

15. $\sin\theta=\dfrac{4}{5}$, $\cos\theta=\dfrac{3}{5}$, $\cot\theta=\dfrac{3}{4}$ 16. $\dfrac{x}{\sqrt{1-x^2}}$

17. $\dfrac{1}{x}$ 18. $\dfrac{x}{\sqrt{1-x^2}}$, $|x|<1$

19. (1) $D_f=[0, \infty)$, $R_f=\left[0, \dfrac{\pi}{2}\right)$ (2) $D_f=[-\infty, \infty)$, $R_f=(0, \sqrt{\pi})$ 20. $\sqrt{\dfrac{5}{6}}$

習題 2-3

1. 無意義 2. $\dfrac{\pi}{3}$ 3. $\dfrac{5\pi}{6}$ 4. $-\dfrac{\pi}{3}$ 5. $-\dfrac{\pi}{2}$

6. $\dfrac{3\pi}{4}$ 7. $-\dfrac{\pi}{3}$ 8. $\dfrac{\sqrt{x^2-1}}{x}$, $x\geq 1$ 9. $\dfrac{1}{2}$

第 3 章 圓

習題 3-1

1. $x^2+y^2-4y-21=0$ 2. $x^2+y^2+10x-6y+33=0$
3. $x^2+y^2-x-3y-6=0$ 4. $x^2+y^2+2x-8y+1=0$
5. $x^2+y^2-5x-7y+6=0$

6. 圓 7. 圓 8. 一點 9. 無圖形 10. 圓心 $(-3, -4)$, $r=\sqrt{39}$

11. 圓心 $(0, 2)$, $r=3$ 12. 圓心 $\left(-\dfrac{3}{2}, 0\right)$, $r=\dfrac{5}{2}$

13. (1) $k<\dfrac{5}{4}$ (2) $k=\dfrac{5}{4}$ (3) $k>\dfrac{5}{4}$ 14. $x^2+y^2+2x-4y-20=0$

15. 圓心坐標為 $(-d, -e)$，半徑為 $r = \sqrt{d^2+e^2-f}$ $(d^2+e^2-f > 0)$

16. $x^2+y^2+2x-4y-20=0$

習題 3-2

1. (1) 圓與直線 L_1 相交於兩點　(2) 圓與直線 L_2 相切　(3) 圓與直線 L_3 相離

2. (i) $m > 1$ 或 $m < -1$，直線 L 與 C 圓相交於二點.

(ii) $m = \pm 1$，直線 L 與 C 圓相切於一點.

(iii) $-1 < m < 1$，直線 L 與 C 圓相離.

3. $3x-y-20=0$　　**4.** $3x-4y+25=0$ 或 $4x+3y-25=0$

5. $(4, -1)$　　**6.** $3x-4y+28=0$ 或 $4x+3y+4=0$

7. (i) $x+y-2=0$ 與 $x^2+y=1$ 不相切　(ii) $x+y-2=0$ 與 $x^2+y^2=2$ 相切

8. (i) 當 $\Delta > 0$ 時，交於二點，即 $|\lambda| < \dfrac{\sqrt{3}}{3}$.

(ii) 當 $\Delta = 0$ 時與圓相切，即 $\lambda = \pm \dfrac{\sqrt{3}}{3}$.

(iii) 當 $\Delta < 0$ 時與圓不相交，即 $|\lambda| > \dfrac{\sqrt{3}}{3}$.

9. k 為任意實數　　**10.** $a = -1 \pm \sqrt{2}$　　**11.** $4x^2+4y^2+12x-32y+9=0$

12. $(x-3)^2+(y-4)^2 = \dfrac{49}{5}$

13. (1) $k > 4$ 或 $k < -26$　(2) $k=4$ 或 $k=-26$　(3) $-26 < k < 4$

第 4 章　圓錐曲線

習題 4-1

1. 一個平面，此平面與直線垂直.　　**2.** 圓柱面

3. 圓 (正圓)，橢圓，兩條平行直線，一條直線，無圖形 (當 E 平行於圓柱軸，且距離 > 半徑時)

習題 4-2

1. 焦點 $(1, 0)$，準線方程式 $x = -1$

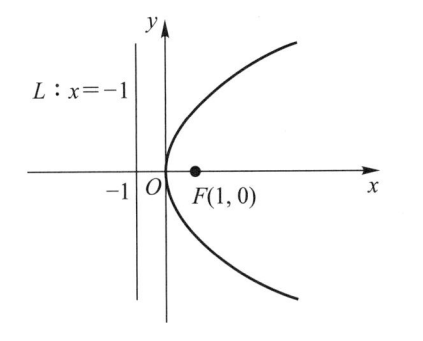

2. 焦點 $(0, -3)$，準線方程式 $y = 3$

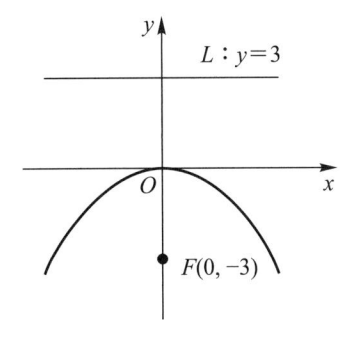

3. 焦點 $\left(-\dfrac{3}{4}, 0\right)$，準線方程式 $x = \dfrac{3}{4}$

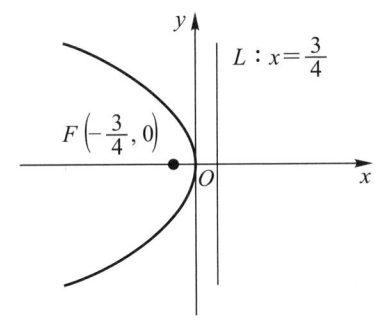

4. 焦點 $\left(0, \dfrac{3}{4}\right)$，準線方程式 $y = -\dfrac{3}{4}$

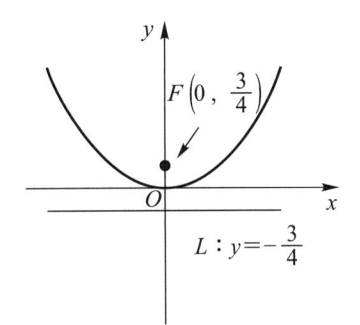

5. $y^2 = 16x$

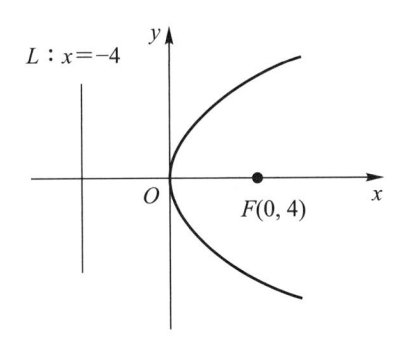

6. $y^2 = -12x$

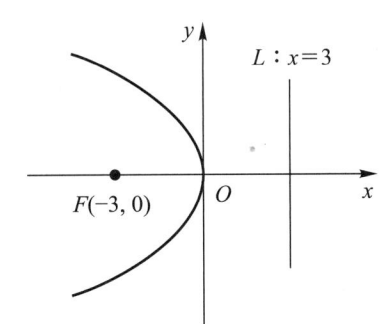

7. $x^2=8y$

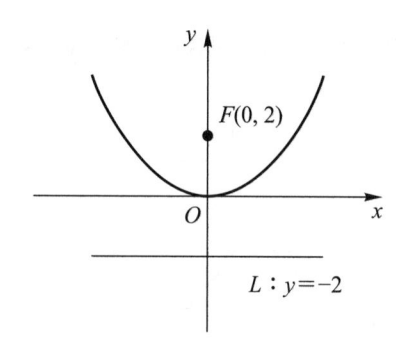

8. $x^2=-12y$

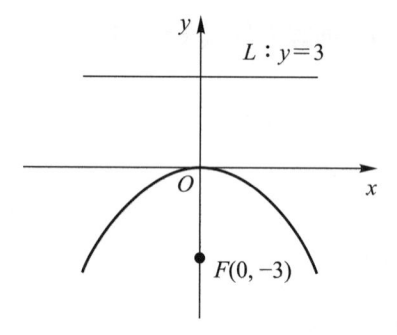

9. $y^2=-8x$

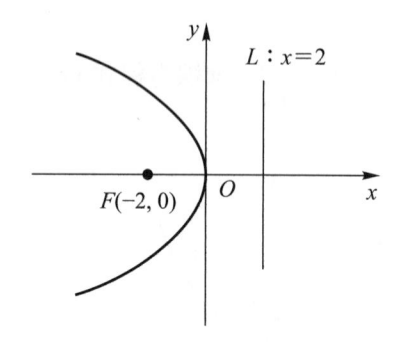

10. 軸：$x=0$，
    準線：$y=3$，
    頂點：$V(0, 0)$，
    焦點：$F(0, -3)$，
    正焦弦長＝12

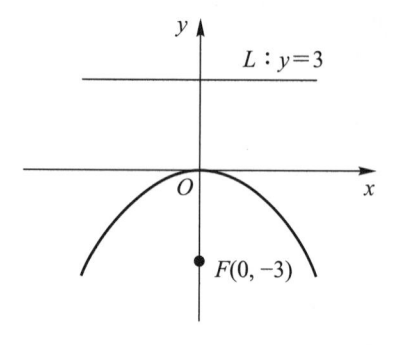

11. 軸：$y=0$，
    準線：$x=4$，
    頂點：$V(0, 0)$，
    焦點：$F(-4, 0)$，
    正焦弦長＝16

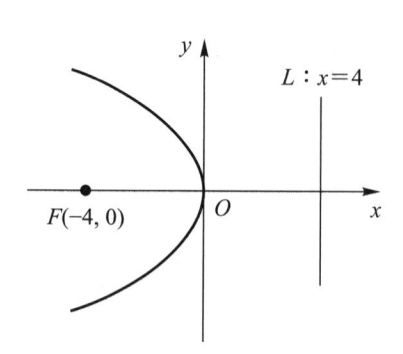

12. 軸：$x=0$，

準線：$y=\dfrac{5}{12}$，

頂點：$V(0, 0)$，

焦點：$F\left(0, -\dfrac{5}{12}\right)$，

正焦弦長＝$\dfrac{5}{3}$

13. ① 軸：$x=0$ (y-軸)
② 準線 $y=-4$
③ 頂點 $(0, 0)$
④ 焦點 $F(0, 4)$
⑤ 正焦弦長＝16

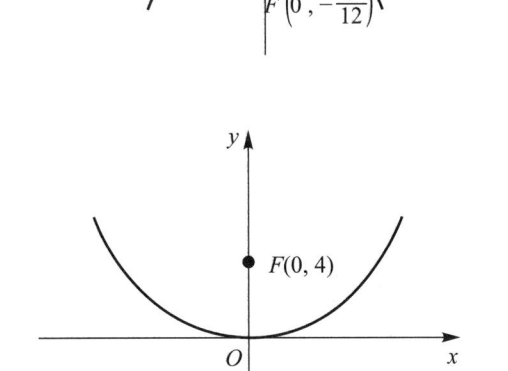

14. ① 軸：$x=0$ (y-軸)
② 準線 $y=2$
③ 頂點 $(0, 0)$
④ 焦點 $F(0, -2)$
⑤ 正焦弦長＝8

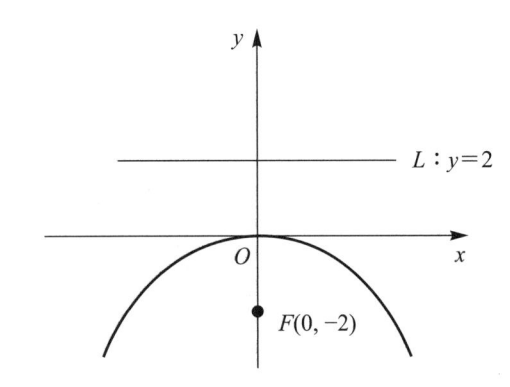

15. $y^2=12x$

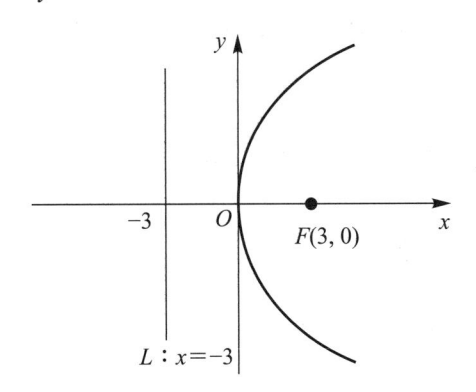

16. $x^2=6y$

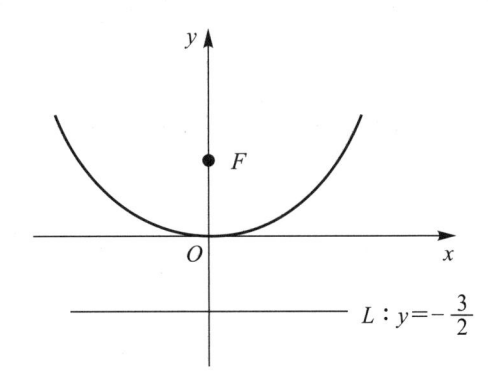

17.

18.

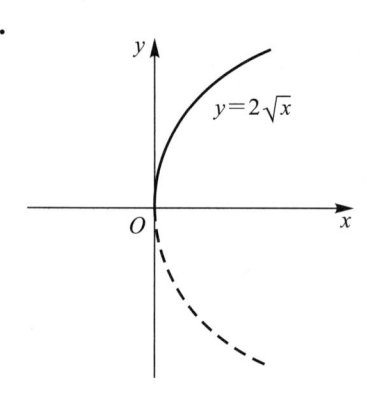

19.

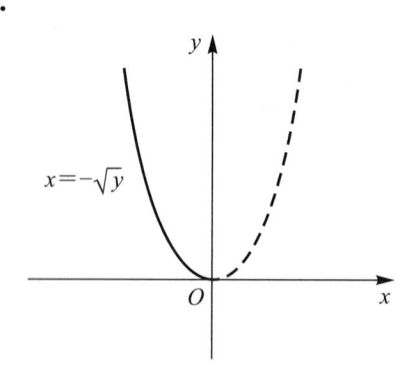

20.

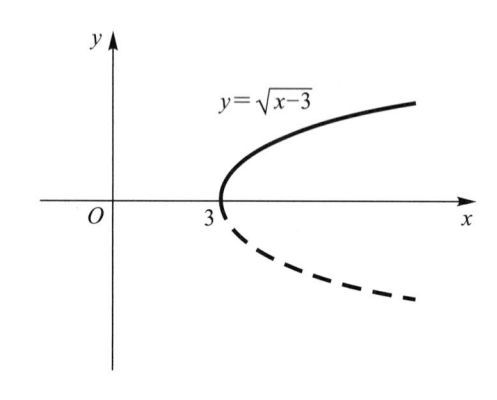

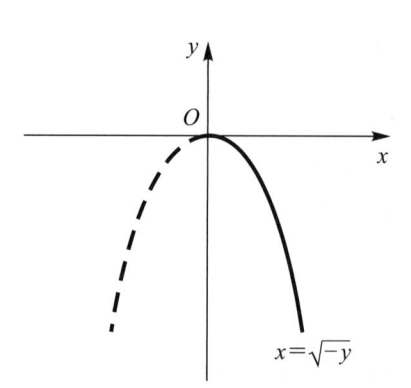

21. 略

習題 4-3

1. 焦點為 $F(\sqrt{3}, 0)$, $F'(-\sqrt{3}, 0)$；頂點為 $A(2, 0)$, $A'(-2, 0)$, $B(0, 1)$, $B'(0, -1)$；長軸長 $=4$；短軸長 $=2$；正焦弦長 $=1$

2. 焦點為 $F(0, 4)$, $F'(0, -4)$；頂點為 $A(0, 5)$, $A'(0, -5)$, $B(3, 0)$, $B'(-3, 0)$；長軸長 $=10$；短軸長 $=6$；正焦弦長 $=\dfrac{18}{5}$

3. 焦點為 $F\left(0, \dfrac{\sqrt{2}}{2}\right)$, $F'\left(0, -\dfrac{\sqrt{2}}{2}\right)$；頂點為 $A(0, 1)$, $A'(0, -1)$, $B\left(\dfrac{\sqrt{2}}{2}, 0\right)$, $B'\left(-\dfrac{\sqrt{2}}{2}, 0\right)$；長軸長 $=2$；短軸長 $=\sqrt{2}$，正焦弦長 $=1$

4. $\dfrac{x^2}{25}+\dfrac{y^2}{16}=1$ **5.** $\dfrac{x^2}{25}+\dfrac{y^2}{9}=1$ **6.** $\dfrac{x^2}{25}+\dfrac{y^2}{16}=1$

7. $\dfrac{x^2}{12}+\dfrac{y^2}{64}=1$ 8. $\dfrac{x^2}{12}+\dfrac{y^2}{4}=1$ 9. $\dfrac{x^2}{12}+\dfrac{y^2}{36}=1$

10. 2 11. 20 12. $a=3\sqrt{5}$，$b=2\sqrt{5}$ 13. $t=25$ 14. $\dfrac{(x+1)^2}{25}+\dfrac{(y-2)^2}{29}=1$

習題 4-4

1. (1) 中心 $O(0, 0)$；

    頂點 $A(3, 0)$, $A'(-3, 0)$；

    焦點 $F(\sqrt{13}, 0)$,

    $F'(-\sqrt{13}, 0)$；貫軸長 $=6$；

    共軛軸長 $=4$；正焦弦長 $=\dfrac{8}{3}$；

    離心率 $e=\dfrac{\sqrt{13}}{3}$

    (2) 中心 $O(0, 0)$；

    頂點 $A(0, 3)$, $A'(0, -3)$,

    焦點 $F(0, 5)$, $F'(0, -5)$；

    貫軸長 $=6$；共軛軸長 $=8$；

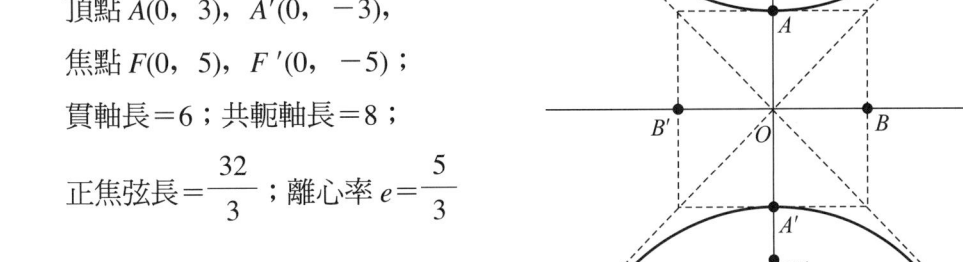

    正焦弦長 $=\dfrac{32}{3}$；離心率 $e=\dfrac{5}{3}$

2. $\dfrac{y^2}{25}-\dfrac{x^2}{144}=1$ 3. $\dfrac{y^2}{49}-\dfrac{x^2}{21}=1$ 4. $\dfrac{y^2}{16}-\dfrac{x^2}{64}=1$

5. $\dfrac{x^2}{5}-\dfrac{y^2}{4}=1$ 6. $\dfrac{x^2}{16}-\dfrac{y^2}{9}=1$ 7. $y=\dfrac{2}{3}x$, $y=-\dfrac{2}{3}x$

8. $\dfrac{x^2}{4}-\dfrac{y^2}{36}=1$ 9. $\dfrac{x^2}{9}-\dfrac{y^2}{16}=1$ 10. $\dfrac{x^2}{8}-\dfrac{y^2}{12}=1$

11. 20 12. $a=4$, $b=\dfrac{4}{5}\sqrt{15}$ 13. $\dfrac{y^2}{16}-\dfrac{x^2}{9}=1$

14. (1) $x=0$, $y=0$ (2) $x+3=0$, $y-2=0$ (3) $x-3=0$, $y-2=0$

15. $\dfrac{y^2}{4}-\dfrac{x^2}{9}=1$

第 5 章　數列與級數

習題 5-1

1. (1) $a_1=2$, $a_2=0$, $a_3=2$, $a_4=0$, $a_5=2$

(2) $a_1=\sqrt{2}$, $a_2=\sqrt{3}$, $a_3=2$, $a_4=\sqrt{5}$, $a_5=\sqrt{6}$

(3) $a_1=\dfrac{1}{3}$, $a_2=\dfrac{4}{5}$, $a_3=1$, $a_4=\dfrac{10}{9}$, $a_5=\dfrac{13}{11}$

2. (1) $a_2=-6$, $a_3=12$, $a_4=24$ (2) $a_2=4$, $a_3=8$, $a_4=14$

3. $a_2=\dfrac{3}{10}$, $a_3=\dfrac{3}{46}$, $a_4=\dfrac{3}{190}$

4. (1) $a_n=(-1)^n\cdot n^2$ (2) $a_n=(-1)^n\cdot 2^n$ (3) $a_n=\sqrt{2n-1}$ (4) $a_n=5n-4$

5. $m=5$, $n=11$　　**6.** $a_4=14$, $a_{11}=35$, $a_n=3n+2$

7. (1) 是, $r=-\dfrac{1}{2}$ (2) 是, $r=3$ (3) 是, $r=\dfrac{1}{7}$ (4) 非

8. $m=2\sqrt{2}$, $n=4\sqrt{2}$ 或 $m=-2\sqrt{2}$, $n=-4\sqrt{2}$

9. 當 $r=2$ 時, $a_6=24$；當 $r=-2$ 時, $a_6=-24$　　**10.** 略

習題 5-2

1. (1) $a_n=n(2n-1)$ (2) $\sum\limits_{n=1}^{100}a_n=\sum\limits_{n=1}^{100}n(2n-1)$ (3) 671650　　**2.** $\dfrac{n(n+1)(n+5)}{3}$

3. 510　　**4.** 6075　　**5.** 550　　**6.** 900　　**7.** (1) $\dfrac{1}{k}-\dfrac{1}{k+1}$ (2) $\dfrac{n}{n+1}$

習題 5-3

1. $S_{24}=-2004$, $a_{24}=-187$　　**2.** 首項 $a=7$, 公差 $d=6$, $a_{16}=97$

3. 142 個，$S_{142}=71071$ **4.** $n^2+1-\dfrac{1}{2^n}$ **5.** (1) $\dfrac{3}{7}$ (2) -0.083

6. 1727 **7.** $S=\dfrac{1-x^n}{(1-x)^2}-\dfrac{nx^n}{1-x}$ **8.** $\dfrac{1}{2}n(n+1)+1-\dfrac{1}{2^n}$

習題 5-4

1. (1) 收斂，0 (2) 發散，∞ (3) 收斂，0

2. (1) 發散 (2) 收斂 (3) 發散 (4) 收斂 (5) 收斂 (6) 發散 (7) 收斂
 (8) 收斂 (9) 收斂

習題 5-5

1. (1) 收斂，$S=3$ (2) 發散 (3) 發散

2. $-\dfrac{29}{14}$ **3.** 4 **4.** $\dfrac{1}{3}$ **5.** (1) 發散 (2) 發散 **6.** $\dfrac{20}{297}$ **7.** $\dfrac{377}{2475}$

第 6 章 排列與組合

習題 6-1

1. 60 個 **2.** 20 種 **3.** 30 種

習題 6-2

1. 40 種 **2.** 105 種 **3.** 12 種 **4.** 6 種 **5.** 540 種 **6.** 8 種

7. 36 種 **8.** 256 種 **9.** 432 種

習題 6-3

1. 60 種 **2.** 60 種 **3.** P_{10}^{15} 種 **4.** P_{10}^{15} 種 **5.** 480 種

6. $P_5^{10}\times P_5^8\times P_5^{10}$ 種 **7.** (1) 720 種 (2) 240 種 (3) 2880 種

8. (1) 360 (2) 240 **9.** 210 種 **10.** 720 種 **11.** 360 個 **12.** 4^5 種

13. 3^5 種 **14.** 5^6 種 **15.** 3^7 種 **16.** (1) 14400 種 (2) 2880 種

17. (1) 9! 種 (2) 768 種 (3) 2880 種 (4) 48 種

18. (1) $n=7$ (2) $n=3$ (3) $n=5$ (4) $n=7$

習題 6-4

1. (1) $n=6$　(2) $n=8$　(3) $n=1$ 或 3　**2.** $n=15$，$r=5$

3. (1) 315 種　(2) 680 種　**4.** (1) 28 條　(2) 56 個　(3) 20 個

5. 420 種　**6.** 2200 種　**7.** 352800 種

8. (1) 570　(2) 1020　(3) 480　**9.** 90 個

10. (1) 161700 種　(2) 9506 種　(3) 9604 種

11. (1) 1680 種　(2) 15120 種　(3) 2520 種　(4) 1890 種

12. (1) 34650 種　(2) 49896 種　(3) 166320 種　(4) 16632 種　(5) 27720 種

13. (1) 35　(2) 126　(3) 495　**14.** (1) H_3^3　(2) H_4^5　(3) H_6^1

15. 56 種　**16.** (1) 3^{10} 種　(2) 66 種　**17.** 286 種

18. 286 組，84 組　**19.** 15 項，係數為 12

20. (1) 45 種　(2) 6561 種

習題 6-5

1. $16x^4 - 96x^3y + 216x^2y^2 - 216xy^3 + 81y^4$

2. $243x^{10} + 405x^7 + 270x^4 + 90x + 15 \cdot \dfrac{1}{x^2} + \dfrac{1}{x^5}$

3. $16x^4 + 96x^3y + 216x^2y^2 + 216xy^3 + 81y^4$

4. 120　**5.** $-\dfrac{1792}{27}$　**6.** $\dfrac{340}{9}$　**7.** 略

第 7 章　機　率

習題 7-1

1. (1) $S=\{$正面，反面$\}$

(2) $S=\{$黑桃，鑽石，紅桃，梅花$\}$ 或 $S=\{1, 2, 3, 4, 5, \cdots, 13\}$

2. (1) $S=\{$(正，正)，(正，反)，(反，正)，(反，反)$\}$

(2) 樣本空間同 (1)

(3) $S=\{$兩個正面，一個正面一個反面，兩個反面$\}$

3. $S=\{(1, 1), (1, 2), (1, 3), (1, 4), (1, 5), (1, 6), (2, 1), (2, 2),$

(2, 3), …, (6, 6)}

4. (1) $E=\{(1, 6), (2, 5), (3, 4), (4, 3), (5, 2), (6, 1)\}$

(2) $F=\{(4, 6), (5, 5), (6, 4), (5, 6), (6, 5), (6, 6)\}$

(3) $G=\{(1, 2), (2, 1), (2, 2)\}$

(4) $H=\{(1, 1), (1, 2), (1, 3), (1, 4), (1, 5), (1, 6), (2, 1), (3, 1),$
   $(4, 1), (5, 1), (6, 1)\}$

5. (1) $A \cup B \cup C$ (2) $A' \cup B' \cup C'$

6. (1) 事件 A 不發生 (2) A、B 二事件中至少有一事件發生

(3) A、B 二事件同時發生 (4) 事件 A 發生時，B 必發生

(5) 空事件

7. $S=\{(0, 0, 0), (0, 0, 1), (0, 1, 0), (1, 0, 0), (0, 1, 1), (1, 0, 1),$
   $(1, 1, 0), (1, 1, 1)\}$

$E_1=\{(0, 0, 0)\}$, $E_2=\{(0, 0, 1), (0, 1, 0), (1, 0, 0)\}$

8. (1) $S=\{甲, 乙, 丙, 丁\}$ (2) $S=\{甲乙, 甲丙, 甲丁, 乙丙, 乙丁, 丙丁\}$

9. 16 個   **10.** 2^3 個   **11.** 互斥事件

習題 7-2

1. $P(A)=\dfrac{1}{4}$, $P(A)=\dfrac{3}{4}$ **2.** $\dfrac{1}{4}$ **3.** $\dfrac{5}{36}$ **4.** $\dfrac{255}{496}$ **5.** (1) $\dfrac{3}{10}$ (2) $\dfrac{3}{5}$

6. $\dfrac{11}{21}$ **7.** (1) $\dfrac{1}{11}$ (2) $\dfrac{6}{11}$ **8.** (1) $P(B)=\dfrac{2}{3}$ (2) $P(A-B)=\dfrac{1}{12}$

9. $P(E_1 \cap E_2)=\dfrac{1}{4}$, $P(E_1 \cup E_2)=\dfrac{3}{4}$ **10.** $\dfrac{37}{55}$

11. (1) $\dfrac{585}{1326}$ (2) $\dfrac{12781}{22100}$ **12.** 略

習題 7-3

1. (1) $P(B|A)=\dfrac{1}{10}$ (2) $P(A|B)=\dfrac{1}{6}$ (3) $P(A|B')=\dfrac{3}{8}$

2. $P(A|B')=\dfrac{7}{15}$ **3.** $P(B|A)=\dfrac{2}{5}$, $P(A|B)=\dfrac{1}{3}$

4. $P(B|A)=\dfrac{3}{4}$, $P(A|B)=\dfrac{3}{4}$ **5.** $P(B|A)=\dfrac{1}{6}$, $P(A|B)=\dfrac{3}{5}$

6. $P(B|A)=\dfrac{1}{3}$, $P(C|A\cap B)=\dfrac{1}{5}$ **7.** $P(B|A)=\dfrac{3}{4}$

8. (1) $P(B|A)=\dfrac{1}{6}$ (2) $P(B'|A')=\dfrac{11}{14}$

9. $\dfrac{35}{1024}$ **10.** $\dfrac{2}{5}$ **11.** $\dfrac{3}{8}$ **12.** (1) $\dfrac{11}{32}$ (2) $\dfrac{4}{11}$ **13.** $\dfrac{2}{143}$

14. (1) $\dfrac{1}{22}$ (2) $\dfrac{1}{3}$ **15.** (1) $\dfrac{1}{20}$ (2) $\dfrac{53}{120}$ **16.** $\dfrac{19}{45}$ **17.** 獨立事件

18. 統計獨立事件   **19.** 獨立事件   **20.** 獨立事件

20. (1) $P(B)=\dfrac{1}{3}$ (2) $P(A|B)=\dfrac{1}{2}$ (3) $P(B'|A)=\dfrac{2}{3}$

21. (1) $\dfrac{1}{12}$ (2) $\dfrac{1}{2}$ (3) $\dfrac{1}{2}$ **23.** $P(B)=0.7$ **24.** (1) 0.44   (2) 0.92

25. (1) $\dfrac{231}{1600}$ (2) $\dfrac{1369}{1600}$ **26.** $\dfrac{2}{5}$

習題 7-4

1. $\dfrac{250}{7776}$ **2.** $\dfrac{276}{7776}$ **3.** (1) $\dfrac{1}{2}$ (2) $\dfrac{3}{8}$ (3) $\dfrac{5}{16}$ **4.** $\dfrac{29}{384}$

5. (i) $C_0^4\left(\dfrac{1}{2}\right)^0\left(\dfrac{1}{2}\right)^4=\dfrac{1}{16}$ (ii) $C_1^4\left(\dfrac{1}{2}\right)^1\left(\dfrac{1}{2}\right)^3=\dfrac{1}{4}$ (iii) $C_2^4\left(\dfrac{1}{2}\right)^2\left(\dfrac{1}{2}\right)^2=\dfrac{3}{8}$

  (iv) $C_3^4\left(\dfrac{1}{2}\right)^3\left(\dfrac{1}{2}\right)^1=\dfrac{1}{4}$ (v) $C_4^4\left(\dfrac{1}{2}\right)^4\left(\dfrac{1}{2}\right)^0=\dfrac{1}{16}$

6. (1) $C_{10}^{60}\left(\dfrac{1}{6}\right)^{10}\left(\dfrac{5}{6}\right)^{60-10}=C_{10}^{60}\left(\dfrac{1}{6}\right)^{10}\left(\dfrac{5}{6}\right)^{50}$

  (2) $C_{10-1}^{60-1}\left(\dfrac{1}{6}\right)^{10}\left(\dfrac{5}{6}\right)^{60-10}=C_9^{59}\left(\dfrac{1}{6}\right)^{10}\left(\dfrac{5}{6}\right)^{50}$

7. 0.3456　　**8.** 0.68256

習題 7-5

1. 1 元　　**2.** 購買此種彩券並不有利．　　**3.** 並不有利．　　**4.** 2 元　　**5.** 2.625 元　　**6.** 7 點

第 8 章　向量、直線與平面

習題 8-1

1. (1) (2) 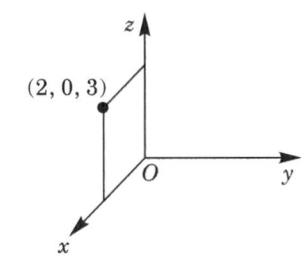 (3) 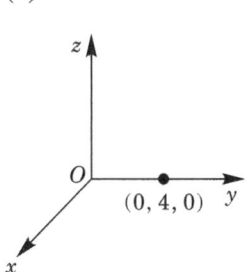 (4) 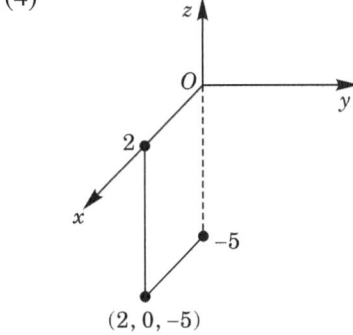 (5)

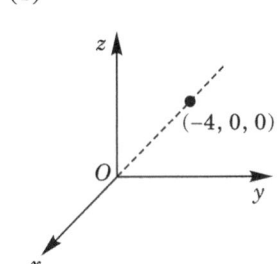

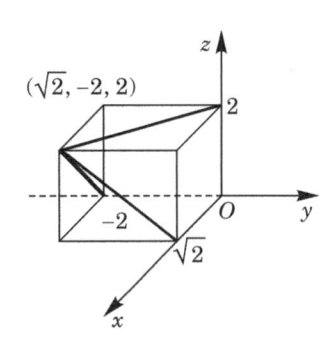

2. (1) yz-平面　(2) y-軸　(3) 負 x-軸　**3.** 平行於 y-軸，$|PQ|=9$

4. (1) $\sqrt{83}$　(2) 3　**5.** 略　**6.** 略

習題 8-2

1. (1) $7\mathbf{b}+3\mathbf{c}=<26,\ 4>$　(2) $3(\mathbf{a}-7\mathbf{b})=<-39,\ -12>$　(3) $3\mathbf{b}-(\mathbf{a}+\mathbf{c})=<-1,\ 0>$

2. (1) $\mathbf{c}-\mathbf{b}=-\mathbf{i}+4\mathbf{j}-2\mathbf{k}$　(2) $6\mathbf{a}+4\mathbf{c}=18\mathbf{i}+12\mathbf{j}-6\mathbf{k}$

　　(3) $-8(\mathbf{b}+\mathbf{c})=-2\mathbf{i}-16\mathbf{j}-18\mathbf{k}$　(4) $3\mathbf{c}-(\mathbf{b}-\mathbf{c})=-\mathbf{i}+13\mathbf{j}-2\mathbf{k}$

3. (1) $|\mathbf{a}+\mathbf{b}|=2\sqrt{3}$ (2) $|3\mathbf{a}-5\mathbf{b}+\mathbf{c}|=2\sqrt{37}$

(3) $\dfrac{1}{|\mathbf{c}|}\mathbf{c}=\dfrac{1}{\sqrt{6}}\mathbf{i}+\dfrac{1}{\sqrt{6}}\mathbf{j}-\dfrac{2}{\sqrt{6}}\mathbf{k}$ (4) $\left|\dfrac{1}{|\mathbf{c}|}\mathbf{c}\right|=1$

4. $\mathbf{x}=<-\dfrac{2}{3},\ 1>$ 5. $\mathbf{a}=\dfrac{5}{7}\mathbf{i}+\dfrac{2}{7}\mathbf{j}+\dfrac{1}{7}\mathbf{k}$, $\mathbf{b}=\dfrac{8}{7}\mathbf{i}-\dfrac{1}{7}\mathbf{j}-\dfrac{4}{7}\mathbf{k}$

6. $c_1=2$, $c_2=-1$, $c_3=3$ 7. $\mathbf{u}=\dfrac{4}{3\sqrt{2}}\mathbf{i}+\dfrac{1}{3\sqrt{2}}\mathbf{j}-\dfrac{1}{3\sqrt{2}}\mathbf{k}$

8. $k=\pm\dfrac{4}{\sqrt{30}}$ 9. (1) 略 (2) $<\dfrac{3}{5},\ \dfrac{4}{5}>$ (3) $<\dfrac{2}{7},\ \dfrac{-3}{7},\ \dfrac{6}{7}>$

10. $c_1=c_2=c_3=0$

習題 8-3

1. (1) $\mathbf{a}\cdot\mathbf{b}=-3$ (2) $\mathbf{a}\cdot\mathbf{b}=0$ 2. (1) 銳角 (2) 鈍角 (3) 正交

3. (1) $k=-\dfrac{3}{4}$ (2) $k=\dfrac{1}{7}$ (3) $k=\dfrac{4}{3}$

4. $\mathbf{a}=2\vec{A}+\vec{B}$, $\mathbf{B}=\vec{A}-2\vec{B}$ 5. $\mathbf{a}=<0,\ 2>$, $\mathbf{a}=<2,\ 0>$

6. 1 7. $\dfrac{8}{3\sqrt{5}}$ 8. $\dfrac{2}{41}\mathbf{i}+\dfrac{4}{41}\mathbf{j}-\dfrac{12}{41}\mathbf{k}$ 9. 略 10. $\dfrac{2\sqrt{5}}{5}$

習題 8-4

1. $<x,\ y>=<0,\ 3>+t<4,\ 0>$, $t\in\mathbb{R}$

2. $<x,\ y,\ z>=<3,\ -1,\ 2>+t<-3,\ 2,\ -1>$, $t\in\mathbb{R}$

3. $<x,\ y,\ z>=<2,\ 4,\ 1>+t<0,\ -5,\ 0>$, $t\in\mathbb{R}$

4. 連接兩點 $(1,\ 0)$ 與 $(-3,\ 6)$ 的線段

5. 連接兩點 $(-2,\ 1,\ 4)$ 與 $(7,\ 1,\ 1)$ 的線段

6. $\begin{cases} x=-1+3t \\ y=2-4t \\ z=4+t \end{cases}$, $t\in\mathbb{R}$ 7. $\begin{cases} x=3+2t \\ y=-2+3t \end{cases}$, $t\in\mathbb{R}$

8. $\begin{cases} x=4 \\ y=1+2t \end{cases}$, $t \in \mathbb{R}$

9. $\begin{cases} x=5-3t \\ y=-2+6t \\ z=1+t \end{cases}$, $t \in \mathbb{R}$

10. $\begin{cases} x=4-5t \\ y=-t \\ z=7-5t \end{cases}$, $t \in \mathbb{R}$

11. $\begin{cases} x=3+2t \\ y=-2+3t \end{cases}$, $0 \le t \le 1$

12. $\begin{cases} x=-1 \\ y=3 \\ z=5-3t \end{cases}$, $0 \le t \le 1$

13. $\begin{cases} x=4-5t \\ y=-t \\ z=7-5t \end{cases}$, $0 \le t \le 1$

14. $\begin{cases} x=-2+2t \\ y=-t \\ z=5+2t \end{cases}$, $t \in \mathbb{R}$

15. (1) 交 xy-平面於點 $(7, 7, 0)$ (2) 交 xz-平面於點 $(-7, 0, 7)$

(3) 交 yz-平面於點 $\left(0, \dfrac{7}{2}, \dfrac{7}{2}\right)$

16. $\begin{cases} x=x_0+t(x_1-x_0) \\ y=y_0+t(y_1-y_0), \ t \in \mathbb{R} \\ z=z_0+t(z_1-z_0) \end{cases}$

習題 8-5

1. $\mathbf{N}=2\mathbf{i}+4\mathbf{j}-3\mathbf{k}$　2. $6x-5y-z=-84$

3. (1) (a) $z=4$　(b) $x=6$　(2) $y=5$　(3) $4x+2y-9z=101$

4. $3x-y+2z=-11$　5. $x-6y+4z=0$　6. $20x-5y+2z=0$

7. $\theta=\dfrac{\pi}{3}$, $\theta=\dfrac{2\pi}{3}$　8. $D=\dfrac{1}{\sqrt{2}}$